供配电技术

冯红岩 主 编

西安电子科技大学出版社

内 容 简 介

　　本书共有八个项目，即学习供配电系统基础知识，掌握供配电系统计算，掌握一次设备的原理及应用，掌握变配电所的电气主接线及倒闸操作，掌握供配电系统的电力线路，掌握供配电系统的保护与自动化设备，熟悉防雷、接地及电气安全，了解分布式发电与智能电网。本书每个项目由若干任务组成，每个任务后附有问题与思考，便于学生调整学习节奏，增强学习效果。每一个项目后附有单元测试，便于学生进行学习效果检验。

　　本书内容条理清晰，简洁实用，插图丰富，对知识点的阐释深入浅出；注重理论知识和工程实践相结合，电气设备和现场运行规程相结合；跟进技术的发展与应用，融合了分布式发电、微电网与智能电网等内容。

　　本书可作为高职高专院校电气自动化、新能源等相关专业的教材，也可供相关工程技术人员参考。

图书在版编目(CIP)数据

供配电技术/冯红岩主编. —西安：西安电子科技大学出版社，2019.10(2023.7 重印)
ISBN 978 - 7 - 5606 - 5401 - 0

Ⅰ. ① 供⋯　Ⅱ. ① 冯⋯　Ⅲ. ① 供电系统—高等职业教育—教材　② 配电系统—高等职业教育—教材　Ⅳ. ① TM72

中国版本图书馆 CIP 数据核字(2019)第 167716 号

策　　　划	明政珠
责任编辑	王　斌　雷鸿俊
出版发行	西安电子科技大学出版社(西安市太白南路 2 号)
电　　话	(029)88202421　88201467　　邮　编　710071
网　　址	www.xduph.com　　　电子邮箱　xdupfxb001@163.com
经　　销	新华书店
印刷单位	陕西天意印务有限责任公司
版　　次	2019 年 10 月第 1 版　2023 年 7 月第 2 次印刷
开　　本	787 毫米×1092 毫米　1/16　印张　13.5
字　　数	315 千字
印　　数	1001～2000 册
定　　价	35.00 元

ISBN 978 - 7 - 5606 - 5401 - 0/TM

XDUP　5703001 - 2

＊＊＊如有印装问题可调换＊＊＊

前言

近年来，我国的能源格局不断优化，随着新能源发电和储能技术的发展，分布式发电、微电网工程应用越来越普遍，给供配电系统带来了一些新问题；另一方面，电力系统运行监控和保护技术不断发展，电网的智能化程度不断提高。这些变化都倒逼高校的供配电技术教学内容进行适应新形势的改革。

本书正是在传统供配电系统的基础上，融入了新的工程技术的发展，内容编排上与时俱进，体现了最新的供配电设备维护与检修职业岗位与职业标准对从业人员应知、应会内容的要求。

本书的主要编者在新能源行业、火电厂和电网公司有多年的一线工作经验。本书试图从工程的角度出发，按照专业对应的职业特征，培养学生的工程素养，以及分析问题、解决问题的能力。本书针对职业院校教学特点，按照项目—任务的方式进行内容编排，在教学过程中可操作性强，力求在阐释基本概念、基本理论的基础上，培养学生的工程实践能力，注重内容的实用性。

本书共有八个项目，即学习供配电系统基础知识，掌握供配电系统计算，掌握一次设备的原理及应用，掌握变配电所的电气主接线及倒闸操作，掌握供配电系统的电力线路，掌握供配电系统的保护与自动化设备，熟悉防雷、接地及电气安全，了解分布式发电与智能电网。本书内容条理清晰，插图丰富，对知识点的阐释深入浅出，注重理论与实际相结合。每个项目由若干任务组成，每一个任务后安排有"问题与思考"环节，便于学生调整学习节奏，增强学习效果。每一个项目后附有单元测试。

本书由冯红岩担任主编并统稿，曹宝文担任副主编。冯红岩编写了项目一、项目二、项目六和项目八，曹宝文编写了项目五和项目七，程相杰编写了项目三和项目四。在编写本书的过程中，许多老师给出了很多宝贵的意见和建议，得到了很多同行的支持，谨在此一并表示衷心的感谢！

由于编者水平有限，书中难免有不妥之处，恳请广大读者批评指正！

编　者
2019.2

目录
MULU

项目一 学习供配电系统基础知识

学习目标

1. 了解国内外电力工业的发展概况和发展前景。
2. 熟悉动力系统、电力系统、电力网和工厂供配电系统的概念和范围。
3. 了解电力系统的额定电压。
4. 掌握电力用户配电系统电压的确定原则和依据。
5. 了解电力用户对电能质量的要求和电能质量评价指标。
6. 熟悉电力系统中性点的运行方式及特点。

任务一 熟悉电力系统的概念

电力相当于现代工业社会得以正常运转的血液,为生产、生活中的各种设备提供动力。它可以由多种形式的一次能源转化而来,如煤、石油、天然气等化石能源,或者水能、风能、太阳能等可再生能源;也可以转化为多种形式的能量,如光、热、磁等。电力行业是整个国民经济的基础和命脉,其发展水平是反映一个国家经济发达程度的重要标志。

我国的电力建设多年保持快速增长的态势。总装机容量和总用电量均已超过美国位居世界第一。截至 2018 年底,全国人均年用电量 4956 千瓦时,全国发电装机容量 19.0 亿千瓦,同比增长 6.5%。全年发电设备平均利用小时数为 3862 小时,同比增加 73 小时。风电、水电、光伏装机容量已跃居世界第一,我国电力供应已从紧张短缺转向宽松过剩。

截至 2018 年底,全国电网 220 千伏及以上输电线路回路长度为 73 万千米;220 千伏及以上变电设备容量 40 亿千伏安。国家电网公司跨区输电能力合计超过 6900 万千瓦时,其中辽宁绥中电厂改接华北电网 500 千伏工程投运,使东北电网向华北电网的跨区送电能力达到了 500 万千瓦时。糯扎渡水电站送广东±800 千伏特高压直流工程全部建成投运,"西电东送"形成"八交八直"输电大通道,送电规模达到 3650 万千瓦。随着我国最长的特高压交流工程——榆横—潍坊 1000 千伏特高压交流输变电工程正式开工,列入我国大气污染防治行动计划的四条特高压交流工程已经全部开工,全国特高压输电工程进入全面提速、大规模建设的新阶段。我国在特高压交、直流输电领域的技术水平已跃身世界前列。电网输电能力的不断增强,不仅为国民经济的发展提供了强有力的保障,也为改善我国的能源结构,促进社会的可持续发展提供了基础。

一、电力系统的组成

电力系统是由发电厂、输电网、配电网和电力用户组成的整体,其主要构成如图 1—1

所示。它是将一次能源转换成电能并输送和分配到用户的一个统一系统。发电厂将一次能源转换成电能,经过电网将电能输送和分配到电力用户的用电设备,从而完成电能从生产到使用的整个过程。输电网和配电网统称为电网,是电力系统的重要组成部分。到目前为止,电能依然不能大量存储,电能的生产、输送、分配和消费必须在同一时间完成。电力系统还包括保证其安全可靠运行的继电保护装置、自动装置、调度自动化系统和电力通信等相应的辅助系统(一般称为二次系统)。

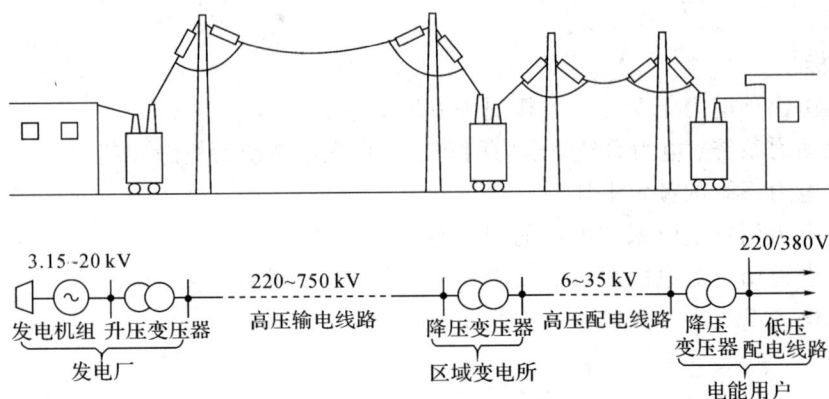

图 1-1　电力系统主要构成

二、电能的来源

发电厂负责电力生产,将各种一次能源转化为电能,是电网的心脏。能源总生产量或总消费量中各类一次能源、二次能源的构成及其比例关系称为能源结构。能源结构是能源系统工程研究的重要内容,它直接影响国民经济各部门的最终用能方式,并反映人民的生活水平,也间接影响社会的可持续发展。

我国的《能源发展"十三五"规划》制定了"压煤、稳气、增风光"的发展战略。"十三五"期间,我国电力工业投资规模将达到 7.17 万亿元,以 2020 年非化石能源消费比重达到 15% 为硬指标,提出全国煤电装机规模力争控制在 11 亿千瓦以内,稳步发展核电、天然气,优先发展新能源,弃风、弃光率控制在 5% 左右的合理水平。

国家对能源结构的规划直接影响着电力系统的电源结构。2020 年我国各种不同类型发电厂的装机规模比例,即电源生产结构目标如图 1-2 所示。

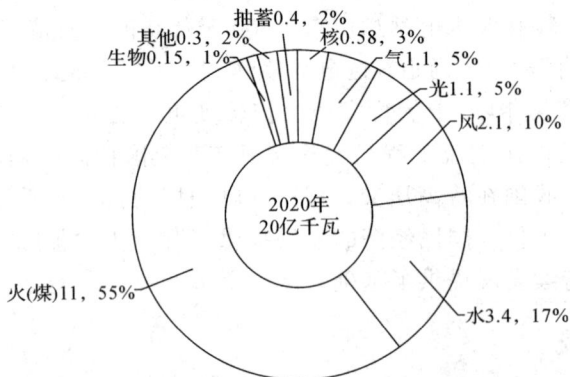

图 1-2　2020 年我国的电源生产结构目标

火、水、风、光、核等几种主要能源转化为电能的过程简述如下：

1. 火力发电

火力发电是利用煤、石油、天然气等化石燃料燃烧所释放的热能发电的。其基本生产过程是：燃料在锅炉中燃烧，加热水使其变为蒸汽，蒸汽被加压后推动汽轮机旋转，然后汽轮机带动发电机旋转，将机械能转变成电能。其能量转化过程是：燃烧的化学能→热能→机械能→电能。

2. 水力发电

水力发电是利用水的位能和动能发电的。通过在天然的河流上修建水工建筑物，集中水流，然后通过引水道将高位的水引导到低位置的水轮机，使水能转变为旋转机械能，带动与水轮机同轴的发电机发电，从而实现从水能到电能的转换。其能量转换过程是：水流位能→机械能→电能。

3. 风力发电

风力发电是利用空气动能发电的。利用空气流动即风产生的推动力推动叶轮旋转，直接驱动或经过增速后驱动发电机发电。风能的利用更直接，缺点是风能不稳定。目前风电以直接并网为主。其能量转换过程是：风能→机械能→电能。

4. 光伏发电

光伏发电是利用太阳光进行发电。太阳光照射到太阳能电池表面时，一部分被反射掉，另一部分被太阳能电池吸收，吸收的太阳能光子使得半导体中原子的价电子受到激发，在P-N结两侧产生了正、负电荷的积累，因此产生了光生电势，在两极之间用导线连接负载，就能产生直流电。其能量转换过程是：光能→电能。

5. 核能发电

核能发电是利用核反应堆中核裂变所释放出的热能进行发电的。它与火力发电极其相似，只是以核反应堆及蒸汽发生器来代替火力发电的锅炉，以核裂变能代替矿物燃料产生的化学能。利用铀燃料进行核分裂连锁反应所产生的热，将水加热成高温高压的蒸汽后推动汽轮机旋转。核反应所放出的热量较燃烧化石燃料所放出的能量要高很多（相差约百万倍），而所需要的燃料体积与火力电厂相比少很多。能量转化过程是：核裂变能→热能→机械能→电能。

发电厂通常建立在距离一次能源丰富的或靠近大量水源的地方（核电厂），远离负荷中心。为了经济、可靠地把电能输送至用户，必须经过变压器升压，升压变电所一般安装在发电厂内。除此之外，发电厂内还有高低压配电装置和二次设备。后面章节将详述这些设备。

三、电力的输送

在电力系统中，电网是联系发电、用电的设施及设备的统称，属于输送和分配电能的中间环节，它主要由连接成网的送电线路、变电所、配电所和配电线路组成，完成电力输送的任务。通常把由输电、变电、配电设备及相应的辅助系统组成的统一整体称为电力网，简称电网。

电网是电力系统的重要组成部分。发电厂将一次能源转换成电能，经过电网将电能输送和分配到电力用户的用电设备，从而完成电能从生产到使用的整个过程。

输电网是电力系统中最高电压等级的电网，是电力系统中的主要网络（简称主网），起到电力系统骨架的作用，所以又可称为网架。在一个现代电力系统中既有超高压交流输电，又有超高压直流输电。这种输电系统通常称为交、直流混合输电系统。

配电网是将电能从区域变电所直接分配到用户区或用户的电网，它的作用是将电力分配到变、配电所后再向用户供电，也有一部分电力不经变、配电所，直接分配到大用户，由大用户的配电装置进行配电。

不同容量的发电厂和用户应分别接入不同电压等级的电网。大容量主力电厂应接入主网，较大容量的电厂应接入较高电压的电网，容量较小的可接入较低电压的电网。

配电网应按地区划分，一个配电网担任分配一个地区的电力及向该地区供电的任务。因此，它不应当与邻近的地区配电网直接进行横向联系，若要联系应通过高一级电网发生横向联系。配电网之间通过输电网发生联系。不同电压等级电网的纵向联系通过输电网逐级降压形成。电力系统之间通过输电线连接，形成互连电力系统。连接两个电力系统的输电线称为联络线。

电力系统及电力网如图 1-3 所示。从图中可以看出，变电所是电网的重要节点，起着接收电能、变换电压和分配电能的作用，是联系发电厂和电力用户的中间环节。用户侧还有配电所，只起接收和分配电能的作用，所内没有变压器。

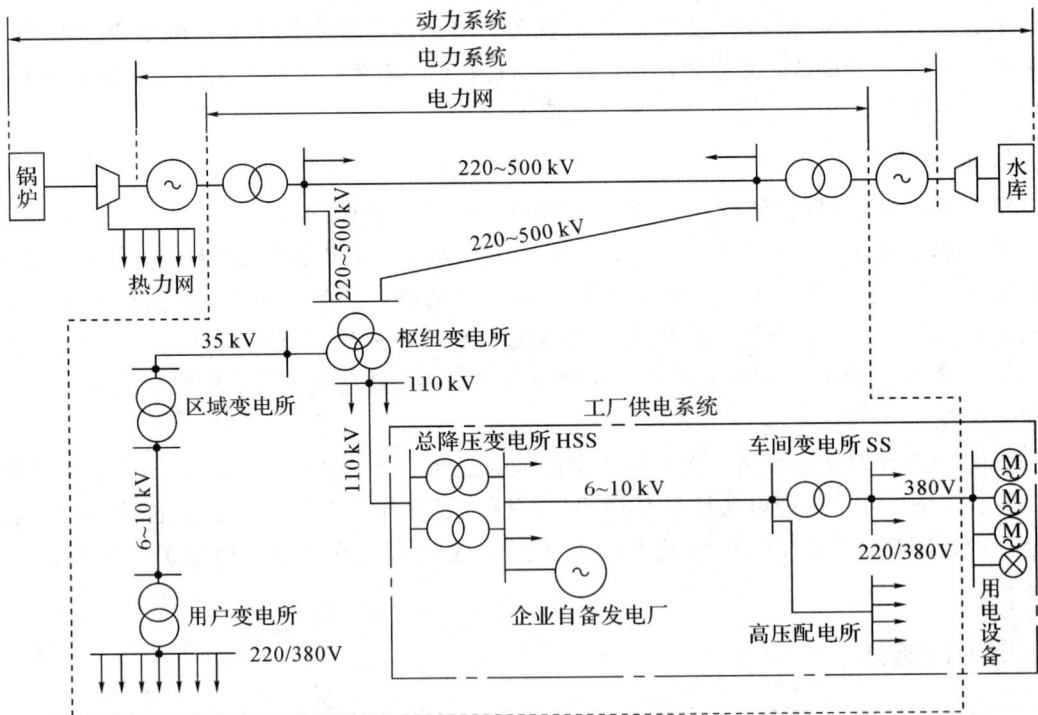

图 1-3 电力系统及电力网

变电所有升压和降压之分。升压变电所多建在发电厂内，降压变电所多设在用电区域，将高压降低后再对某地区或大电力用户直接供电。根据变电所在系统中的地位和作用，可将其分为以下几类：

1．枢纽变电所

枢纽变电所位于电力系统的枢纽点，电压等级一般为 330 kV 及以上，联系多个电源，出线回路多，变电容量大，全站停电后会造成大面积停电或系统瓦解。枢纽变电所对电力系统运行的稳定和可靠性起到重要作用，不同电网通过枢纽变电所实现互连。

2．中间变电所

中间变电所一般位于系统的主要环路线路中或系统干线的接口处，汇集有 2～3 个电源。高压侧以交换潮流为主，同时又降压供给当地用户，主要起中间环节作用，电压为 220～330 kV。当全所停电时，将引起区域电网解列。

3．区域变电所

区域变电所以对地区用户供电为主，是一个地区或城市的主要变电所，电压一般为 110～220 kV。当全所停电时，仅所在地区中断供电。

4．用户变电所

用户变电所位于输电线路终端，接近负荷点，电能经降压后直接向用户供电，不承担功率转送任务，电压在 110 kV 以下。当全所停电时，仅所供电的用户中断供电。

四、电力用户

所有的用电单位均称为电力用户，电力用户按行业可分为工业企业用户、农业用户、市政商业用户和居民用户等，其中我国工业企业用电占全年总发电量的 60% 以上，是最大的电力用户。

用户对供电的基本要求体现在四个方面：安全、可靠、优质、经济。安全，是对电力系统最基本的要求，是指电能供应、分配和使用中不能发生人身事故和设备事故。可靠，以全部供电时间占所有评估时间的比例来评估，例如，全年有 8760 小时，用户平均停电时长为 8.76 小时，则停电时间占全年的 0.1%，供电可靠性为 99.9%。优质，主要是用电压和频率波动这两个指标来评价的，我国对不同电压等级电网的电压和频率波动范围都有明确规定。经济，供电的经济成本主要体现在发电成本和网络的电能损耗上，为了保证经济性，供配电系统应做到技术合理，投资少，运行费用低，尽可能做到节约电能和有色金属消耗，还要统筹当前和长远、局部与全局的关系。

用户有各种用电设备，它们的工作特征和重要性各不相同，对供电的可靠性和供电的质量要求也不同。因此，应对用电设备或负荷分类，以满足不同负荷对供电可靠性的要求，保证供电质量，降低供电成本。

我国将电力负荷按其对供电可靠性的要求及中断供电在政治上、经济上造成的损失或影响的程度划分为三级。

（一）一级负荷

当符合下列情况之一时，应为一级负荷：

（1）中断供电将造成人身伤亡。

（2）中断供电将在政治、经济上造成重大损失。例如，重大设备损坏、重大产品报废、用重要原料生产的产品大量报废、国民经济中重点企业的连续生产过程被打乱需要长时间才能恢复等。

（3）中断供电将影响有重大政治、经济意义的用电单位的正常工作。例如，重要交通枢纽、重要通信枢纽、重要宾馆、大型体育场馆、经常用于国际活动的大量人员集中的公共场所等用电单位中的重要电力负荷。在一级负荷中，中断供电将发生中毒、爆炸和火灾等情况的负荷，以及特别重要场所的不允许中断供电的负荷，应视为特别重要的负荷。

一级负荷对供电电源的要求：由于一级负荷属重要负荷，如果中断供电，造成的后果将十分严重，因此要求由两路电源供电，当其中一路电源发生故障时，另一路电源应不致同时受到损坏。

对于一级负荷中特别重要的负荷，除由上述两路电源供电外，还必须增设应急电源。为保证对特别重要负荷的供电，严禁将其他负荷接入应急供电系统。

常用的应急电源有：独立于正常电源的发电机组，供电网络中独立于正常电源的专门供电线路、蓄电池、干电池。

（二）二级负荷

符合下列情况之一时，应为二级负荷：

（1）中断供电将在政治、经济上造成较大损失。例如，中断供电将造成主要设备损坏、大量产品报废；连续生产过程被打乱，需较长时间才能恢复；重点企业大量减产等。

（2）中断供电将影响重要用电单位的正常工作。例如，中断供电将造成交通枢纽、通信枢纽等用电单位中的重要电力负荷出现问题，以及中断供电将造成大型影剧院、大型商场等较多人员集中的、重要的公共场所秩序混乱。

二级负荷对供电电源的要求：二级负荷也属于重要负荷，要求由两个回路供电，供电变压器也应有两台，但这两台变压器不一定在同一变电所。在其中一回路或一台变压器发生常见故障时，二级负荷应不致中断供电，或中断后能迅速恢复供电。只有当负荷较小或者当地供电条件困难时，二级负荷可由一回路 6 kV 及以上的专用架空线路供电。这是考虑到架空线路发生故障时，较之电缆线路发生故障时易于发现且易于检查和修复。当采用电缆线路时，必须采用两根电缆并列供电，每根电缆应能承受全部二级负荷。

（三）三级负荷

不属于一级和二级负荷者应为三级负荷。对一些非连续性生产的中小型企业，停电仅影响产量或造成少量产品报废的用电设备，以及一般民用建筑的用电负荷等均属三级负荷。三级负荷对供电电源没有特殊要求，一般由单回电力线路供电。

★ 问题与思考

1. 电力系统主要由哪几部分构成？每部分各起什么作用？
2. 为什么要变换电压后再进行电能的输送？
3. 查询一下丹麦、英国、德国等欧洲国家当前的能源结构，与我国的情况做对比，谈谈你的感想。
4. 一次能源包括哪些？电能是一次能源吗？
5. "十三五"时期"压煤、稳气、增风光"的能源发展战略有何现实意义？

任务二　掌握电力系统的电压和电能质量的概念

熟悉电力系统中的额定电压等级，掌握确定和选择接于电网不同位置处的设备的额定电压的能力，是本次任务的基本要求之一。

一、电网和电气设备的额定电压

能使用电设备（如电动机、白炽灯等）、变压器等电气设备正常工作的电压称为额定电压。按 GB/T 156—2007《标准电压》规定，我国三相交流电网和电气设备的额定电压如表 1-1 所示。表中的变压器一、二次绕组额定电压是依据我国电力变压器标准产品规格确定的。

表 1-1　我国三相交流电网和电气设备的额定电压

分类	电网和用电设备的额定电压/kV	发电机的额定电压/kV	电力变压器的额定电压/kV		
			一次绕组		二次绕组
			接电网	接发电机	
低压	0.38	0.40	0.38	0.40	0.40
	0.66	0.69	0.66	0.69	0.69
高	3	3.15	3	3.15	3.15，3.3
	6	6.3	6	6.3	6.3，6.6
	10	10.5	10	10.5	10.5，11
	—	13.8，15.75，18 20，22，24，26	—	13.8，15.75，18 20，22，24，26	—
	35	—	35	—	38.5
	66	—	66	—	72.5
压	110	—	110	—	121
	220	—	220	—	242
	330	—	330	—	363
	500	—	500	—	550
	750	—	750	—	825
特高压	1000	—	1000	—	1100

（一）电网（电力线路）的额定电压

电网的额定电压（标称电压）等级，是国家根据国民经济发展的需要和电力工业发展的水平，经全面的技术经济分析后确定的。它是确定各类用电设备额定电压的基本依据。国家规定，线路首端与末端的平均电压确定为电网的额定电压。同一电压的线路允许电压差为±5%，即线路的电压损耗不允许超过10%。通常选用线路首末端的电压平均值作为电力系统的额定电压。

我国的一些设计、制造和安装规程通常是以1 kV为界限来划分高、低电压的。因此，我们通常所指的高压即为1 kV及以上的电压。

（二）电力变压器的额定电压

电力变压器的额定电压要区分一次和二次绕组。对于一次绕组，当变压器接于电网末端时，性质上等同于电网上的一个负荷，如工厂降压变压器，故其额定电压与电网一致；当变压器接于发电机引出端时，如发电厂升压变压器，则其额定电压应与发电机额定电压相同。对于二次绕组，额定电压是指空载电压，考虑到变压器负载运行时自身电压损失（按5%计），变压器二次绕组额定电压应比电网额定电压高5%，当二次侧输电距离较长时，还应考虑到线路电压损失（按5%计），此时二次绕组额定电压应比电网额定电压高10%。图1-4说明了不同位置处的变压器一、二次绕组的额定电压与线路额定电压的关系。

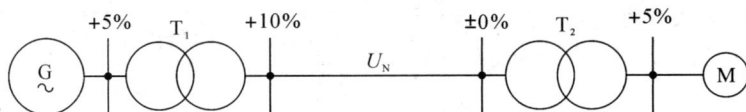

图1-4　电力变压器的额定电压说明

（三）发电机的额定电压

发电机处于电网首端，规定其额定电压比电力网的电压高5%，如图1-5所示。发电机的额定电压等级如表1-1所示。其单机容量越大，采用的额定电压越高。其中，6.3 kV电压等级广泛应用于5000~20 000 kW的中小型发电机，而3.15 kV电压等级现已很少采用。

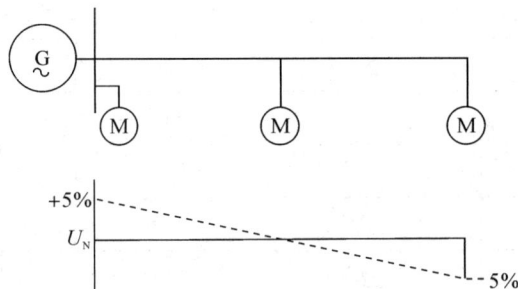

图1-5　发电机的额定电压说明

（四）用电设备的额定电压

由于电力线路运行时（有电流通过时）要产生电压降，所以线路上各点的电压略有不同，如图1-5中虚线所示。但是批量生产的用电设备，其额定电压不可能按使用处线路的实际电压来制造，而只能按线路首端与末端的平均电压即电网的额定电压U_N（N为英文Nominal的缩写）来制造。因此用电设备的额定电压规定与同级电网的额定电压相同。

但是需要说明的是，按GB/T 11022—2011《高压开关设备和控制设备标准的共同技术要求》规定，高压开关设备和控制设备的额定电压按其允许的最高工作电压来标注，即其额定电压不得小于它所在系统可能出现的最高电压。我国现在生产的高压设备已按此规定标注。

二、供电系统的电能质量及改进措施

电能质量即电力系统中电能的质量。衡量电能质量的主要指标是交流电的电压和频率，除此之外还有三相不平衡、谐波、电压波动和闪变等指标。这些指标间接地表征了电力系统工作的优劣。

（一）电压偏差及影响

理想的电压波形应该是额定幅值、额定频率的完美正弦波。但实际的电压会受到供配电设备及负载的影响，与额定值产生偏差，并有波动。电压偏差会对用电设备产生不利影响，所以国家标准对不同电压等级的允许偏差做了限制。

1. 电压偏差及波动产生的原因

过电压是指持续时间大于 1 min，幅值大于额定值的电压。典型的过电压值为 1.1～1.2 倍额定值。过电压主要是由负载的切除和无功补偿电容器组的投入等过程引起的，另外，变压器分接头的不正确设置也是产生过电压的原因。

欠电压是指持续时间大于 1 min，幅值小于额定值的电压。典型的欠电压值为 0.8～0.9 倍额定值。一般是由于负载的投入和无功补偿电容器组的切除等过程引起的。另外，变压器分接头的错误设置也是欠电压产生的原因。

电压骤降是指在工频下，电压的有效值短时间内下降。典型的电压骤降值为 0.1～0.9 倍标称值，持续时间为 10 ms～1 min。电压骤降产生的原因主要有电力系统发生故障，如系统发生接地短路故障。大容量电机的起动和负载突增也会导致电压骤降。

2. 电压偏差对用电设备的影响

（1）异步电动机。当异步电动机端子电压为负偏差时，负荷电流将增大，起动转矩、最大转矩和最大负荷能力均显著减小，严重时甚至不能起动或堵转；当电压为正偏差时，转矩增加，严重时可能导致联轴器剪断或损坏设备。

（2）电热设备。电阻炉的热能输出与外施电压平方成正比，端电压降低 10%，热能输出降低 19%，溶化和加热时间显著延长，影响生产效率；端电压升高 10%，热能输出升高 21%，致使电热元件寿命缩短。

（3）电气照明灯。白炽灯的使用寿命受其端电压的影响非常大，电压升高 10%，寿命减少约为原来的 1/70。其光通量约与端电压的 3.6 次方成正比，电压降低 10%，光通量减少约为原来的 1/32。另外，荧光灯的光通量约与其端电压的平方成正比。电压过低，启辉发生困难；电压过高，镇流器过热而缩短寿命。

3. 允许电压偏差

GB/T 12325—2008《电能质量供电电压允许偏差》中规定：35 kV 及以上供电电压正、负偏差的绝对值之和不超过标称电压的 10%；20 kV 及以下三相供电电压偏差为标称电压的 ±7%；220 V 单相供电电压偏差为标称电压的 −10%～+7%。

（二）频率波动及影响

我国电力系统的额定频率为 50 Hz，频率由发电机的转速决定。频率的稳定与否反映了电力系统当前的供、用电量是否平衡。发电量大于用电负荷或有部分线路跳闸时，系统频率会升高，当负荷突增或发电机跳闸时，系统频率会下降。

1. 频率偏差的危害

系统频率偏离额定值的不利影响主要表现在以下几个方面：

（1）频率变化将引起电动机转速的变化，系统频率降低将使电动机的转速和功率降低，导致传动机械的出力降低，影响生产效率。由这些电动机驱动的纺织、造纸等机械的产品质量将受到影响，甚至出现残、次品。

（2）无功补偿用电容器的补偿容量与频率成正比，当系统频率下降时，电容器的无功出力成比例降低，此时电容器对电压的支持作用受到削弱，不利于系统电压的调整。

（3）电力系统频率降低，会对发电厂和系统的安全运行带来影响。例如，当频率降低时，由电动机驱动的机械（如风机、水泵及磨煤机等）的出力降低，导致发电机出力下降，使系统的频率进一步下降。当频率降到 46 Hz 或 47 Hz 以下时，可能在几分钟内使发电厂的正常运行受到破坏，系统功率缺额更大，使频率下降更快，从而发生频率崩溃现象。再如，当系统频率降低时，异步电动机和变压器的励磁电流增加，所消耗的无功功率增大，结果更引起电压下降。当频率下降到 45～46 Hz 时，各发电机及励磁的转速均显著下降，致使各发电机的电动势下降，全系统的电压水平大为降低，可能出现电压崩溃现象。发生频率或电压崩溃，会使整个系统瓦解，造成大面积停电。

2. 频率允许偏差

GB/T 15945—2008《电能质量电力系统频率允许偏差》中规定：电力系统正常运行条件下频率偏差限值为±0.2 Hz，当系统容量较小时，偏差限值可放宽到±0.5 Hz，国家标准中没有说明系统容量大小的界限。在《全国供用电规则》中规定供电局供电频率的允许偏差：电网容量在 300 万千瓦及以上的，为±0.2 Hz；电网容量在 300 万千瓦以下的，为±0.5 Hz。实际运行中，全国各大电力系统都保持在不大于±0.1 Hz 的范围内。

（三）提高电能质量的措施

我们通常从几个方面来提高电能质量：降低电压偏移、提高功率因数、降低三相不平衡度。具体措施如下：

（1）合理选择供电半径和线路的导线截面。系统阻抗是造成电压偏移的主要原因之一，合理选择导线截面和供电距离，降低系统阻抗，可以在负荷变动时使电压水平保持相对稳定。另外，由于高压电缆的电抗远小于架空线，故在条件允许时尽量选用电缆线路供电。

（2）合理调整供电系统的运行方式。对于一班或两班制的生产企业，在工作班时，负荷大，往往电压偏低，此时可将供电变压器绕组分接头降低至−5%位置，在非工作班时，负荷降低，对于两台变压器并列运行的变电所可切除一台，可以起到降低电压过高，降低损耗的作用。

（3）适当选用调压措施，如串联补偿、在变压器上加装有载调压装置、安装同期调相机或静电电容器等。

（4）采用无功功率补偿装置。由于大部分用电负荷存在大量的感性分量，使供用电系统产生大量相位滞后的无功功率，降低了系统的功率因数，增加系统的电压降。并联电容器可以产生相位超前的容性无功功率，以补偿感性无功分量。

（5）均衡安排三相负荷，降低三相不平衡度。

★ **问题与思考**

1. 评价电能质量的主要指标是什么？
2. 国标有关电能质量的系列标准中对电压和频率的波动范围有何规定？
3. 电压和频率波动的原因是什么？
4. 列举几条改善电能质量的措施。

任务三　了解工厂供配电系统

工厂供电(Plant Power Supply)，是指工厂所需电能的供应和分配，也称为工厂配电。工厂供配电系统在电力系统中的位置和所包含的范围如图1-3所示。工厂供配电系统是指企业所需电力从进入企业起，到分配到所有用电设备终端止的整个电路。工厂供配电系统一般包含工厂总降压变电所、高压配电线路、车间变电所、低压配电线路及用电设备等环节。

工厂供配电系统电压的选择对系统的稳定性和经济性有重要的影响。在输送功率一定的情况下，电压越高，电能损耗就越低，用户端电压质量越好。但电压越高，对设备的绝缘性能要求随之增高，投资费用相应增加。因此，供配电电压的选择主要取决于用电负荷的大小和供电距离的长短。各级电压电网的经济输送距离的参考值如表1-2所示。

表1-2　各级电压电网的经济输送距离

线路电压/kV	线路结构	输送功率/kW	输送距离/km
0.38	架空线	≤100	≤0.25
0.38	电缆	≤175	≤0.35
6	架空线	≤1000	≤10
6	电缆	≤3000	≤8
10	架空线	≤2000	6～20
10	电缆	≤5000	≤10
35	架空线	2000～10 000	20～50
66	架空线	3500～30 000	30～100
110	架空线	10 000～50 000	50～150
220	架空线	100 000～500 000	200～300

一、工厂供电电压的选择

用户对供电电压的选择，一般规律是用户所需的功率越大，供电电压的等级应越高；输电线路越长，供电电压的等级应越高，以降低线路的电能损耗。供电线路的回路数多，通常考虑降低供电电压等级。这些规律仅是从用户供电角度考虑，权衡这些规律选择供电电压等级，还要看用户所在地的电网能否方便和经济地提供用户所需的电压。

（1）对于一般没有高压用电设备的小型工厂，设备容量在 100 kW 以下，输送距离在 600 m 以内的，可选 220/380 V 电压供电。

（2）对于中、小型工厂，设备容量在 100～2000 kW，输送距离在 4～20 km 以内的，可采用 6～10 kV 电压供电。

（3）对于大型工厂，设备容量在 2000～50 000 kW，输送距离在 20～150 km 以内的，可采用 35～110 kV 电压供电。

二、工厂配电电压的选择

工厂的高压配电电压一般选用 6～10 kV。6 kV 与 10 kV 比较，变压器、开关设备、投资差不多。在传输距离相同的情况下，10 kV 线路可以减少投资，节约有色金属，减少线路电能和电压损耗，更适应发展，所以选用 10 kV 配电电压的工厂较多。如果工厂的供电电压就是 6 kV，或者 6 kV 的电动机多且分散，选用 6 kV 的配电电压就比较经济。3 kV 配电电压因其经济性较差，现在很少采用。

工厂的低压配电电压，除因安全所规定的特殊电压外，一般采用 220/380 V。380 V 作为低压配电电压，供给三相用电设备或 380 V 单相设备。对于矿山化工等部门，因其负荷中心离变电所较远，为了减少线路的电能和电压损耗，提高负荷端的电压水平，也有采用 660 V 配电电压的。

目前提倡提高低压供配电的电压等级，以减少线路的电压损耗，保证远距离的电压水平，减小导线截面积和线路投资，增大供电半径，减少变配电点，简化供配电系统。因此，提高供配电系统的电压等级有明显的经济优势，也是节电的一项有效措施，这已经成为一种趋势。

★ 问题与思考

1. 供配电系统电压的选择主要取决于什么？
2. 供配电系统的电压等级对系统的初始投资和运行的经济性有何影响？
3. 为什么提倡提高供配电系统的电压等级？

任务四　熟悉电力系统的中性点运行方式

电力系统的中性点是指以星形连接的变压器或发电机绕组的中性点。中性点的运行方式有三种：中性点不接地系统，中性点经消弧线圈接地系统和中性点直接接地系统。前两种为小接地电流系统，后一种为大接地电流系统。

不同中性点处理方式的系统，在发生单相接地故障时，线路中电压、电流的变化明显不同，影响着对系统的绝缘可靠性和供电连续性的要求，因而决定着系统保护与监测装置的选择与运行。结合各种接地方式的特点，不同电压等级的电网选用不同的中性点处理方式。

目前我国电力系统中，对于 3～66 kV 系统，为了提供高供电可靠性，一般采用中性点不接地运行方式；当 3～10 kV 系统接地电流大于 30 A，20～66 kV 系统接地电流大于 10 A 时，采用中性点经消弧线圈接地的运行方式。对于 110 kV 及以上系统，为了降低对设备的绝缘要求，采用中性点直接接地的运行方式。380/220 V 的低压配电系统广泛采用中性点直接接地运行方式。

一、中性点直接接地系统

中性点直接接地系统称为大接地电流系统。这种系统发生单相接地故障时的故障电流回路如图 1-6 所示。由于变压器和线路的阻抗都很小，单相短路电流 $\dot{I}_k^{(1)}$ 直接通过大地与电网构成回路，所以比正常运行时的负荷电流要大得多。因此在系统发生单相短路时保护装置应跳闸，切除短路故障，使系统的其他部分恢复正常运行。

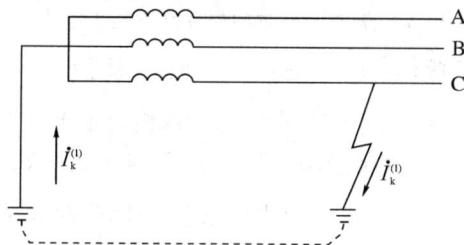

图 1-6　单相接地时的中性点直接接地系统

当中性点直接接地系统发生单相接地时，其他两完好相的对地电压不变，电气设备绝缘只需按相电压考虑，而无需按线电压考虑。这对 110 kV 及以上的超高压系统是很有经济技术价值的。因为高压电器特别是超高压电器的绝缘问题是影响电器设计和制造的关键问题。电器绝缘要求的降低，不仅降低了电器的造价，而且改善了电器的性能。因此我国 110 kV 及以上超高压系统的电源中性点通常都采取直接接地的运行方式。

在 380 V 的低压配电系统中，中性点直接接地可提供大部分用电设备所需的 380 V 和单相 220 V 两种电压，供电方式更为灵活，因此被广泛采用。

综上所述，中性点直接接地系统有如下特点：

（1）当发生单相接地故障时，形成单相短路，短路电流瞬时升高，远高于正常负荷电流，保护装置动作，立即切除故障部分。

（2）中性点始终是零电位，相对地绝缘，按相电压考虑。

（3）在中性点直接接地系统中，当发生人身相对地触电时，危险较大，对通信干扰也大。

二、中性点不接地系统

当中性点不接地系统正常运行时，电力系统的三相导线之间及各相对地之间沿导线全长都分布有电容，这些电容在电压的作用下将有附加的电容电流流过。为了便于分析，可认为三相系统是对称的，对地电容电流可用集中于线路中央的电容来代替，相间电容不予考虑，如图 1-7(a) 所示。

当系统正常运行时，三个相的相电压 $\dot{U}_A$、$\dot{U}_B$、$\dot{U}_C$ 是对称的，中性点的对地电压为零。三个相的对地电容电流也是平衡的，如图 1-7(b) 所示。因此三相的电容电流的相量和为零，中性点中没有电流流过。各相的对地电压就是各相的相电压。

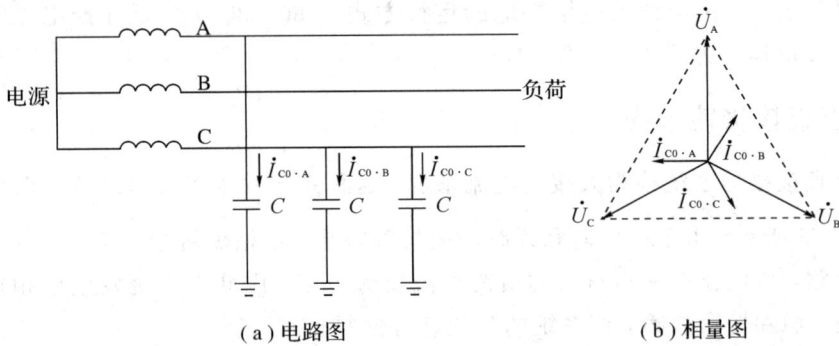

（a）电路图　　　　　　　　　　（b）相量图

图 1-7　正常运行时的中性点不接地电力系统

当系统发生单相接地故障时，假设是 C 相接地，如图 1-8(a)所示，这时 C 相对地电压为零，而 A 相对地电压 $\dot{U}'_A = \dot{U}_A + (-\dot{U}_C) = \dot{U}_{AC}$，B 相对地电压 $\dot{U}'_B = \dot{U}_B + (-\dot{U}_C) = \dot{U}_{BC}$，如图 1-8(b)所示。由图 1-8(b)的相量图可知，当 C 相接地时，完好的 A、B 两相对地电压都由原来的相电压升高到线电压，即升高为原对地电压的 $\sqrt{3}$ 倍。这是中性点不接地系统的缺点之一。

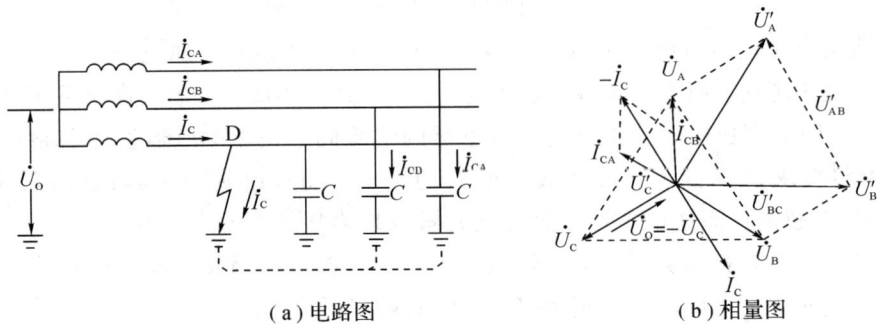

（a）电路图　　　　　　　　　　（b）相量图

图 1-8　单相接地时的中性点不接地的电力系统

当 C 相接地时，系统的接地电流 $\dot{I}_C$（电容电流）应为 A、B 两相对地电容电流之和，即

$$\dot{I}_C = -(\dot{I}_{CA} + \dot{I}_{CB}) \tag{1-1}$$

由图 1-8(b)所示的相量图可知，$\dot{I}_C$ 在相位上超前 $\dot{U}_C$ 90°；而在量值上，由于 $\dot{I}_C = \sqrt{3}\dot{I}_{CA}$，而 $\dot{I}_{CA} = \dot{U}'_A / X_C = \sqrt{3}\dot{U}_A / X_C = \sqrt{3}I_0$，因此 $I_C = 3I_0$，即单相接地的接地电流为正常运行时每相对地电容电流的 3 倍。

根据以上分析，总结中性点不接地系统的特点和适用范围如下：

（1）对于短距离、电压较低的输电线路，因对地电容较小，接地电流较小，瞬时性故障往往能自动消除，对电网的危害小，对通信线路的干扰性也比较小。对于高电压、长距离输电线路，单相接地电容电流较大，在接地处容易发生电弧周期性的熄灭与重燃，引起电网高频振荡，形成过电压，可能击穿设备绝缘，造成短路故障。为了避免发生间歇性的电弧，要求 3~10 kV 电网单相接地电流小于 30 A，而 35 kV 及以上电网单相接地电流小于 10 A。因此，中性点不接地方式对高电压，远距离输电线路不适宜。

（2）从图 1-8(b)可以看出，中性点不接地系统发生单相接地时，虽然各相对地电压发生变化,但各相间电压和线电压仍然对称平衡,因此,三相用电设备仍可继续运行2小时。如果企业有备用线路,应将负荷转移到备用线路上。当2小时后接地故障仍未消除时,就应切除此故障线路。

三、中性点经消弧线圈接地系统

如前所述,当中性点不接地系统的单相接地电流超过规定值时,电弧不能自行熄灭。一般采用经消弧线圈接地的措施来减小接地电流。这种接地方式称为中性点经消弧线圈接地的运行方式。图1-9(a)是中性点经消弧线圈接地系统的电路图。

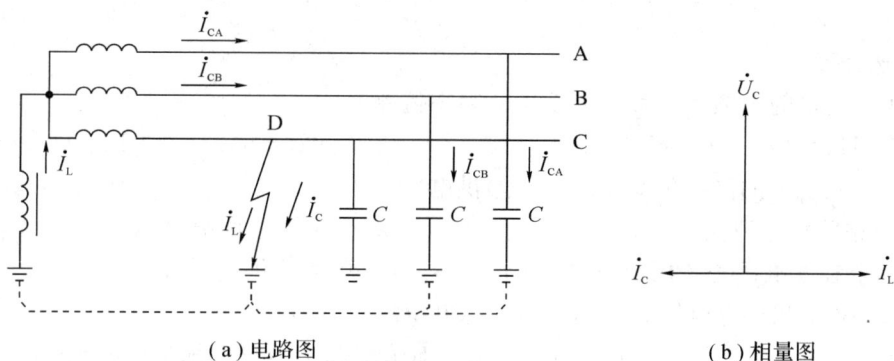

(a)电路图   (b)相量图

图1-9 中性点经消弧线圈接地的电力系统

消弧线圈是一个具有铁芯的可调电感线圈,装设在变压器或发电机的中性点上。当发生单相接地故障时,可形成一个与接地电容电流大小接近相等而方向相反的电感电流,这个滞后电压90°的电感电流与超前电压90°的电容电流相互补偿,如图1-9(b)所示。最后使流经接地处的电流变得很小以至等于零,从而消除了接地处的电弧以及由它可能产生的危害。消弧线圈的名称也是这么而来的。当电容电流等于电感电流的时候称为全补偿;当电容电流大于电感电流的时候称为欠补偿;当电容电流小于电感电流的时候称为过补偿。一般都采用过补偿,这样消弧线圈有一定的裕度,不至于发生谐振而产生过电压。

中性点经消弧线圈接地系统,当发生单相接地故障时,各相对地电压和对地电容电流的变化情况与中性点不接地系统相同,也允许带故障运行2小时。

★ 问题与思考

1. 电力系统的中性点的运行方式有哪几种?分别适用于什么系统?
2. 中性点不接地和中性点直接接地系统各有什么优缺点?

单 元 测 试

一、填空题

1. 电力系统是由_____、_____、_____和_____组成的整体,是将一次能源转换成电能并输送和分配到用户的一个统一的系统。

2. 用户对供电的基本要求体现在四方面:_____、_____、_____、_____。

3. 对于一级负荷，一般要求有＿＿＿＿＿＿＿＿对其供电。

4. 同一电压的线路允许电压差为＿＿＿＿＿，即线路的电压损耗不允许超过＿＿＿＿＿。

5. 工厂供配电系统是指企业所需电力＿＿＿＿＿＿起，到分配到＿＿＿＿＿＿＿＿止的整个电路。

6. 电力系统的中性点是指＿＿＿＿＿＿＿＿＿＿＿＿＿＿＿＿＿＿。

7. 消弧线圈是一个＿＿＿＿＿＿＿＿＿＿＿＿＿＿＿，装设在变压器或发电机的中性点上。

8. 在输送功率一定的情况下，电压＿＿＿＿＿，电能损耗就越低，用户端的电压质量越好。

二、选择题

1. 我国规定的工频和一般电力系统的频率偏差是（   ）。

A. 50 Hz±2%　　　　B. 50 Hz±1%　　　　C. 45 Hz±5%　　　　D. 50 Hz±10%

2. 电力系统中的二级负荷应由（   ）供电。

A. 两路独立电源供电　　　　　　　　B. 两个独立回路供电

C. 两个独立电源＋备用应急电源　　　D. 单回路供电

3. 220 V 单相供电电压允许偏差为标称电压的（   ）。

A. ±5%　　　　　　　B. 正、负偏差的绝对值之和不超过标称电压的 10%

C. ±7%　　　　　　　D. ＋7%，－10%

4. 一个工厂可以选用 220/380 V 电压直接供电，这个工厂不需满足的条件是（   ）。

A. 没有高压用电设备　　　　　　　　B. 设备容量在 100 kW 以下

C. 靠近终端变电所　　　　　　　　　D. 输送距离在 600 m 以内

5. 在下列叙述中，不是中性点直接接地系统的特点是（   ）。

A. 当发生单相对地短路时，短路电流比正常负荷电流大得多

B. 对周围通信设施干扰不明显

C. 中性点始终是零电位

D. 正常相对地电压不变

三、判断题

1. 目前我国电力系统中，3～66 kV 系统都采用中性点不接地运行方式。　　　（　　）

2. 当供电电源的频率超过 50 Hz 后，可以通过降低负荷的方式将频率控制下来。

（　　）

3. 经消弧线圈接地的目的是为了降低接地点的短路电流，使电弧在电压过零点能自行熄灭。　　　（　　）

4. 当 220/380 V 供配电系统发生单相接地故障时，允许系统带故障运行 2 小时。

（　　）

5. 提高工厂的供配电电压等级可提高工厂供配电系统建设和运行的经济性。　（　　）

四、简答题

1. 电力负荷分级的依据是什么？各级电力负荷对供电电源有什么要求？

2. 中性点的不同处理方式对电力系统有什么影响？

3. 统一规定电网和电气设备的额定电压有什么意义？

4. 为什么小电流接地系统发生单相对地短路时可以带故障运行 2 小时？

5. 用户对供电电能的要求体现在哪几个方面？

五、计算题

试确定图 1-10 中所示供配电系统的变压器 T_1、T_2 和线路 WL1、WL2 的额定电压。

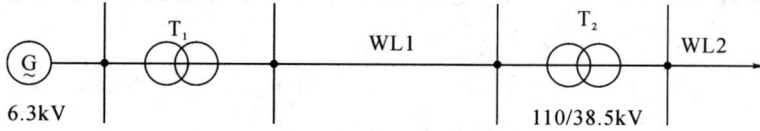

图 1-10 供配电系统简图

项目二　掌握供配电系统计算

学习目标

1. 了解进行负荷计算和短路电流计算的目的。
2. 了解工厂电力负荷的统计和评价方法。
3. 掌握电力负荷计算和无功补偿容量的计算方法。
4. 了解单台和多台设备尖峰电流的计算方法。
5. 了解供配电系统短路故障的原因、类型和危害。
6. 掌握用标幺值和欧姆法进行短路电流计算的方法。
7. 了解短路电流的效应和动、热稳定度校验过程。

任务一　掌握电力负荷计算

在供配电系统中装设有各种高、低压电器、变压器等电气设备以及架空线、电缆线等输配电线路。这些电气设备工作的电压、频率的确定在项目一中已做了介绍，可这些设备的额定电流怎么确定呢？这就与系统的负荷有关了。电力用户的各种用电设备的负荷会时大时小地变化，在确定供配电设备的参数时，若根据工厂用电设备额定总容量进行选择，势必造成投资的浪费。若电气设备的额定电流确定过小，又会造成运行中出现过热，绝缘快速老化等危险。因此，需要科学合理地选择供配电系统中的导线、开关电器、变压器等设备的额定电流，这就是进行电力负荷计算的目的。

一、电力负荷和负荷曲线

电力负荷又称为电力负载，有两种含义：一是指耗用电能的用电设备或用户，如重要负荷、一般负荷、动力负荷、照明负荷等；二是指用电设备或用户耗用的功率或电流大小，如轻负荷(轻载)、重负荷(重载)、空负荷(空载)、满负荷(满载)等。电力负荷的具体含义视具体情况而定。

(一) 负荷曲线

负荷曲线是表征电力负荷随时间变动情况的一种图形。它绘制在直角坐标系中，纵坐标表示负荷(有功或无功功率)，横坐标表示对应的时间。负荷曲线按负荷对象分，有工厂的、车间的或某类设备的负荷曲线。按负荷性质分，负荷曲线有功和无功的负荷曲线。按所表示的负荷变动时间分，负荷曲线有年、月、日或工作班的负荷曲线。

日负荷曲线表示负荷在一昼夜(0～24 h)的变化情况。日负荷曲线一般用测量的方法绘制。以某个监测点为参考点，在 24 h 中各个时刻记录有功功率表的读数，逐点绘制而成折线形状，称为折线形负荷曲线，如图 2-1(a)所示。通过接在供电线路上的电度表，每隔一定的时间间隔(一般为 0.5 h)将其读数记录下来，求出 0.5 h 的平均功率，再依次将这些点画在坐标系中，把这些点连成阶梯状，称为阶梯形负荷曲线，如图 2-1(b)所示。为计算方便，负荷曲线多绘成阶梯形，以便确定"半小时最大负荷"(将在后文介绍)。

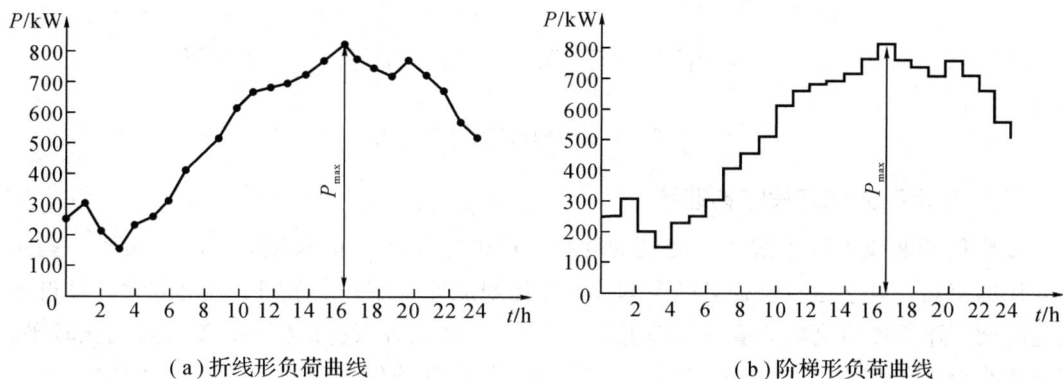

(a)折线形负荷曲线　　　　　　　　　(b)阶梯形负荷曲线

图 2-1　日有功负荷曲线

年负荷曲线又分为年运行负荷曲线和年持续负荷曲线。全年按 8760 h 计。其中，年运行负荷曲线可根据全年日负荷曲线间接绘制而成；年持续负荷曲线的绘制，要借助一年中有代表性的冬季日负荷曲线和夏季日负荷曲线。通常用年持续负荷曲线来表示年负荷曲线，绘制方法如图 2-2 所示。其中，夏季和冬季在全年中占的天数视地理位置和气温情况而定。一般在北方，近似认为冬季为 200 天，夏季为 165 天；在南方，近似认为冬季为 165 天，夏季为 200 天。图 2-2 是南方某用户的年负荷曲线，图中 P_1 在年负荷曲线上所占的时间计算为 $T_1 = 200t_1 + 165t_2$。

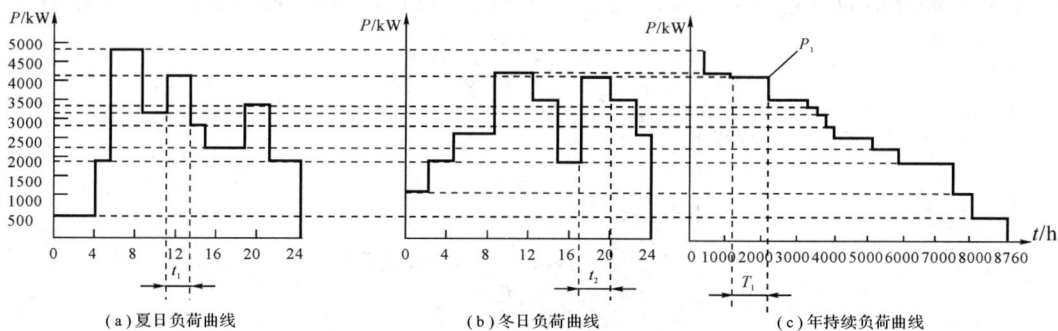

(a)夏日负荷曲线　　　　　　(b)冬日负荷曲线　　　　　　(c)年持续负荷曲线

图 2-2　年负荷曲线的绘制

注意：日负荷曲线是按时间的先后绘制的，而年持续负荷曲线是按负荷的大小和累计时间绘制的。负荷曲线与横坐标所包围的面积代表所消耗的电能。

年负荷曲线的另一形式，是按全年每日的最大负荷(通常取每日的最大负荷 0.5 h 的平均值)来绘制的，称为年每日最大负荷曲线，如图 2-3 所示。横坐标依次以全年 12 个月份的日期来分格。这种年最大负荷曲线，可以用来确定拥有多台电力变压器的工厂变电所在一年内的不同时期宜于投入几台运行，即经济运行方式，以降低电能损耗，提高供电系统的经济效益。

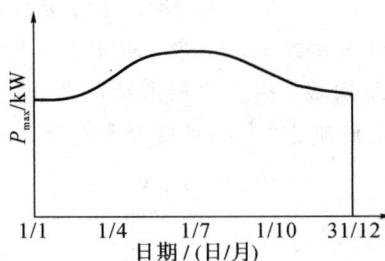

图 2-3　年每日最大负荷曲线

（二）与负荷曲线有关的物理量

分析负荷曲线可以了解负荷变动的规律，对供电设计人员来说，可从中获得一些对设计有用的资料。对于运行来说，可合理地、有计划地安排用户、车间、班次或大容量设备的用电时间，降低负荷高峰，填补负荷低谷。这种"削峰填谷"的办法可使负荷曲线比较平坦，从而提高企业供配电系统建设、运行的经济性。从负荷曲线上可求得以下一些参数。

1. 年最大负荷 P_{max}

年最大负荷是指全年中负荷最大的工作班内（为防偶然性，这样的工作班至少要在负荷最大的月份出现 2～3 次）30 分钟平均功率的最大值，因此年最大负荷有时也称为 30 分钟最大负荷 P_{30}。

2. 年最大负荷利用小时数 T_{max}

年最大负荷利用小时数 T_{max} 是一个假想时间。在此时间内，电力负荷按年最大负荷 P_{max}（或 P_{30}）持续运行所消耗的电能，恰好等于该电力负荷全年实际消耗的电能，如图 2-4 所示。阴影部分即为全年实际消耗的电能。如果以 W_a 表示全年实际消耗的电能，则有

$$T_{max} = \frac{W_a}{P_{max}} \tag{2-1}$$

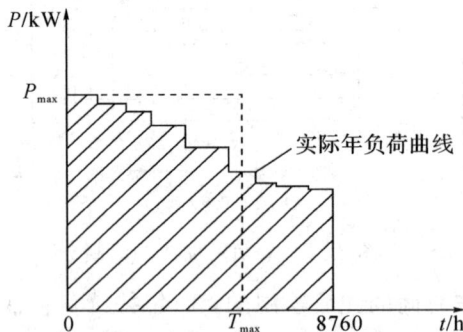

图 2-4　年最大负荷利用小时数

T_{max} 与企业类型及生产班制有较大关系，其数值可查阅有关参考资料或到同类型的企业去调查。该值越大，则负荷越平稳。例如，一班制工厂，T_{max} 约为 1800～3000 h；两班制工厂，T_{max} 约为 3500～4800 h；三班制工厂，T_{max} 约为 5000～7000 h；居民用户，T_{max} 约为 1200～2800 h。

3. 年平均负荷

平均负荷(P_{av})是指电力负荷在一定时间内消耗的功率的平均值。例如,在 t 这段时间内消耗的电能为 W_t,则时间 t 的平均负荷为

$$P_{av} = \frac{W_t}{t} \qquad (2-2)$$

年平均负荷是指电力负荷在一年内消耗的功率的平均值。例如,用 W_a 表示全年实际消耗的电能,则年平均负荷为

$$P_{av} = \frac{W_a}{8760} \qquad (2-3)$$

图 2-5 用以说明年平均负荷。其阴影部分表示全年实际消耗的电能 W_a,年平均负荷 P_{av} 与全年小时数(8760 h)的乘积恰好与之相等。

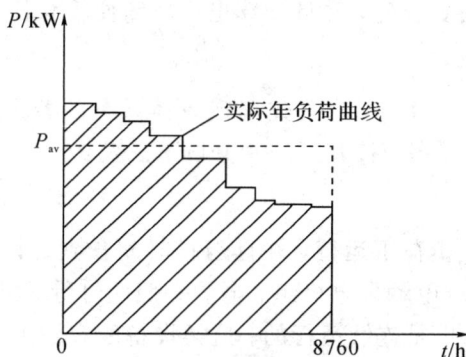

图 2-5 年平均负荷

4. 负荷系数

负荷系数又称为负荷率,它是用电负荷的平均负荷 P_{av} 与其最大负荷 P_{max} 的比值,用 K_L 来表示:

$$K_L = \frac{P_{av}}{P_{max}} \qquad (2-4)$$

负荷系数的大小反映负荷的波动程度,负荷系数越小,说明负荷波动越大。从充分发挥供电设备的能力、提高供电效率来说,希望此系数越高,越接近于 1 越好。从发挥整个电力系统的效能来说,应尽量使不平坦的负荷曲线"削峰填谷",提高负荷系数。有时也用 α 表示有功负荷系数,用 β 表示无功负荷系数。一般工厂的 $\alpha = 0.7 \sim 0.75$, $\beta = 0.76 \sim 0.82$, 对于单个用电设备或用电设备组,负荷系数是指设备的实际功率 P 和设备额定容量 P_N 之比,即表征该设备或设备组的容量是否被充分利用:

$$K_L = \frac{P}{P_N} \qquad (2-5)$$

二、负荷计算

(一)计算负荷的概念

通过负荷的统计计算求出、用来按发热条件选择供电系统中各元件的负荷值,称为计

算负荷。根据计算负荷选择的电气设备和导线电缆，如果以计算负荷连续运行，其发热温度不会超过允许值。

导体中有电流流过时会发热，并且导体的温度会随电流的变化而变化，电流变化后导体达到稳定温升的时间大约为 $(3\sim4)\tau$，τ 为发热时间常数。截面在 16 mm^2 及以上的导体，其 $\tau\geqslant10$ min，因此载流导体大约经 30 min(半小时)后可达到稳定温升值。由此可见，计算负荷定为从负荷曲线上查得的半小时最大负荷 P_{30}(即年最大负荷 P_{max})是有物理依据的。所以一般用半小时最大负荷 P_{30} 来表示有功计算负荷，无功计算负荷、视在计算负荷和计算电流则分别表示为 Q_{30}、S_{30} 和 I_{30}。

我国目前普遍采用的确定用电设备组计算负荷的方法有需要系数法和二项式系数法。需要系数法是国际上普遍采用的确定计算负荷的基本方法，其最为简便。二项式系数法的应用局限性较大，但在确定设备台数较少而容量差别较大的分支干线的计算负荷时，采用二项式系数法较需要系数法更合理，并且计算也比较简便。本书只介绍这两种计算方法。

(二) 设备容量的确定

如前所述，在进行负荷计算时，应首先确定具体设备的容量。设备容量的确定与设备的工作制有关。工厂的用电设备，按其工作制分以下三类：

1) 连续工作制设备

连续工作制设备在恒定负荷下运行，并且运行时间长到足以使之达到热平衡状态，如通风机、水泵、空气压缩机、电动发电机组、电炉和照明灯等。机床电动机的负荷，一般变动较大，但其主电动机一般也是连续运行的。这类设备的容量 P_e 等于铭牌功率 P_n。

2) 短时工作制设备

短时工作制设备在恒定负荷下运行的时间短(短于达到热平衡所需的时间)，而停歇时间长(长到足以使设备温度冷却到周围介质的温度)，例如，机床上的某些辅助电动机(如进给电动机)、控制闸门的电动机等。这类设备的容量 P_e 也按铭牌功率 P_n 计算。

3) 断续周期工作制设备

断续工作制设备时而工作，时而停歇，周期性的反复运行，而工作周期一般不超过 10 min，无论工作或停歇，均不足以使设备达到热平衡，如电焊机和吊车电动机等。

断续周期工作制设备可用"负荷持续率"(又称为暂载率)来表示其工作特征。负荷持续率为一个工作周期内工作时间与工作周期的百分比值，用 ε 表示，即

$$\varepsilon=\frac{t}{T}\times100\%=\frac{t}{t+t_0}\times100\% \tag{2-6}$$

式中，T 为工作周期；t 为工作周期内的工作时间；t_0 为工作周期内的停歇时间。

1. 断续周期工作制设备计算容量的确定

断续周期工作制设备的额定容量(铭牌容量)P_n，它对应于某一标称负荷持续率 ε_n。如果实际运行的负荷持续率 $\varepsilon\neq\varepsilon_n$，则实际容量 P_e 应按同一周期内等效发热条件进行换算。由于电流 I 通过电阻为 R 的设备在时间 t 内产生的热量为 I^2Rt，因此在设备产生相同热量的条件下，$I\propto1/\sqrt{t}$；而在同一电压下，设备容量 $P\propto I$；又由式(2-6)可知，同一周期 T 的负荷持续率 $\varepsilon\propto t$。因此 $P\propto1/\sqrt{\varepsilon}$，即设备容量与负荷持续率的平方根值成反比。由此可见，若

设备在 ε_N 下的容量为 P_N，则换算到实际负荷持续率 ε 下的容量 P_e 为

$$P_e = P_N \sqrt{\frac{\varepsilon_N}{\varepsilon}} \tag{2-7}$$

例如，起重机用的电动机功率应统一换算到暂载率 $\varepsilon_N = 25\%$ 时的有功功率。对于电焊机则应统一换算到暂载率 $\varepsilon_N = 100\%$ 时的有功功率。具体换算如下：

吊车用电动机：

$$P_e = P_N \sqrt{\frac{\varepsilon_N}{\varepsilon_{25}}} = 2P_N \sqrt{\varepsilon_N} \tag{2-8}$$

电焊机：

$$P_e = S_N \cos\varphi \sqrt{\frac{\varepsilon_N}{\varepsilon_{100}}} = S_N \cos\varphi \sqrt{\varepsilon_N} \tag{2-9}$$

2. 照明设备计算容量的确定

照明设备计算容量 P_e 换算如下：

$$P_e = (1.1 \sim 1.3)P_N \tag{2-10}$$

3. 单相用电设备计算容量的确定

在供配电系统中，除了三相用电设备之外，还有大量的单相用电设备，例如，电焊机、电炉、电灯等各种单相设备。单相设备接在三相线路中，应尽可能均衡分配，使三相尽可能平衡。如果三相线路中单相设备的总容量不超过三相设备总容量的15%，则不论单相设备如何分配，单相设备可与三相设备综合按三相平衡负荷计算。如果单相设备容量超过三相设备容量的15%时，则应将单相设备容量换算为等效三相设备容量，再与三相设备容量相加。

由于确定计算负荷的目的，主要是为了选择线路上的设备和导线，使线路上的设备和导线在通过计算电流时不致过热或烧毁，因此在接有较多单相设备的三相线路中，不论单相设备接于相电压还是接于线电压，只要三相负荷不平衡，就应以最大负荷相有功负荷的3倍作为等效三相有功负荷，以满足安全运行的要求。

（1）当单相设备接于相电压时，在尽量使三相负荷平衡后，取单相最大负荷乘以3，便可求得其等效三相设备容量。

（2）当单相设备接于线电压时，在尽量使三相负荷平衡后，有

$$P_e = \sqrt{3} P_{e\varphi max} \tag{2-11}$$

$P_{e\varphi max}$ 为负荷最大的单相设备的容量。

（3）当单相设备分别接于线电压和相电压时，首先应将接于线电压的单相设备容量换算为接于相电压的设备容量，然后分相计算各相的设备容量与计算负荷。总的等效三相有功计算负荷为其最大有功负荷相的有功计算负荷 $P_{e\varphi max}$ 的3倍，总的等效三相无功计算负荷为最大负荷相的无功计算负荷 $Q_{e\varphi max}$ 的3倍。注意 $P_{e\varphi max}$ 和 $Q_{e\varphi max}$ 不一定在同一相上。

（三）需要系数的引出

一组用电设备共有 n 台电动机，其设备额定容量的总和为 P_e，而 P_e 不可能全部作为这组电动机的计算负荷 P_{30}。因为：

（1）由于 P_e 是设备的总输出容量，它与输入容量存在一个效率 η。

(2) 所有设备一般不会同时运行，所以存在一个同时系数 K_Σ。

(3) 这些设备不可能一直满负荷出力，存在一个负荷系数 K_L。

(4) 供电线路有损耗，存在一个供电效率 η_{WL}。

这组设备的有功计算负荷为

$$P_{30}=\frac{K_\Sigma K_L}{\eta\eta_{WL}}P_e \qquad (2-12)$$

令 $K_d=K_\Sigma K_L/\eta\eta_{WL}=P_{30}/P_e$，则 K_d 即为用电设备组的需要系数，即用电设备组在最大负荷时的功率与其设备总容量的比值。

实际上，需要系数不仅与用电设备组的工作性质、设备台数、设备效率和线路损耗等因素有关，而且与操作人员的技能和生产组织等多种因素有关，因此应尽可能地通过实测分析确定，使之尽量接近实际。

附表 1 列出工厂各种用电设备组的需要系数，以供参考。

需要注意的是，附表 1 所列需要系数是按车间范围内台数较多的情况来确定的。所以需要系数一般都比较低，例如，冷加工机床组的需要系数平均只有 0.2 左右。因此需要系数法较适用于确定车间的计算负荷。如果采用需要系数法来计算分支干线上用电设备组的计算负荷，则附表 1 中的需要系数往往偏小，宜适当取大。当只有 1～2 台设备时，可认为 $K_d=1$，即 $P_{30}=P_e$。对于电动机，由于它本身功率损耗较大，因此当只有一台电动机时，其 $P_{30}=P_N/\eta$，这里 P_N 为电动机的额定容量，η 为电动机的效率。

从附表 1 中可以看出，需要系数与用电设备的类别和工作状态关系极大，因此在计算时，首先要正确判明用电设备的类别和工作状态，否则会造成错误。例如，机修车间的金属切削机床电动机，应属小批生产的冷加工机床电动机，因为金属切削就是冷加工，而机修不可能是大批生产。又如，压塑机、拉丝机以及锻、锤等，应属热加工机床。再如，起重机、行车、电葫芦等，均属吊车类。

（四）用需要系数法进行负荷计算

用需要系数法进行负荷计算的基本过程是先确定计算范围，然后将不同工作制下设备的额定功率 P_N 换算到设备容量 P_e。再将工艺性质相同的设备合并成组，算出每一组用电设备的计算负荷，最后汇总各级计算负荷得到总的计算负荷。需要系数法的基本公式如下：

有功计算负荷：

$$P_{30}=K_d P_e \qquad (2-13)$$

无功计算负荷：

$$Q_{30}=P_{30}\tan\varphi \qquad (2-14)$$

视在计算负荷：

$$S_{30}=\frac{P_{30}}{\cos\varphi}=\sqrt{P_{30}^2+Q_{30}^2} \qquad (2-15)$$

式中，$\cos\varphi$ 为设备的功率因数。

计算电流：

$$I_{30}=\frac{S_{30}}{\sqrt{3}U_N} \qquad (2-16)$$

式中，U_N 为设备的额定电压。

1. 单组设备的负荷计算

单组用电设备组是指接于同一线路上，用电性质相同的一组设备，在供配电系统中的位置如图 2-6 中 D 点。设备组需要系数 K_d 相同，根据用电设备组的性质从附表 1 可查得 K_d 和功率因数，令 P_e 为用电设备组设备总容量之和，利用式（2-13）～式（2-16）即可求得单组用电设备的计算容量。

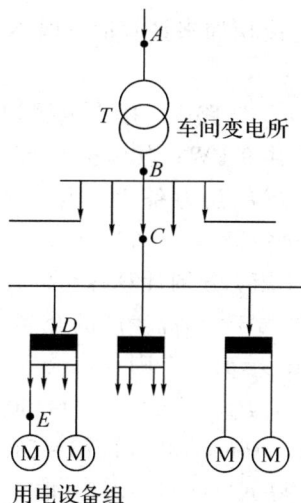

图 2-6 工厂供电系统各电力负荷计算点

2. 多组设备的负荷计算

车间的低压干线上，总会接有工作性质不完全相同的多组设备。要计算干线的总负荷（如图 2-6 中 C 点），首先将所有用电设备根据工作性质不同，结合附表 1 将设备分成若干组，计算出每组用电设备的有功和无功计算负荷；然后考虑各组用电设备的最大负荷不同时出现的因素，结合具体情况对其有功负荷和无功负荷分别计入一个同时系数（又称为参差系数或综合系数）$K_{\Sigma P}$ 和 $K_{\Sigma Q}$，对车间干线取 $K_{\Sigma P}=0.85\sim0.95$，$K_{\Sigma Q}=0.9\sim0.97$；最后各组用电设备的有功和无功计算负荷分别求和再乘以同时系数即可求得该干线上多组用电设备的计算负荷。

总的有功计算负荷：

$$P_{30}=K_{\Sigma P}\sum P_{30\cdot i} \tag{2-17}$$

总的无功计算负荷：

$$Q_{30}=K_{\Sigma Q}\sum Q_{30\cdot i} \tag{2-18}$$

总的视在计算负荷：

$$S_{30}=\sqrt{P_{30}^2+Q_{30}^2} \tag{2-19}$$

总的计算电流：

$$I_{30}=\frac{S_{30}}{\sqrt{3}U_N} \tag{2-20}$$

需要注意的是，在计算多组用电设备总的无功和总的视在计算负荷时，由于各组设备的功率因数不同，必须按式（2-18）和式（2-19）计算。

对车间低压母线上（图2-6中的B点）计算负荷的求取，与求多组用电设备负荷的方法类似，同时系数的确定分为以下两种情况：

（1）由用电设备组的计算负荷直接相加来计算时，取$K_{\Sigma P}=0.8\sim0.9$，$K_{\Sigma Q}=0.85\sim0.95$。

（2）由车间干线的计算负荷直接相加来计算时，取$K_{\Sigma P}=0.90\sim0.95$，$K_{\Sigma Q}=0.93\sim0.97$。

【例2-1】 在某机修车间380 V线路上，接有金属切削机床电动机30台，共150 kW（容量差别不太大）；通风机6台，共9 kW；点焊机3台，共10.5 kW（每台参数相同$\varepsilon=65\%$，$\cos\varPhi=0.55$）；吊车电动机两台互为备用，当$\varepsilon_N=15\%$时，铭牌容量为18 kW、$\cos\varPhi=0.7$。试确定此线路上的计算负荷。

解 按工作性质将设备分为4组，分别计算各组的计算负荷：

（1）30台金属切削机床电动机属于"小批生产的金属冷加工机床电动机组"。从附表1查得$K_d=0.16\sim0.2$（取0.2），$\tan\varphi=1.73$，则

$$P_{30(1)}=K_d P_{e(1)}=0.2\times150=30\ (\text{kW})$$

$$Q_{30(1)}=P_{30(1)}\tan\varphi=30\times1.73=51.9\ (\text{kvar})$$

（2）通风机组。从附表1中查得$K_d=0.7\sim0.8$（取0.8），$\tan\varphi=0.75$，则

$$P_{30(2)}=K_d P_{e(2)}=0.8\times9=7.2\ (\text{kW})$$

$$Q_{30(2)}=P_{30(2)}\tan\varphi=7.2\times0.75=5.4\ (\text{kvar})$$

（3）点焊机组。首先进行容量折算，即

$$P_{e(3)}=S_N\cos\varphi\sqrt{\varepsilon_N}=10.5\times0.55\times\sqrt{0.65}=4.66\ (\text{kW})$$

从附表1中查得$K_d=0.35$，$\tan\varphi=1.33$，则

$$P_{30(3)}=K_d P_{e(3)}=0.35\times4.66=1.63\ (\text{kW})$$

$$Q_{30(3)}=P_{30(3)}\tan\varphi=1.63\times1.33=2.17\ (\text{kvar})$$

（4）吊车组。首先进行容量折算 $P_{e(4)}=2P_N\sqrt{\varepsilon_N}=2\times18\times\sqrt{0.15}=13.9\ (\text{kW})$

由于两台互为备用取一台容量作为计算容量，即

$$P_{30(4)}=P_{e(4)}=13.9(\text{kW})$$

$$Q_{30(4)}=P_{30(4)}\tan\varphi=13.9\times\frac{\sqrt{1-0.7^2}}{0.7}=14.2\ (\text{kvar})$$

车间总负荷计算，取$K_{\Sigma P}=0.9$，$K_{\Sigma Q}=0.95$，有

$$P_{30}=K_{\Sigma P}\sum P_{30\cdot i}=0.9\times(30+7.2+1.63+13.9)=47.5\ (\text{kW})$$

$$Q_{30}=K_{\Sigma Q}\sum Q_{30\cdot i}=0.95\times(51.9+5.4+2.17+14.2)=70\ (\text{kvar})$$

$$S_{30}=\sqrt{P_{30}^2+Q_{30}^2}=\sqrt{47.5^2+70^2}=84.6(\text{kVA})$$

$$I_{30}=\frac{S_{30}}{\sqrt{3}U_N}=\frac{84.6}{1.73\times0.38}=128.7(\text{A})$$

在实际工程设计说明书中，为了使人一目了然，便于审核，常采用计算表格的形式，如表2-1所示（总计小数点后保留1位）。

表 2-1 负荷计算表

序号	设备名称	台数 n	容量 P_e/kW	需要系数 K_d	$\cos\varphi$	$\tan\varphi$	计算负荷			
							P_{30}/kW	Q_{30}/kvar	S_{30}/kVA	I_{30}/A
1	切削机床	30	150	0.2	0.5	1.73	30	51.9		
2	通风机	6	9	0.8	0.8	0.75	7.2	5.4		
3	点焊机	3	10.5	0.35	0.6	1.33	1.63	2.17		
4	吊车	1	18	1	0.7	1.02	13.9	14.2		
车间总计		40	187.5				52.7	73.7		
		取 $K_{\Sigma P}=0.9$，$K_{\Sigma Q}=0.95$					47.5	70	84.6	128.7

（五）用二项式系数法进行负荷计算

1. 单组设备的负荷计算

在用二项式系数法进行负荷计算时，要根据设备性质进行分组。既要考虑用电设备组的平均负荷，又要考虑几台容量较大的设备负荷。其基本计算公式为

$$P_{30}=bP_e+cP_x \tag{2-21}$$

Q_{30}、S_{30}、I_{30} 的计算按式（2-14）～式（2-16）。

式（2-21）中，bP_e（二项式的第一项）表示设备组的平均功率，其中，P_e 是用电设备组的设备总容量，其计算方法如需要系数法所述；cP_x（二项式的第二项）表示设备组中 x 台容量最大的设备投入运行时增加的附加负荷，其中，P_x 是 x 台最大容量的设备总容量；b、c 是二项式系数。附表 1 中列有部分用电设备组的二项式系数 b、c 和最大容量的设备台数 x 的值，以供参考。

在按二项式系数法确定计算负荷时，如果设备总台数 n 少于附表 1 中规定的最大容量设备台数 x 的 2 倍，即当 $n<2x$ 时，其最大容量设备台数 x 宜适当取小，建议取为 $n/2$，并且按"四舍五入"修约规则取其整数。例如，当某机床电动机组只有 7 台时，则其最大设备台数取 $x=n/2=\dfrac{7}{2}\approx4$。

由于二项式系数法不仅考虑了用电设备组最大负荷时的平均负荷，而且考虑了少数容量最大的设备投入运行时对总计算负荷的额外影响，所以二项式系数法比较适于确定设备台数较少而容量差别较大的低压干线和分支线的计算负荷。但是二项式系数 b、c 和 x 的值，缺乏充分的理论依据，而且只有机械工业方面的部分数据，从而使其应用受到一定的局限。

2. 多组设备的负荷计算

在用二项式法确定多组用电设备的计算负荷时，也应考虑各组用电设备的最大负荷不同时出现的因素，但不是计入一个同时系数，而是在各组设备中取其中一组最大的有功附加负荷 $(cP_x)_{\max}$，再加上各组的平均负荷 bP_e，由此求得其总的有功计算负荷为

$$P_{30}=\sum (bP_e)_i+(cP_x)_{\max} \tag{2-22}$$

总无功计算负荷为

$$Q_{30}=\sum (bP_e\tan\varphi)_i+(cP_x)_{\max}\tan\varphi_{\max} \tag{2-23}$$

式中，$\tan\varphi_{\max}$ 为最大附加负荷 $(cP_x)_{\max}$ 设备组的平均功率因数角的正切值。总的视在计算负荷 S_{30} 和总的计算电流 I_{30}，仍按式(2-19)和式(2-20)计算。

为了简化和统一，按二项式系数法计算多组设备的计算负荷时，不论各组设备台数多少，各组的计算系数 b、c、x 和 $\cos\varphi$ 等，均按附表 1 所列的数值。

（六）全厂计算负荷的确定

为了选择工厂变电站各种电气设备的规格型号，以及向供电部门提出用电容量申请必须确定工厂的总计算负荷 S_{30} 和 I_{30}。

在前述内容中，我们已经用需要系数法和二项式系数法确定了单台设备、低压干线、车间低压母线的计算负荷。确定全厂的计算负荷还要考虑全厂不同车间的同时系数，以及线路和变压器的功率损耗和无功补偿。

1. 线路功率损耗的计算

供电线路的三相有功功率损耗和三相无功功率损耗为

$$\Delta P_{\mathrm{WL}} = 3I_{30}^2 R_{\mathrm{WL}} \times 10^{-3} (\mathrm{kW}) \qquad (2-24)$$

$$\Delta Q_{\mathrm{WL}} = 3I_{30}^2 X_{\mathrm{WL}} \times 10^{-3} (\mathrm{kvar}) \qquad (2-25)$$

式中：I_{30} 为线路的计算电流；R_{WL} 为线路的每相电阻，$R_{\mathrm{WL}} = R_0 L$，L 为线路长度，R_0 为线路单位长度的电阻。X_{WL} 为线路的每相电抗，$X_{\mathrm{WL}} = X_0 L$，X_0 为线路单位长度的电抗值。

2. 电力变压器的损耗

变压器同样具有电阻和电抗，其损耗同样分为有功功率损耗和无功功率损耗两部分。

1）有功功率损耗

变压器的有功功率损耗由两部分组成：

（1）铁损 ΔP_{Fe}：是指变压器主磁通在铁芯中产生的有功损耗。变压器主磁通只与外加电压有关，当外加电压和频率恒定时，铁损与负荷无关，并且近似等于空载损耗 ΔP_0。

（2）铜损 ΔP_{Cu}：是指变压器负荷电流在一次、二次绕组的电阻中产生的有功损耗。其值与负荷电流（或功率）的平方成正比，并且近似等于短路损耗 ΔP_k。

因此变压器的有功功率损耗为

$$\Delta P_{\mathrm{T}} \approx \Delta P_0 + \Delta P_k \beta \qquad (2-26)$$

式中，β 为变压器的负荷率($\beta = S_{\mathrm{C}}/S_{\mathrm{N}}$)，$S_{\mathrm{N}}$ 为变压器的额定容量；S_{C} 为变压器的计算负荷。

2）无功功率损耗

变压器的无功功率损耗由两部分组成：

（1）励磁损耗 ΔQ_0：是指变压器空载时，由产生主磁通的励磁电流所造成的损耗，其与绕组电压有关，与负荷无关。计算公式即 $\Delta Q_0 = \dfrac{I_0\%}{100} S_{\mathrm{N}}$，式中，$I_0\%$ 为变压器空载电流占额定电流的百分值。

（2）绕组电抗无功损耗 ΔQ_{N}：是指变压器负荷电流在一次、二次绕组电抗上所产生的无功功率损耗。其值与负荷电流（或功率）的平方成正比。计算公式即 $\Delta Q_{\mathrm{N}} = \dfrac{U_k\%}{100} S_{\mathrm{C}}$，式中，$U_k\%$ 为变压器的短路电压百分值。

因此，变压器的无功功率损耗为

$$\Delta Q_{\mathrm{T}} \approx S_{\mathrm{N}} \left(\frac{I_0 \%}{100} + \frac{U_{\mathrm{k}} \%}{100} \beta^2 \right) \tag{2-27}$$

在工程设计中变压器损耗常按下式估算：

普通变压器：

$$\Delta P_{\mathrm{T}} \approx 0.02 S_{30}, \Delta Q_{\mathrm{T}} \approx 0.08 S_{30}$$

低损耗变压器：

$$\Delta P_{\mathrm{T}} \approx 0.015 S_{30}, \Delta Q_{\mathrm{T}} \approx 0.06 S_{30}$$

3. 工厂的功率因数和无功补偿

1）工厂的功率因数

（1）瞬时功率因数可由相位表（功率因数表）直接测出，或由功率表、电压表和电流表的读数通过下式求得（间接测量）：

$$\cos\varphi = \frac{P}{\sqrt{3} U I} \tag{2-28}$$

式中，P 为功率表测出的三相有功功率读数（kW）；U 为电压表测出的线电压读数（kV）；I 为电流表测出的电流读数（A）。

瞬时功率因数可用来了解和分析工厂或设备在生产过程中某一时间的功率因数值，借以了解当时的无功功率变化情况，研究是否需要和如何进行无功补偿的问题。

（2）最大负荷时功率因数是指在最大负荷即计算负荷时的功率因数，按下式计算：

$$\cos\varphi_{\max} = \frac{P_{30}}{S_{30}} \tag{2-29}$$

2）功率因数对供配电系统的影响

所有感性用电设备都需要从供配电系统中吸收无功功率，从而降低系统功率因数，过低的功率因数会给系统带来如下影响：

（1）电能损耗增加，当用电设备的有功功率一定时，功率因数愈低，其供电线路的电流愈大，线路的电力损耗随之增加。

（2）电压损失加大，功率因数低，通过线路的电流就变大，线路电压降亦随之增加，从而影响用电设备的正常运转。

（3）供电设备利用率低，发电机发出的功率是有限的，当无功功率增加时，有功功率下降，发电机的效率降低。

（4）降低供电线路的有功功率输送能力。

供电部门对不同用电企业的平均功率因数，有不同的要求。在我国，除电网有特殊要求的用户外，用户在当地供电企业规定的电网高峰负荷时的功率因数，应达到下列规定：

（1）100 kVA 及以上容量的高压供电的用户功率因数为 0.90 以上。

（2）其他电力用户和大、中型电力排灌站、趸购转售电企业，功率因数为 0.85 以上。

（3）农业用电，功率因数为 0.80 以上。

凡功率因数不能达到上述规定的新用户，供电企业均可拒绝供电。

3）无功补偿

提高功率因数，通常有两个途径，一是提高自然功率因数；二是采用人工补偿的方式。

优先采用提高自然功率因数的方式，即提高电动机、变压器等设备的负荷率，采用科学措施减少用电设备的无功功率的需要量。当提高自然功率因数的措施仍达不到要求时，就要采用人工补偿的方式。在电力用户的母线上并联电容器是最常用的一种补偿方式，如图 2-7 所示。

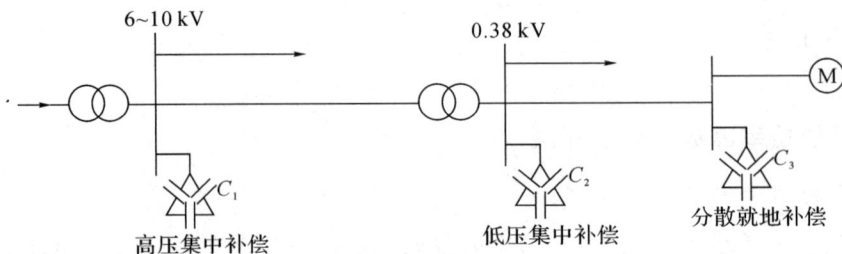

图 2-7 并联电容器的示意图

电容器在交流电路中，其电流始终超前电压，发出容性无功功率。把电容器并联在供电设备上运行，供电设备要"吸收"的感性无功功率正好由电容器"发出"的容性无功功率供给，从而起到无功功率补偿的作用。

由图 2-8 可知，要使功率因数由 $\cos\varphi$ 提高到 $\cos\varphi'$，装设无功补偿装置（并联电容器）的容量为

$$Q_C = Q_{30} - Q'_{30} = P_{30}(\tan\varphi - \tan\varphi') = \Delta q_C P_{30} \qquad (2-30)$$

式中，$\Delta q_C = \tan\varphi - \tan\varphi'$ 称为无功补偿率，见附表 2，可利用补偿前后的功率因数直接查得。

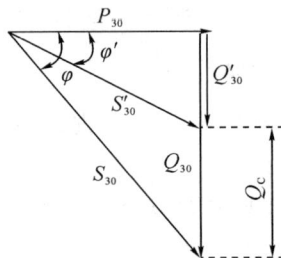

图 2-8 无功补偿容量的计算

在加设补偿装之后，在用户需用的有功功率 P_{30} 不变的条件下，无功功率将由 Q_{30} 减小到 Q'_{30}，视在功率将由 S_{30} 减小到 S'_{30}。相应地负荷电流 I_{30} 也将有所减小，这将使系统的电能损耗和电压损耗相应降低，既节约了电能，又提高了电压质量，而且可选择较小容量的供电设备和导线电缆，因此提高功率因数对供电系统大有好处。

在确定了总的补偿容量后，即可根据所选并联电容器的单个容量 q_C 来确定电容器个数，$n = Q_C/q_C$。如果计算得到的 n 不是整数，则向上取整。在电容器组的线电压与电网电压相同时，一般采用三角形接线。三角形接线的容量是星形接线的 3 倍。任一相电容器断线，三相线路仍得到无功补偿。无功补偿选用并联电容器具体型号查阅供应商说明书。

供配电系统在装设了无功补偿装置后，在确定补偿装置装设地点的总的计算负荷时，应先扣除无功补偿的容量，即补偿后的总的无功计算负荷为

$$Q'_{30} = Q_{30} - Q_C \qquad (2-31)$$

补偿后的总的视在计算负荷应为

$$S'_{30} = \sqrt{P_{30}^2 + (Q_{30} - Q_C)^2} \tag{2-32}$$

由上式可以看出，在变电所低压侧装设了无功补偿装置以后，由于低压侧总的视在计算负荷减小，从而使变电所主变压器的容量选得小了一些。这不仅降低了变电所的初始投资，而且还可减少用户的电费开支。

对于低压配电网的无功补偿，通常采用负荷侧集中补偿方式，即在低压系统（如变压器的低压侧）利用自动功率因数调整装置，随着负荷的变化，自动地投入或切除电容器的部分或全部容量。

【例2-2】 某厂拟建一降压变电所，装设一台主变压器。已知变电所低压侧有功计算负荷为650 kW，无功计算负荷为800 kvar。为了使工厂（变电所高压侧）的功率因数不低于0.9，若在低压侧装设并联电容器进行补偿时，则需多少补偿容量？在补偿前后工厂变电所所选主变压器的容量有何变化？

解 （1）补偿前的变压器容量和功率因数计算：

变电所低压侧的视在计算负荷为

$$S_{30(3)} = \sqrt{650^2 + 800^2} = 1031 \text{ (kVA)}$$

因此，当未考虑无功补偿时，主变压器的容量应选择为1250 kVA（参考变压器容量系列）变电所低压侧的功率因数为

$$\cos\varphi_{(3)} = \frac{P_{30(3)}}{S_{30(3)}} = \frac{650}{1031} = 0.63$$

（2）无功补偿容量计算。要求补偿后变压器高压侧的功率因数不低于0.9。考虑到变压器的无功功率损耗远大于有功功率损耗，取0.92，则有

$$Q_C = 650 \times (\tan(\arccos 0.63) - \tan(\arccos 0.92)) = 524 \text{ (kvar)}$$

取额定容量为30 kvar的并联电容器进行补偿，则电容器个数 $n = 524/30 = 17.5$，取 $n = 18$。则实际补偿容量 $Q_C = 540$ kvar。

（3）补偿后重新选择变压器容量。变电所低压侧的视在计算负荷为

$$S'_{30(2)} = \sqrt{650^2 + (800 - 540)^2} = 669 \text{ (kvar)}$$

因此，无功功率补偿后的主变压器容量可选为800 kVA。

（4）补偿后变压器的功率损耗为

$$\Delta P_T \approx 0.015 S'_{30(3)} = 0.015 \times 669 = 10 \text{ (kW)}$$

$$\Delta Q_T \approx 0.06 S'_{30(3)} = 0.06 \times 669 = 40 \text{ (kvar)}$$

（5）变电所高压侧的计算负荷为

$$P'_{30(2)} = 650 + 10 = 660 \text{ (kW)}$$

$$Q'_{30(2)} = 800 - 524 + 40 = 316 \text{ (kW)}$$

$$S'_{30(2)} = \sqrt{660^2 + 316^2} = 732 \text{ (kVA)}$$

补偿后变压器高压侧的功率因数为

$$\cos\varphi' = \frac{660}{732} = 0.902 > 0.9$$

（6）无功补偿前后的比较，即

$$S_{N.T} - S'_{N.T} = 1250 - 800 = 450 \text{ (kVA)}$$

由此可见，补偿后主变压器的容量减少了450 kVA，不仅减少了投资，而且减少了电

费的支出，提高了功率因数。

4. 工厂的总计算负荷

工厂的总计算负荷可以采用逐级计算得到，也可以用计划年产量来估算。

1）按逐级计算法确定工厂计算负荷

供电系统中各部分的负荷计算和有功功率损耗如图 2-9 所示。工厂的计算负荷（以有功负荷为例）$P_{30.1}$，应该是高压母线上所有高压配电线计算负荷之和，再乘上一个同时系数。高压配电线的计算负荷 $P_{30.2}$，应该是该线所供车间变电所低压侧的计算负荷 $P_{30.3}$，加上变压器的功率损耗 ΔP_T 和高压配电线的功率损耗 ΔP_{WL1}……如此逐级计算。但对一般工厂供电系统来说，由于线路一般不很长，因此在确定计算负荷时往往略去不计。

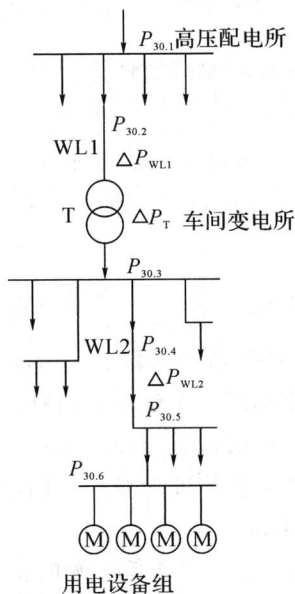

图 2-9 供配电系统各级计算负荷

2）按年产量估算工厂计算负荷

将工厂年产量 A 乘以单位产品耗电量 α，就可得到工厂全年耗电量为

$$W_a = A\alpha \tag{2-33}$$

各类工厂的单位产品耗电量可由有关设计手册或根据实测资料确定，亦可查有关设计手册。在求得工厂的年耗电量 W_a 后，除以工厂的年最大负荷利用小时 T_{max}，就可求出工厂的有功计算负荷为

$$P_{30} = \frac{W_a}{T_{max}} \tag{2-34}$$

其他计算负荷 Q_{30}、S_{30} 和 I_{30} 的计算，与上述需要系数法相同。

（七）尖峰电流的计算

尖峰电流是指供配电系统中持续时间 1~2 s 的短时最大负荷电流。它是由于电动机的启动、电压波动等因素引起的，短时比计算电流大几倍的电流。计算尖峰电流用来选择熔断器和低压断路器，整定继电保护装置及检验电动机自起动条件等。

1. 单台用电设备尖峰电流的计算

单台用电设备的尖峰电流就是其启动电流，因此尖峰电流为

$$I_{pk} = I_{st} = K_{st} I_N \qquad (2-35)$$

式中，I_N 为用电设备的额定电流；I_{st} 为用电设备的启动电流；K_{st} 为用电设备的启动电流倍数，笼型电动机为 $K_{st}=5\sim7$，绕线转子电动机 $K_{st}=2\sim3$，直流电动机 $K_{st}=1.7$，电焊机变压器 $K_{st}\geqslant3$。

2. 多台用电设备尖峰电流的计算

对接有多台设备的配电线路，尖峰电流按下式计算：

$$I_{pk} = I_{30} + (I_{st} - I_N)_{max} \qquad (2-36)$$

式中，I_{30} 为线路上全部设备都投入时的计算电流，即 $I_{30} = K_\Sigma \Sigma I_N$；$(I_{st} - I_N)_{max}$ 为用电设备中起动电流与额定电流之差为最大的那台设备的起动电流与额定电流之差。

★ 问题与思考

1. 进行电力负荷计算的目的和意义是什么？

2. 从年运行负荷曲线上可以得到什么信息？对工厂供配系统的设计和运行有什么帮助？

3. 描述你对计算负荷的认识？选年运行负荷曲线上半小时最大负荷作为计算负荷有什么物理意义？

4. 确定计算负荷的需要系数法和二项式系数法各有什么特点？各适用于什么情况？

5. 为什么供配电系统要进行分散或集中的无功补偿？

任务二　了解短路电流计算

在供配电系统的设计和运行中，不仅要考虑系统正常运行的状态，还要考虑系统中可能出现的不正常运行状态和故障状态，其中最严重的故障是短路故障。当系统发生短路故障时，将会出现比正常电流大许多倍的短路电流，产生的机械应力和热效应会危及电气设备，同时也会造成电网电压的大幅度降低，使用用电设备受到影响，甚至影响到人的生命安全。为了保证系统在短路情况下的安全性、可靠性及连续可用性，并实现电力系统的选择性保护，必须计算系统故障后的短路电流。

一、短路故障的原因、类型和危害

短路故障是指运行中的电力系统的相与相或者相与地之间发生的金属性非正常连接。

（一）短路故障的原因

造成短路主要有以下几个原因：

（1）电气设备绝缘损坏。这是导致短路故障的最主要原因。可能是由于设备长期运行，绝缘自然老化造成的；也可能是设备本身质量低劣、绝缘强度不够而被正常电压击穿；或者设备质量合格、绝缘合乎要求而被高过电压（包括雷电过电压）击穿，或者设备绝缘受到外力损伤而造成短路。

（2）误操作。大多是操作人员违反安全操作规程而发生的，例如，带负荷拉闸（即带负荷断开隔离开关），或者误将低电压设备接入较高电压的电路中而造成击穿短路。

（3）鸟兽危害事故。鸟兽（包括蛇、鼠等）跨越在裸露的带电导体之间或带电导体与接地物体之间，或者咬坏设备和导线电缆的绝缘，从而导致短路。

（二）短路故障的类型

在三相系统中，短路的类型有三相短路、两相短路、单相对地短路和两相接地短路等。发生短路故障的系统的中性点处理方式不同，分析故障的主回路也是不同的，如图 2-10 所示。其中，两相接地短路，实质是两相短路。

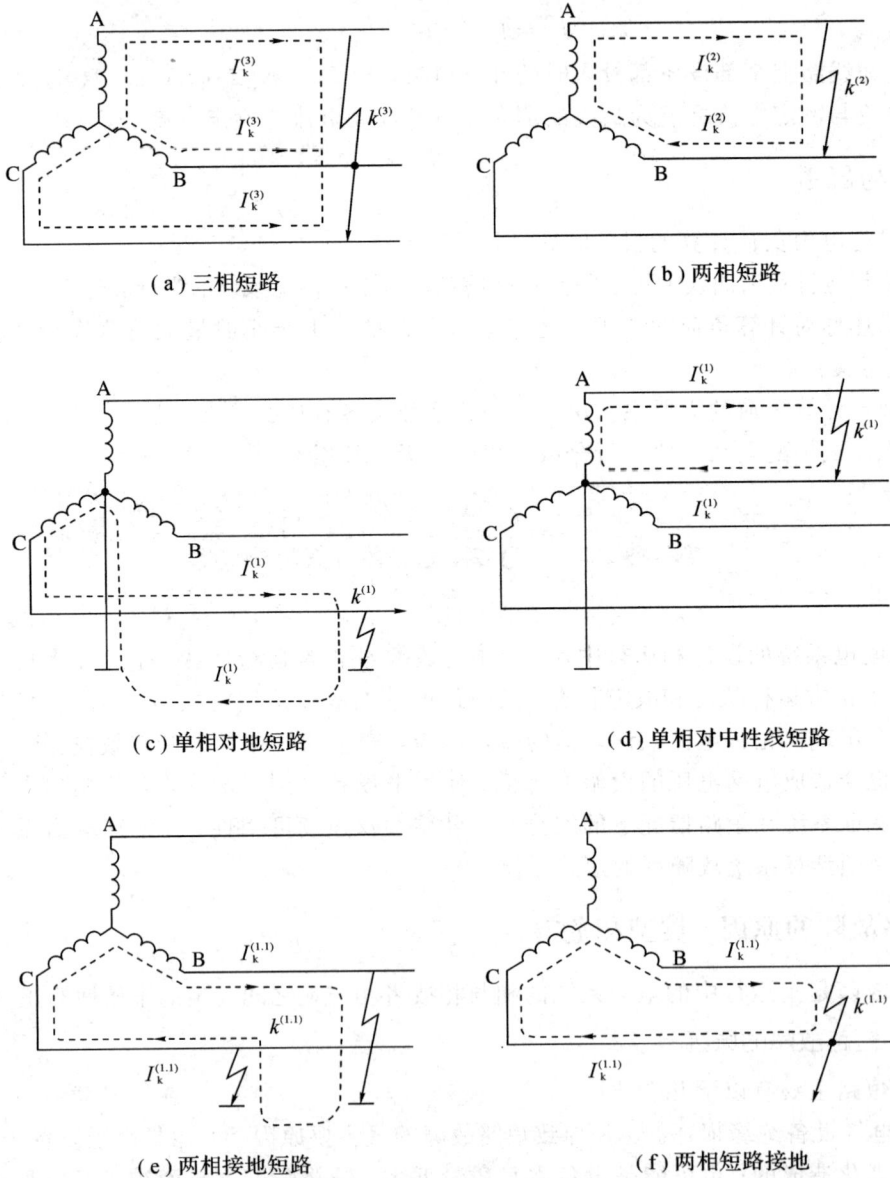

（a）三相短路　　　　　　　　　　　（b）两相短路

（c）单相对地短路　　　　　　　　　（d）单相对中性线短路

（e）两相接地短路　　　　　　　　　（f）两相短路接地

图 2-10　短路故障的类型

按短路电路的对称性来分，三相短路属于对称性短路，其他形式短路均为不对称短路。电力系统中，发生单相短路的可能性最大，而发生三相短路的可能性最小。但在一般情况下，特别是远离电源的工厂供电系统中，三相短路电流最大，因此它造成的危害也最为严重。为了使电力系统中的电气设备在最严重的短路状态下也能可靠地工作，在以选择和校验电气设备为目的的短路计算中，以三相短路计算为主。

（三）短路故障的危害

当发生短路时，由于短路回路的阻抗很小，产生的短路电流比正常电流大数十倍，可能高达数万甚至数十万安培。同时，系统电压降低，离短路点越近电压降低越严重，三相短路时，短路点的电压可能降到零。因此，短路的危害很严重，主要有以下几个方面：

（1）在短路时，会产生很大电动力和很高温度，使短路电路中元件受到损坏和破坏，甚至引发火灾事故。

（2）在短路时，电路的电压骤降，将严重影响电气设备的正常运行。例如，异步电动机的转矩与外施电压的平方成正比，当电压降低时，其转矩降低使转速减慢，可能造成电动机过热烧坏。

（3）在短路时，保护装置动作，将故障电路切除，从而造成停电，而且短路点越靠近电源，停电范围越大，造成的损失也越大。

（4）严重的短路会影响电力系统运行的稳定性，可能使并列运行的发电机组失去同步，造成系统解列。

（5）不对称短路将产生较强的不平衡交变电磁场，对附近的通信线路、电子设备等产生电磁干扰，影响其正常运行，甚至发生误动作。

由上可见，短路产生的后果极为严重，在供配电系统的设计和运行中应采取有效措施，设法消除可能引起短路的一切因素，使系统安全、可靠地运行。同时，为了减轻短路的严重后果和防止故障扩大，需要计算短路电流，以便正确地选择和校验各种电器设备，计算和整定保护短路的继电保护装置，选择限制短路电流的电器设备（如电抗器）等。

二、无限大容量系统三相短路电流计算

（一）无限大容量电力系统及三相短路的物理过程

无限大容量电力系统是指供电容量相对于用户用电系统容量大得多的电力系统。其特点是：当用户用电系统的负荷变动甚至发生短路时，电力系统变电所馈电母线上的电压能基本维持不变。如果电力系统的电源总阻抗不超过短路电路总阻抗的 $5\% \sim 10\%$，或者电力系统容量超过用户用电系统容量的 50 倍时，可将电力系统视为无限大容量系统。对一般工厂供电系统来说，由于工厂供配电系统的容量远比电力系统总容量小，而阻抗又较电力系统大得多，因此工厂供配电系统内发生短路时，电力系统变电所馈电母线上的电压几乎维持不变，也就是说，可将一般工厂供配电系统视为无限大容量的电源。

真正无限大容量电力系统实际是不存在的，这是为了简化末端短路容量的计算，忽略系统阻抗的一种做法。下面的计算和分析都假设系统为无限大容量系统。

三相短路虽然发生的概率最小，但产生的短路电流最大，危害最严重，因此被作为选择和校验电气设备的主要依据，本章重点介绍三相短路电流计算。因为三相短路为对称短

路,所以只对其中一相电路进行分析计算即可。

图 2-11 表示无限大容量系统中发生三相短路前后的电压、电流变动曲线。短路故障发生在 $t=0$ 时刻。短路电流周期分量 i_p 是指由于短路后电路阻抗突然减小很多倍,因而按欧姆定律应突然增大很多倍的电流。因短路电路中存在电感,而按楞次定律,电路中会感生用以维持短路初瞬间(当 $i=0$ 时)电路电流不致突变的一个反向抵消电流 $i_{p(0)}$,且按指数函数规律衰减,该电流即短路电流非周期分量 i_{np}。短路电流周期分量 i_p 与短路电流非周期分量 i_{np} 的叠加,就是短路全电流。短路电流非周期分量 i_{np} 衰减完毕后的短路电流,称为短路稳态电流,其有效值用 I_∞ 表示。短路冲击电流为短路全电流中的最大瞬时值。由图 2-11 所示的短路全电流 i_k 的曲线可以看出,短路后经半个周期(即 0.01 s),i_k 达到最大值,此时的短路全电流即为短路冲击电流 i_{sh}。

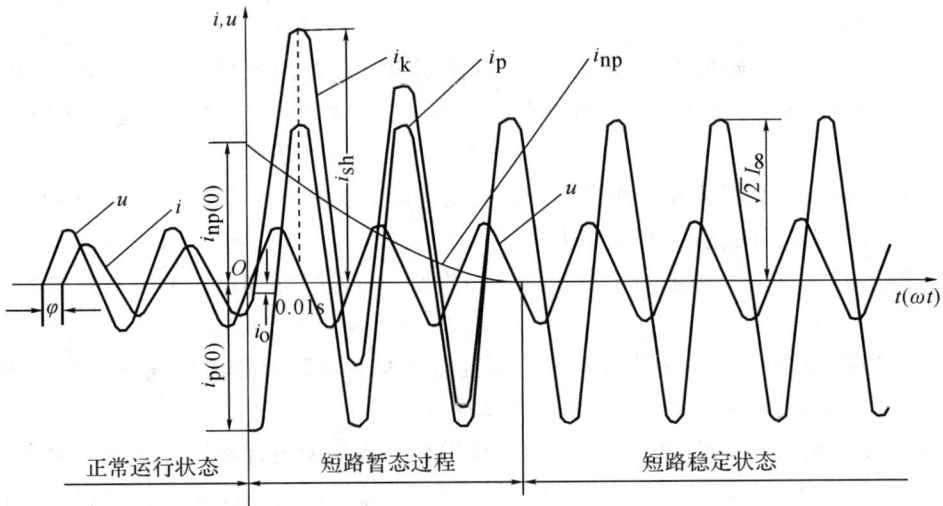

图 2-11 无限大容量系统发生三相短路时的电压、电流波形图

下述短路电流计算是针对短路稳态电流 I_∞ 进行分析计算的。

在高压电路发生三相短路时:

$$i_{sh}=2.55I_\infty \qquad (2-37)$$

$$I_{sh}=1.51I_\infty \qquad (2-38)$$

在 1000 kVA 及以下的电力变压器和低压电路中发生三相短路时:

$$i_{sh}=1.84I_\infty \qquad (2-39)$$

$$I_{sh}=1.09I_\infty \qquad (2-40)$$

(二)短路电流计算概述

在进行短路电流计算时,首先要绘出短路计算电路图,如图 2-12 所示。在短路计算电路图上,应将短路计算所需考虑的各元件的额定参数都表示出来,并将各元件依次编号,然后确定短路计算点。短路计算点要选择得使需要进行短路校验的电气元件有最大可能的短路电流通过。接着,按所选择的短路计算点绘出等效电路图(如图 2-13 所示),并计算电路中各主要元件的阻抗。在等效电路图上,只需将被计算的短路电流所流经的一些主要元件表示出来,并标明各元件的序号和阻抗值,一般是分子标序号,分母标阻抗值(阻抗用复数形式 $R+jX$ 表示)。然后将等效电路化简。对于工厂供电系统来说,由于将电力系统作为无限大容量的电源,而且短路电路比较简单,因此通常只需采用阻抗串并联的方法即可将电路化简,求出其等效的总阻抗。最后计算短路电流和短路容量。

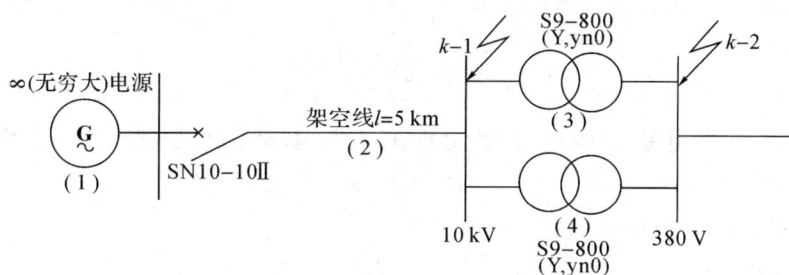

图 2-12　短路计算电路图

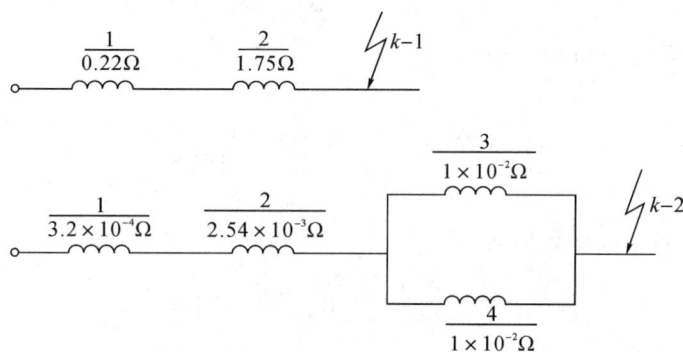

图 2-13　短路电流计算等效电路图(标幺制)

短路电流计算的方法,常用的有欧姆法和标幺制法。欧姆法又称为有名值法,一般在计算低压系统的短路电流时采用。而在高压系统中通常采用标幺制法,因为高压系统中存在多级变压器耦合。如果用有名值法,当短路点不同时,同一元件所表现的阻抗值就不同,必须将不同电压等级的元件阻抗值归算到同一电压等级,计算量大大增加,而使用标幺制法则省了很多麻烦。

短路计算中有关物理量一般采用下列单位:电流单位为"千安"(kA),电压单位为"千伏"(kV),短路容量和断流容量单位为"兆伏安"(MVA),设备容量单位为"千瓦"(kW)或"千伏安"(kVA),阻抗单位为"欧姆"(Ω)等。

(三)标幺制法计算短路电流

标幺制法又称为相对单位制法,是指在分析计算过程中,将电压、电流、功率、阻抗等物理量采用标幺值表示的方法。

任一物理量的标幺值,是这一物理量的实际值与所选定的基准值的比值。它是一个相对值,没有单位。标幺值用上标"*"表示,基准值用下标"d"表示。

在说明一个物理量的标幺值时,必须说明其基准值,否则标幺值是没有意义的。原则上电压、电流、功率、阻抗等物理量的基准值是可以任意选取的,但由于这些物理量之间存在一定的约束关系,所以可独立选取基准值的物理量只有两个,其他物理量的基准值可以根据已选取的两个值推导出来。在进行短路电流计算中一般选定基准容量和基准电压。

基准容量在工程计算中通常取 $S_d = 100$ MVA。基准电压 U_d 通常取短路点计算电压,

即 $U_d = U_c$。选定基准容量和基准电压后，基准电流和基准电抗按下式计算：

$$I_d = \frac{S_d}{\sqrt{3} U_d} \quad\quad\quad (2-41)$$

$$X_d = \frac{S_d}{\sqrt{3} I_d} = \frac{U_d^2}{S_d} \quad\quad\quad (2-42)$$

下面分别说明供电系统中各主要元件的电抗标幺值的计算（取 $S_d = 100$ MVA，$U_d = U_c$）。

（1）电力系统的电抗标幺值为

$$X_S^* = \frac{X_S}{X_d} = \frac{\dfrac{U_c^2}{S_{oc}}}{\dfrac{U_c^2}{S_d}} = \frac{S_d}{S_{oc}} \quad\quad\quad (2-43)$$

（2）电力变压器的电抗标幺值为

$$X_T^* = \frac{X_T}{X_d} = \frac{U_k\%}{100} \cdot \frac{\dfrac{U_c^2}{S_N}}{\dfrac{U_c^2}{S_d}} = \frac{U_k\% S_d}{100 S_N} \quad\quad\quad (2-44)$$

（3）电力线路的电抗标幺值为

$$X_{WL}^* = \frac{X_{WL}}{X_d} = \frac{X_0 l}{\dfrac{U_c^2}{S_d}} = X_0 l \cdot \frac{S_d}{U_c^2} \quad\quad\quad (2-45)$$

短路计算中各主要元件的电抗标幺值求出以后，即可利用其等效电路图进行电路化简，求出其总电抗标幺值 X_Σ^*。由于各元件均采用标幺值，与短路计算点的电压无关，因此电抗标幺值无需进行电压换算，这也是标幺值法比欧姆法的优越之处。

无限大容量系统三相短路电流周期分量有效值的标幺值按下式计算：

$$I_k^{(3)*} = \frac{I_k^{(3)}}{I_d} = \frac{\dfrac{U_c}{\sqrt{3} X_\Sigma}}{\dfrac{S_d}{\sqrt{3} U_c}} = \frac{U_c^2}{S_d X_\Sigma} = \frac{1}{X_\Sigma^*} \quad\quad\quad (2-46)$$

由此可求得三相短路电流周期分量有效值为

$$I_k^{(3)} = I_k^{(3)*} I_d = \frac{I_d}{X_\Sigma^*} \quad\quad\quad (2-47)$$

三相短路容量为

$$S_k^{(3)} = \sqrt{3} U_c I_k^{(3)} = \frac{\sqrt{3} U_c I_d}{X_\Sigma^*} = \frac{S_d}{X_\Sigma^*} \quad\quad\quad (2-48)$$

标幺值法短路电流计算的步骤总结如下：

（1）画出短路计算系统图，标出各元件的参数和短路点。

（2）画出计算电路的等效电路图，原件标出序号和电抗值，分子标序号，分母标电抗值，电源用小圆表示，并标出短路点。

（3）选取基准容量和基准电压，计算各元件的电抗标幺值。

（4）求出短路回路总电抗的标幺值。

（5）按公式计算短路电流、短路冲击电流和三相短路容量。

【例2-3】　短路计算电路图如图2-14所示。试求供配电系统总降压变电所10 kV母线上的k_1点和车间变电所380 V母线上的k_2点发生三相短路时的短路电流和短路容量，断路器QF的型号为ZN28-40.5/1000。

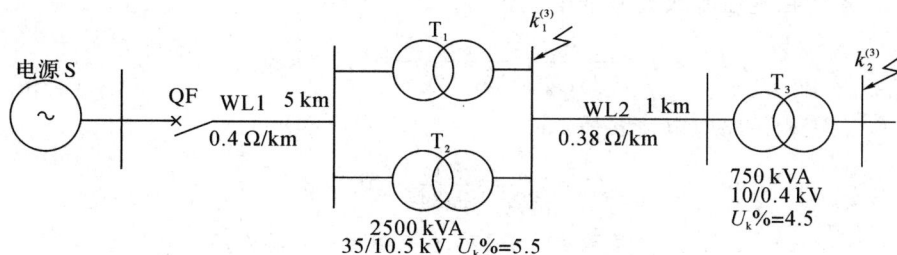

图2-14　例2-3的短路计算电路图

解　（1）由短路计算电路图画出短路电流计算等效电路图，如图2-15所示。

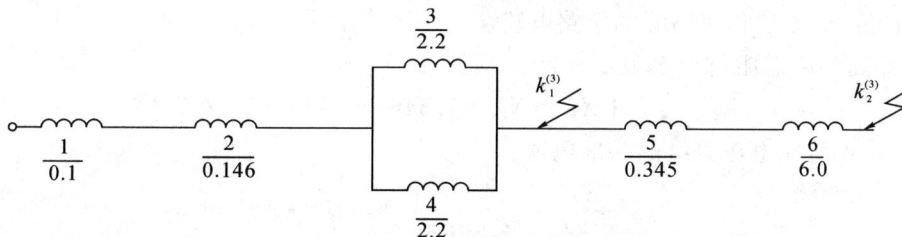

图2-15　例2-3的短路电流计算等效电路图

（2）取基准容量$S_d=100$ MVA，基准电压$U_d=U_{av}$，三个电压的基准电压分别为$U_{d1}=37$ kV，$U_{d2}=10.5$ kV，$U_{d3}=0.4$ kV。

（3）计算各元件电抗标幺值。由断路器断流容量估算系统阻抗，用X_1表示，根据断路器型号查得其断流容量为1000 MVA，则系统阻抗标幺值为

$$X_1^* = \frac{S_d}{S_{oc}} = \frac{100}{1000} = 0.1$$

线路WL1：

$$X_2^* = x_0 \cdot l_1 \cdot \frac{S_d}{U_d^2} = 0.4 \times 5 \times \frac{100}{37^2} = 0.146$$

变压器T_1和T_2：

$$X_3^* = X_4^* = \frac{U_k\%}{100} \cdot \frac{S_d}{S_N} = \frac{5.5}{100} \times \frac{100}{2.5} = 2.2$$

线路WL2：

$$X_5^* = x_0 l_2 \cdot \frac{S_d}{U_d^2} = 0.38 \times 1 \times \frac{100}{10.5^2} = 0.345$$

变压器T_3：

$$X_6^* = \frac{U_k\%}{100} \cdot \frac{S_d}{S_N} = \frac{4.5}{100} \times \frac{100}{0.75} = 6.0$$

（4）计算 k_1 点三相短路时的短路电流。

计算短路回路总阻抗标幺值：

$$X_{k_1}^* = X_1^* + X_2^* + \frac{X_3^* X_4^*}{X_3^* + X_4^*} = 0.1 + 0.146 + 1.1 = 1.346$$

计算 k_1 点所在电压等级的基准电流：

$$I_d = \frac{S_d}{\sqrt{3} U_d} = \frac{100}{\sqrt{3} \times 10.5} = 5.5 \text{（kA）}$$

计算 k_1 点三相短路时电流各值：

$$I_{k_1}^* = \frac{1}{X_{k_1}^*} = \frac{1}{1.346} = 0.743$$

$$I_{k_1} = I_d \cdot I_{k_1}^* = 5.5 \times 0.743 = 5.1 \text{（kA）}$$

$$i_{shk_1} = 2.55 \cdot I_{k_1} = 2.55 \times 5.1 = 13 \text{（kA）}$$

$$S_{k_1} = \frac{S_d}{X_{k_1}^*} = \frac{100}{1.346} = 74.3 \text{（MVA）}$$

（5）计算 k_2 点三相短路时的短路电流。

计算短路回路总阻抗标幺值：

$$X_{k_2}^* = X_{k_1}^* + X_5^* + X_6^* = 1.346 + 0.345 + 6 = 7.7$$

计算 k_2 点所在电压等级的基准电流：

$$I_d = \frac{S_d}{\sqrt{3} U_d} = \frac{100}{\sqrt{3} \times 0.4} = 144.3 \text{（kA）}$$

计算 k_2 点三相短路时电流各值：

$$I_{k_2}^* = \frac{1}{X_{k_2}^*} = \frac{1}{7.7} = 0.13$$

$$I_{k_2} = I_d \cdot I_{k_2}^* = 144.3 \times 0.13 = 18.76 \text{（kA）}$$

$$i_{shk_2} = 1.84 \cdot I_{k_2} = 1.84 \times 18.76 = 34.52 \text{（kA）}$$

$$S_{k_2} = \frac{S_d}{X_{k_2}^*} = \frac{100}{7.7} = 13 \text{（MVA）}$$

★ 问题与思考

1. 进行短路电流计算的目的和意义是什么？

2. 无限大容量系统有什么特点？为什么在进行短路电流计算时，将系统假设为无限大容量系统？

3. 简述用标幺值进行短路电流计算的过程。

任务三 了解短路电流的效应和稳定度校验

供配电系统在发生短路时，短路电流非常大。短路电流通过导体和电器设备，会产生很大的电动力（称为电动力效应），产生很高的温度（称为热效应）。电器设备和导体应能承受这两种效应的作用，满足动、热稳定的要求。下面分别分析短路电流的电动力效应和热效应。

一、短路电流的热效应和热稳定度校验

1. 短路时导体的发热过程

电力系统在正常运行时，额定电流在导体中产生的热量一部分会使导体的温度升高，另一部分会散到周围介质中，当导体吸收的热量和扩散的热量相等时，导体的温度达到平衡。当系统发生短路时，短路电流达到正常运行时的十几倍，热量来不及向周围扩散，会使导体温度迅速升高，短路发生过后系统保护装置会快速动作，在很短时间内（2～3 s）切除故障点。

图 2-16 表示短路前后导体的温度变化情况。导体在短路前，正常负荷时的温度为 θ_L。假设在 t_1 时发生短路，导体温度按指数规律迅速升高，而在 t_2 时线路保护装置将短路故障切除，这时导体温度已达到 θ_k。短路切除后，导体不再产生热量，而只按指数规律向周围介质散热，直到导体温度等于周围介质温度 θ_0 为止。

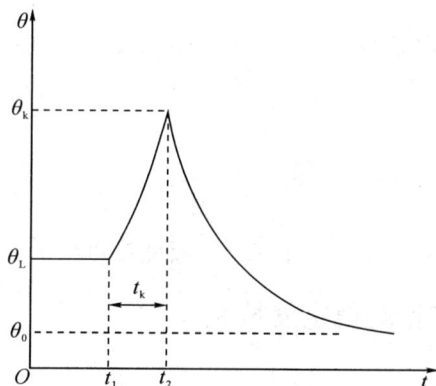

图 2-16 短路前后导体的温升变化曲线

根据导体的允许发热条件，导体在正常负荷和短路时，最高允许温度可从参数表查得。如果导体和电气开关在短路时的发热温度不超过允许温度，则认为其短路热稳定度满足要求。

2. 发热假想时间

要确定导体短路后实际达到的最高温度 θ_k，按理应先求出短路期间实际的短路全电流 i_k 或 I_{k_t} 在导体中产生的热量 Q_k。但是 i_k 和 I_{k_t} 都是幅值变动的电流，要计算其 Q_k 是相当困难的，因此一般是采用短路稳态电流 I_∞ 来等效计算实际短路电流所产生的热量。由于通过导体的实际短路电流并不是短路稳态电流，因此需要假定一个时间，在此时间内假定导体通过短路稳态电流所产生的热量与实际短路电流在此时间内产生的热量正好相等。这一时间称为短路电流发热的假想时间，用 t_{ima} 来表示。

$$t_k = t_{oc} + t_{op}$$
$$t_{ima} = t_k + 0.05$$

式中，t_{op} 为保护装置动作时间，t_{oc} 为断路器动作时间，对一般高压断路器（如油断路器），t_{oc} 可取 0.2 s，对高速断路器（如真空断路器、SF6 断路器），t_{oc} 可取 0.1～0.15 s。当 $t_k>1$ s 时，可以认为 $t_{ima}=t_k$。

3. 热稳定度校验

(1) 一般电器的热稳定度校验条件，即

$$I_t^2 t \geqslant I_\infty^{(3)2} t_{ima} \tag{2-49}$$

式中，I_t 为电器的热稳定电流；t 为电器的热稳定试验时间。以上 I_t 和 t 可查有关手册或产品样本。

(2) 母线及绝缘导线和电缆等导体的热稳定度校验条件。母线及绝缘导线和电缆等导体满足热稳定度要求的最小允许截面（单位为 mm²）为

$$A_{min} = I_\infty^{(3)} \frac{\sqrt{t_{ima}}}{C} \tag{2-50}$$

式中，$I_\infty^{(3)}$ 为三相短路稳态电流(A)；C 为导体的热稳定系数($AS^{1/2}/mm^2$)。

【例 2-4】 已知某车间变电所 380 V 侧采用 80×10 mm² 铝母线，其三相短路电流为 36.5 kA，短路保护动作时间为 0.5 s，低压断路器的断路时间为 0.1 s，试校验此母线的热稳定度。

解 查得铝母线的热稳定系数 $C=87\ AS^{1/2}/mm^2$，则

$$t_{ima} = t_{oc} + t_{op} + 0.05 = 0.5 + 0.1 + 0.05 = 0.65(s)$$

最小允许截面积为

$$A_{min} = I_\infty^{(3)} \frac{\sqrt{t_{ima}}}{C} = \frac{36.5 \times 10^3 \times 0.65^{0.5}}{87} = 338\ (mm^2)$$

母线的实际截面积 $A=800\ mm^2$ 大于 A_{min}，因此该母线满足短路热稳定度要求。

二、短路电流的电动效应和动稳定度校验

1. 短路电流的电动效应

当供电系统短路时，短路电流特别是短路冲击电流将使相邻导体之间产生很大的电动力，有可能使电器和载流体遭受严重破坏。为此，要使电路元件能承受短路时最大电动力的作用，电路元件必须具有足够的电动稳定度。

三相短路冲击电流 $i_{sh}^{(3)}$ 在中间相产生的电动力最大，其值（单位为 N）为

$$F^{(3)} = \sqrt{3} i_{sh}^{(3)2} \cdot \frac{1}{a} \times 10^{-7} \tag{2-51}$$

式中，a 为两导体的轴线间的距离；l 为导体的两相邻支持点间的距离，即档距（又称为跨距）。

无限大容量系统中发生三相短路时，中间相导体所受的电动力比两相短路时导体所受的电动力大，因此校验电器和载流体的短路动稳定度，一般应采用三相短路冲击电流 $i_{sh}^{(3)}$ 或短路后第一个周期的三相短路全电流有效值 $I_{sh}^{(3)}$。

2. 动稳定度校验

1) 一般电器的动稳定度校验条件

按下列公式校验：

$$i_{max} \geqslant i_{sh}^{(3)} \tag{2-52}$$

$$I_{max} \geqslant I_{sh}^{(3)} \tag{2-53}$$

式中，$i_{sh}^{(3)}$ 和 $I_{sh}^{(3)}$ 分别为一般电器的动稳定电流峰值和有效值，可查有关手册或产品样本。

2）绝缘子的动稳定度校验条件

按下列公式校验：

$$F_{al} \geqslant F_c^{(3)} \tag{2-54}$$

式中，F_{al} 为绝缘子的最大允许载荷，可由有关手册或产品样本查得；如果有关手册或产品样本给出的是绝缘子的抗弯破坏负荷值，则可将其抗弯破坏负荷值乘以 0.6 作为 F_{al} 的值。$F_c^{(3)}$ 为三相短路时，作用于绝缘子上的计算力；如果母线在绝缘子上为平放（如图 2-17(a) 所示），则 $F_c^{(3)}$ 按式（2-51）计算，即 $F_c^{(3)} = F^{(3)}$；如果母线为竖放（如图 2-17(b) 所示），则 $F_c^{(3)} = 1.4 F^{(3)}$。

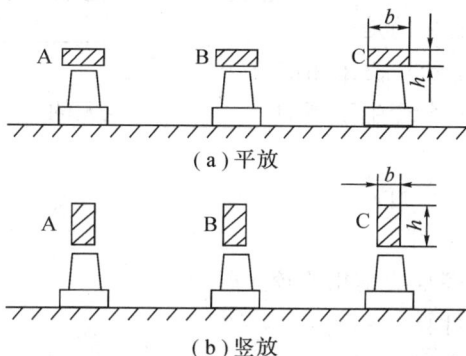

图 2-17　水平放置的母线

3）硬母线的动稳定度校验条件

按下列公式校验：

$$\sigma_{al} \geqslant \sigma_c \tag{2-55}$$

式中，σ_{al} 为母线材料的最大允许应力（Pa 即 N/m²），硬铜母线（TMY 型）的 $\sigma_{al} = 140$ MPa，硬铝母线（LMY）的 $\sigma_{al} = 70$ MPa。σ_c 为母线通过 $i_{sh}^{(3)}$ 时所受到的最大计算应力，按下式计算：

$$\sigma_c = \frac{M}{W} \tag{2-56}$$

式中，M 为母线通过 $i_{sh}^{(3)}$ 时所受到的弯曲力矩；当母线档数为 1～2 时，$M = F^{(3)} l/8$；当母线档数大于 2 时，$M = F^{(3)} l/10$；这里 $F^{(3)}$ 均按式（2-51）计算，l 为母线的档距；W 为母线的截面系数；当母线水平排列时（如图 2-17 所示），$W = b^2 h/6$，这里的 b 为母线截面的水平宽度，h 为母线截面的垂直高度。

电缆的机械强度和柔韧度很好，无需校验其短路动稳定度。

★ 问题与思考

1. 简述供配电系统在短路时，导体发热假想时间是如何确定的。

2. 短路电流的电动效应是怎样产生的？什么电气设备需要进行动稳定度校验？

3. 进行动、热稳定度校验的目的是什么？

单元测试

一、填空题

1. 在计算起重机的额定容量时，暂载率应换算到_____%。

2. 通过负荷的统计计算求出的、用来按_____选择供电系统中各元件的负荷值，称为计算负荷。

3. 工厂主要采用_____的方法来提高功率因数。

4. 进行负荷计算的目的是_____。

5. 进行短路电流计算的目的是_____。

6. 计算高压网络短路电流广泛采用的方法是_____。

7. 短路电流流过导体时会产生很高的_____和很大的_____。

二、选择题

1. 需要系数法适用于(　　)。

A. 在用电设备台数较多时

B. 在用电设备台数不多且功率相差较大时

C. 民用建筑照明负荷计算

D. 民用建筑施工设计负荷计算

2. 负荷计算时，电焊机的设备功率应为(　　)。

A. 额定负载持续率下的视在功率

B. 额定功率因数下的有功功率

C. 负载持续率为25%的有功功率

D. 负载持续率为100%的有功功率

3. 无限大容量系统的主要特点不包括(　　)。

A. 短路点远离发电机

B. 电源电抗随时间而变化

C. 短路电流周期分量在整个过程不衰减

D. 母线电压在过渡过程中维持恒定

4. 计算低压网络短路电流一般采用的方法是(　　)。

A. 标幺值计算方法

B. 有名值计算方法

C. 短路容量计算方法

D. 用电压除以电抗

5. 短路电流计算直接计算出的电流是(　　)。

A. 元件的额定电流

B. 短路电流周期分量有效值

C. 短路冲击电流峰值

D. 短路全电流最大有效值

6. 已知交联聚乙烯铜芯电缆的长度为50 m，单位长度电阻为0.322 mΩ/m，则电缆的阻值为(　　)mΩ。

A. 1.61　　　　　B. 16.1　　　　　C. 18.5　　　　　D. 9.61

三、判断题

1. 年最大负荷利用小时数越小越好。　　　　　　　　　　　　　　　　　(　　)

2. 供电部门希望电力用户的功率因数接近1。　　　　　　　　　　　　　(　　)

3. 用欧姆法和标幺值法进行短路电流计算，直接计算出的是短路电流第一个周波的有效值。　　　　　　　　　　　　　　　　　　　　　　　　　　(　　)

4. 电力系统中的一次设备都要进行动稳定校验。 （　　）

5. 在用标幺值计算短路电流的总阻抗时,基准电压用短路点所在电压等级的标称电压。 （　　）

四、简答题

1. 需要系数的含义是什么?

2. 用于负荷计算的需要系数法和二项式法各有什么特点? 各适合什么情况?

3. 在进行无功功率补偿时,提高功率因数有什么意义? 如何确定无功补偿容量?

4. 什么是短路? 短路的类型有哪些? 造成短路的原因是什么? 短路有什么危害?

5. 什么是标幺制? 在短路电流计算中,如何选取各个电量的基准值?

五、计算题

1. 某车间设有小批量生产冷加工机床电动机 40 台,总容量 152 kW,其中较大容量的电动机有 10 kW 的 1 台、7 kW 的 2 台、4.5 kW 的 5 台、2.8 kW 的 10 台;通风机 6 台共 6 kW。试分别用需要系数法和二项式法求车间的计算负荷。

2. 某厂变电所装有一台 630 kVA 的变压器,二次侧(380 V)的有功计算负荷为 420 kW,无功计算负荷为 350 kvar。试求该变电所一次侧(10 kV)的计算负荷及其功率因数,如果功率因数未达到 0.9,此变电所低压母线上应装设多大并联电容器容量才能满足要求?

3. 有一地区变电所,经一条长 5 km 的 10 kV 电缆线路给某厂供电,该厂变电所装有两台并列运行的 S9—800 型主变。地区变电站出口断流器的断流容量为 300 MVA。试用标幺制法求该厂变电所 10 kV 侧和 380 V 侧的短路稳态电流、短路冲击电流及短路容量。

项目三 掌握一次设备的原理及应用

学习目标

1. 掌握高、低压一次设备的作用。
2. 掌握变压器的工作原理及接线组别。
3. 掌握互感器的原理及使用中的注意事项。
4. 熟悉电气设备的选择及校验方法。
5. 掌握倒闸操作的基本原则。

任务一 熟悉变配电所的主要电气设备

工厂变配电所是工厂供配电系统的核心,在工厂中占有特别重要的地位。工厂变配电所按其作用可分为工厂变电所和工厂配电所。

工厂变电所的作用是从电力系统接受电能,经过变压器降压(通常降为 0.4 kV),然后按要求把电能分配到各车间供给各类用电设备。而工厂配电所的作用是接受电能,然后按要求分配电能。两者所不同的是,变电所中有配电力变压器,而配电所中没有配电力变压器。

工厂供配电系统中担负输送、变换和分配电能任务的电路,称为主电路,也称为一次回路。用来控制、指示、监测和保护主电路(一次回路)及其中设备的电路,称为二次回路。一次回路中的所有电气设备,称为一次设备或一次元件,二次回路中的所有电气设备,称为二次设备或二次元件。本项目的主要内容是掌握一次设备的功能与原理,一次设备可分为以下几类:

(1)变换设备。其功能是按电力系统运行的要求改变电压或电流、频率等,如电力变压器、电压互感器、电流互感器、变频机等。

(2)控制设备。其功能是按电力系统运行的要求来控制一次电路的通、断,如各种高低压开关设备。

(3)保护设备。其功能是用来对电力系统进行过电流和过电压等的保护,如熔断器和避雷器等。

(4)补偿设备。其功能是用来补偿电力系统中的无功功率,提高系统的功率因数,如并联电容器等。

(5)成套设备。它是按一次电路接线方案的要求,将有关一次设备及控制、指示、监测和保护一次设备的二次设备组合为一体的电气装置。例如,高压开关柜、低压配电屏、动力和照明配电箱等。

下面将对变配电所内的电力变压器、电压和电流互感器、高压开关设备和低压一次设备等主要的一次设备进行说明。

一、电力变压器

变压器是一种静止的电气设备。它利用电磁感应原理，把输入的交流电压升高或降低为同频率的交流输出电压，满足高压送电、低压配电及其他用途的需要。电力变压器是变配电所中最重要的一次设备。

（一）变压器的分类和型号

变压器的绕组导体材质有铜绕组和铝绕组。按照不同的分类方法，变压器可以分为以下几类：

1.按用途分类

变压器分为电力变压器（又可分为升压变压器、降压变压器、配电变压器、厂用变压器等）；特种变压器（如电炉变压器、整流变压器、电焊变压器等）；试验用的高压变压器和调压器等。

2.按绕组结构分类

变压器分为双绕组、三绕组、多绕组变压器和自耦变压器。

3.按铁芯结构分类

变压器分为心式变压器和壳式变压器。

4.按相数分类

变压器分为单相、三相、多相（如整流用的六相）变压器。

5.按调压方式分类

变压器分为无励磁调压变压器、有载调压变压器。工厂变电所中大多采用无励磁调压方式的变压器。

6.按冷却方式分类

变压器分为干式变压器、油浸自冷变压器、油浸风冷变压器、强迫油循环冷却变压器、强迫油循环导向冷却变压器、充气式变压器等，工厂变电所中大多采用油浸自冷式变压器。

一般工厂变电所采用的中小型变压器多为油浸自冷式，干式变压器常用在宾馆、楼宇、大厦等场所，一般安装在地下变配电所内和箱式变电所内。

电力变压器型号的表示和含义如下：

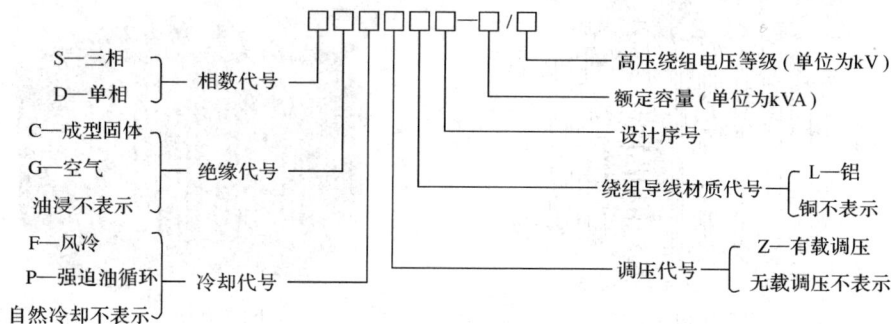

例如，型号为 SFSZ—120000/220 的变压器为三相、风冷、三绕组、有载调压变压器，容量为 120 000 kVA，高压绕组电压等级为 220 kV。该变压器多用于光伏电站或风力发电场集中升压并网中。

（二）变压器的工作原理

图 3-1 所示为单相变压器的工作原理图。在闭合的铁芯上有两个互相绝缘的绕组，与电源连接的被称为一次绕组，输出电能的被称为二次绕组。当交流电源电压 $\dot{U}_1$ 加到一次绕组后，就有交流电流 $\dot{I}_1$ 通过该绕组，在铁芯中产生交变磁通 φ，磁通 φ 沿铁芯闭合，同时交联一、二次绕组，在两个绕组分别产生感应电动势 $\dot{E}_1$ 和 $\dot{E}_2$。如果二次侧带负载，便产生二次侧的电流 $\dot{I}_2$，即二次侧绕组有电能输出。

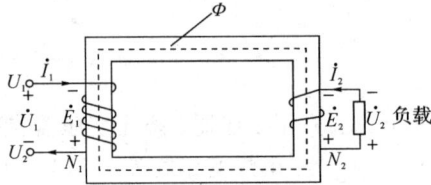

图 3-1 单相变压器的工作原理图

一次绕组的感应电动势的有效值为

$$E_1 = 4.44 f N_1 \Phi_m$$

二次绕组的感应电动势的有效值为

$$E_2 = 4.44 f N_2 \Phi_m$$

以上两式中，f 为电源的频率，N_1、N_2 分别为一、二次绕组的匝数，Φ_m 为主磁通的最大值。由以上两式可得

$$\frac{E_1}{E_2} = \frac{N_1}{N_2} = \frac{U_1}{U_2} = K \tag{3-1}$$

式中，K 为变压器的变比。可见，变压器一、二次绕组的匝数不同，导致一、二次绕组的电压不等，改变变压器的变比就可以改变变压器的输出电压。

（三）变压器的结构

油浸式三相电力变压器的基本结构包括铁芯和绕组两部分，该变压器的结构组成框图如图 3-2 所示。

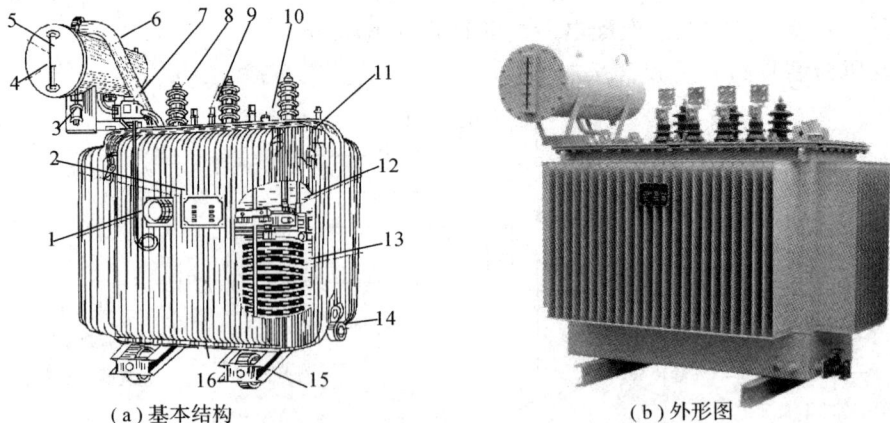

（a）基本结构　　　　　（b）外形图

1—信号温度计；2—铭牌；3—吸湿器；4—储油柜(油枕)；5—油标；6—防爆管；7—气体继电器；8—高压绝缘套管；9—低压绝缘套管；10—分接开关；11—油箱；12—铁芯；13—绕组；14—放油阀；15—小车；16—接地螺栓

图 3-2 油浸式三相电力变压器

1. 铁芯

铁芯是变压器的磁路部分。通常用导磁性能良好的冷轧硅钢片叠装而成，这样可以减少涡流损耗。铁芯和绕在其上的绕组构成完整的电磁感应系统。铁芯由芯柱、铁轭和夹紧装置组成。必须将铁芯及金属零部件可靠接地，而且必须单点接地。

2. 绕组

绕组是变压器的电路部分。绕组由绝缘的铜线或铝线绕成的多层线圈构成，套装在铁芯上。高、低压绕组一同套在铁芯柱上，在一般情况下，低压绕组靠近铁芯，依次往外是中压绕组、高压绕组。绕组之间以及绕组与铁芯之间都有一定的绝缘间隙，同时作为散热通道。

3. 油箱

油浸式变压器的油箱内充满绝缘性能良好的变压器油。铁芯和绕组构成的器身完全浸在变压器油中，变压器油起到绝缘和散热的作用。

4. 分接开关

分接开关是调整变压器的变比的装置。由于变压器的高压绕组电流比低压绕组小，其导线的截面积也小。额定电流小的分接开关结构简单，容易制造和安装。变压器的高压绕组又在外面，抽头引线比较方便。所以，一般在变压器的高压绕组末端设置多个分接头，当电网电压波动时，改变引出线连接的分接位置，就可以在一定范围内调整变压器的变比，稳定电压输出，对电力系统的运行十分有利。

调压方式有有载调压和无励磁调压两种方式。无励磁分接开关是在变压器断开电源的情况下调整电压，即调压时必须在停电状态下进行操作。有载分接开关可以实现在变压器运行中进行调整电压。

大多数变压器的分接开关有五个分接位置：-5%、-2.5%、0%、$+2.5\%$、$+5\%$。对降压变压器而言，调压方法：低向低调，高向高调。对升压变压器而言，调压方法：低向高调，高向低调。

5. 储油柜（油枕）

储油柜安装在变压器油箱盖上方的一侧，用弯曲连管与油箱连通，柜内油面高度随变压器油的热胀冷缩而变动。储油柜的作用是保证变压器油箱内充满油，减少油和空气的接触面积，从而降低变压器油受潮和老化的速度。

6. 防爆管

防爆管又称为安全气道，安装在油箱的上盖上，由一个喇叭形管子与大气相通，管口用薄膜玻璃板和酚醛纸封住。当油箱压力过高时，冲破薄膜玻璃板和酚醛纸，释放压力，防止油箱爆炸。为了防止正常时防爆管内油面上升使管内气压升高而造成防爆膜松动或破损及引起气体继电器动作，在防爆管与油枕间连接一小管，以保证两处压力相等。

7. 吸湿器

吸湿器又称为呼吸器，其内装有吸附剂硅胶，油枕内的气体通过吸湿器与大气连通，内部吸附剂吸收空气中的水分和杂质，以防影响变压器油的性能。

8. 气体继电器

气体继电器又称为瓦斯继电器,安装在油箱和储油柜的连接管上,是变压器的保护装置。其作用是变压器内部发生故障(如绝缘击穿、匝间短路、铁芯故障等)时产生气体,或油箱因漏油而油面降低时,发出警报或切断电源以保护变压器。在气体继电器上部排气阀门处取出气样分析,可以判断变压器内部的故障情况。

9. 高、低压绝缘套管

油浸式电力变压器箱外的主要绝缘装置,变压器绕组的引出线必须穿过绝缘套管,使引出线之间及引出线与变压器外壳之间绝缘,同时起固定引出线的作用。绝缘套管应有足够的绝缘能力、机械强度和良好的热稳定性。

(四) 电力变压器的联结组别

电力变压器的联结组别是变压器一、二次绕组因采用不同的连接方式,形成的变压器一、二次侧对应的线电压之间不同的相位关系。为了形象地表示一、二次对应的线电压之间的相位关系,采用"时钟表示法",一次侧线电压相量作为分针,固定指在时钟 12 点的位置,二次侧的线电压相量作为时针,时针所指数字即为三相变压器联结组别的标号。每一格代表 $30°$ 的相位差。

大写字母表示一次侧(原边)的接线方式,小写字母表示二次侧(副边)的接线方式,Y(或 y)为星形接线,D(或 d)为三角形接线,n 表示带中性线。例如,"Yn,d11"表示一次侧绕组为星形接线带中性线,二次侧绕组角接,二次侧的线电压 U_{ab} 超前一次侧线电压 U_{AB} $30°$。

下面以实例来说明用相电压矢量图对三相变压器的联结组别进行标识的方法。

(1) Y,yn0 联结组别,如图 3-3 所示。

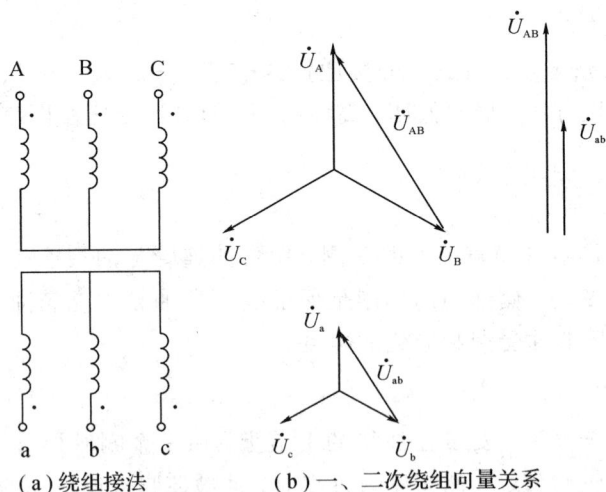

(a) 绕组接法　　(b) 一、二次绕组向量关系

图 3-3 Y,yn0 联结组别

(2) D,yn11 联结组别,如图 3-4 所示。

对于 6~10 kV 的配电变压器的常用联结组别有 Y,yn0 和 D,yn11。D,yn11 与 Y,yn0 相比,三次谐波在△(三角形)侧形成环流,不致注入公共的高压电网中去,因此更有利于抑制高次谐波电流。因为 Y,yn0 联结组别的三相变压器承受单相不平衡负荷引起的中

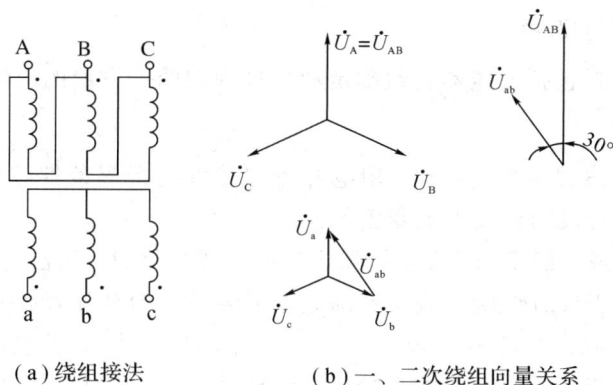

（a）绕组接法　　　（b）一、二次绕组向量关系

图 3-4　D，yn11 联结组别

性线电流不得超过低压绕组额定电流的 25%，而 D，yn11 联结组别的变压器的中性线电流允许达到相电流的 75% 以上，所以在现代供配电系统单相负荷急剧增长的情况下，D，yn11 联结组别的变压器得到了推广应用。

（五）电力变压器的主要技术参数

电力变压器的主要技术参数如下：

（1）额定容量 S_N（kVA）。指在额定工作状态下变压器能保证长期输出的容量，一、二次侧的容量相等。

对于单相变压器：

$$S_N = U_N I_N \tag{3-2}$$

对于三相变压器：

$$S_N = \sqrt{3} U_N I_N \tag{3-3}$$

（2）额定电压 U_N（kV 或 V）。指变压器长时间运行时所能承受的工作电压。在三相变压器中指的是线电压。

（3）额定电流 I_N（A）。指变压器在额定容量下允许长期通过的电流。三相变压器的额定电流指的是线电流。

（4）短路电压百分数 U_k%。将变压器二次侧短路，一次侧加电压并慢慢升高，直到二次侧的电流等于额定电流 I_{2N}。此时一次侧所加的电压称为短路电压 U_k，用相对于额定电压的百分数表示。变压器的短路阻抗百分比，在数值上与变压器短路电压百分比相等，是变压器的一个重要参数，它表明变压器内阻抗的大小，即变压器在额定负荷运行时变压器本身的阻抗压降大小。它对于变压器在二次侧发生突然短路时，会产生多大的短路电流有决定性的意义，对变压器的造价和变压器并列运行也有重要意义。

（5）空载电流 I_0%。将变压器二次侧开路，一次侧加额定电压 U_{1N}，此时流过一次绕组的电流称为空载电流，用相对于额定电流的百分数表示。空载电流一般为额定电流的 3%~5%。

（6）空载损耗 ΔP_0。空载损耗是指变压器二次侧开路，一次侧加额定电压 U_{1N} 时变压器的损耗。它近似等于变压器的铁损。

（7）短路损耗 ΔP_k。短路损耗是指变压器一、二次绕组在流过额定电流时，绕组的电阻中所消耗的功率。它近似等于变压器的铜损。

（六）电力变压器的选择

电力变压器的选择包括变压器台数确定和容量确定两个方面的内容。

1. 台数确定

变压器的台数一般根据负荷等级、用电容量和经济运行等条件综合考虑确定。当符合下列条件之一时，宜装设两台及以上变压器：

（1）有大量一级或二级负荷。在变压器出现故障或检修时，两台变压器可保证一、二级负荷的供电可靠性。当仅有少量二级负荷时，也可装设一台变压器，但变电所低压侧必须有足够容量的联络电源作为备用。

（2）对季节性负荷或昼夜负荷波动较大，而易采用经济运行方式的变电所，也考虑采用两台变压器。根据实际负荷的大小，投入相应变压器台数，可做到经济运行，节约电能。

（3）负荷集中且容量较大，虽为三级负荷，也宜装设两台及以上变压器。

在确定变电所主变台数时，应适当考虑负荷的发展，留有一定的余地。

2. 容量确定

1）单台变压器容量的确定

对仅有一台变压器的变电所，变压器容量应满足下列条件：

$$S_{NT} \geqslant S_{30} \tag{3-4}$$

对低压为 0.4 kV 的单台主变，容量不宜大于 1250 kVA。工厂车间变电所，单台变压器容量不宜超过 1000 kVA。对装设在楼上的干式变压器，容量不宜大于 630 kVA。

2）两台主变压器容量的确定

装有两台变压器的变电所，每台变压器容量应同时满足以下两个条件：

① 单台变压器在运行时，满足总计算负荷 60%～70% 的需要，即 $S_{NT} \geqslant (0.6 \sim 0.7)S_{30}$。

② 满足全部一、二级负荷 $S_{30(I+II)}$ 的需要，即 $S_{NT} \geqslant S_{30(I+II)}$。

条件①是考虑到两台变压器运行时，每台变压器各承受总计算负荷的 50%，负载率约为 0.6～0.7，此时变压器效率较高。而在事故情况下，一台变压器承受总计算负荷时，只过载 35% 左右，可继续运行一段时间。在此时间内，完全有可能调整生产，可切除三级负荷。条件②是考虑在事故情况下，一台变压器仍能保证一、二级负荷的供电。

另外，变压器的容量应满足大型电动机及其他冲击负荷的起动要求，并满足今后 5～10 年负荷增长的需要。

（七）变压器并列运行的条件

两台变压器要实现并列运行需满足如下条件：

（1）联结组别标号相同。标号不同会烧毁，如一台 Y，yn0 联结组别与一台 D，yn11 联结组别的变压器并列运行，则它们的二次线电压有 30°的相位差，会产生环流烧毁变压器。

（2）并列变压器的额定一、二次电压必须对应相等。并列变压器的电压比必须相同，允许差值不超过 ±5%。如果并列变压器的电压比不同，则二次绕组的回路内将出现环流，即二次电压较高的绕组将向二次电压较低的绕组供给电流，导致绕组过热甚至烧毁。

（3）短路阻抗相等。允许差值范围为 ±10%。并列运行的变压器负荷是按其阻抗电压成反比分配的。如阻抗电压不同，将导致阻抗电压较小的变压器过负荷。

此外，并列运行的变压器容量之比不宜超过 3∶1。否则性能变化易造成容量小的变压器过负荷。

【例 3−1】 某车间 10/0.4kV 变电所总计算负荷为 1350 kVA。其中一、二级负荷 750 kVA，试选择其主变的台数和容量。

解 ① 有大量一、二级负荷，因此选两台主变。

② 每台变压器容量需同时满足如下两个条件：

$$S_{NT} \geqslant (0.6 \sim 0.7)S_{30} = (0.6 \sim 0.7) \times 1350 = (810 \sim 945) \text{ kVA}$$

$$S_{NT} \geqslant S_{30(I+II)} = 750 \text{ kVA}$$

综合上述条件，初步确定每台主变的容量为 1000 kVA。

二、电压和电流互感器

互感器是电力系统中用来变换高电压、大电流的特殊变压器。利用互感器将测量仪表与高电压、大电流隔离，保证仪表和人身的安全，便于仪表和继电器的标准化。互感器被广泛应用于交流电压、电流、功率的测量和各种继电保护、控制电路中。

互感器有电流互感器和电压互感器两大类。电流互感器也称为仪用变流器，它将大电流变成标准的小电流(5 A 或 1 A)；电压互感器也称为仪用变压器，它将高电压变成标准的低电压(100 V)。互感器的主要作用有：

(1) 变换功能。把大电压和大电流变换为低电压和小电流，便于连接测量仪表和继电器。

(2) 扩大二次监测设备的量程。例如，一个 5 A 的电流表，配以不同变比的电流互感器可测量任意的大电流。有利于二次设备的小型化、标准化，有利于大规模生产。

(3) 隔离高、低压电路。由于互感器原、副边之间没有电的联系，因而使二次电路与高压电路可靠隔离，保证了二次设备与工作人员的安全。

(一) 电压互感器

1. 电压互感器的结构与原理

电压互感器的工作原理图如图 3−5 所示。它的结构特点是：一次绕组匝数很多，二次绕组匝数较少，相当于降压变压器。其接线特点是：一次绕组并联在一次电路中，二次绕组并联仪表、继电器的电压线圈。由于电压线圈的阻抗一般都很大，所以电压互感器在工作时，其二次绕组接近于开路状态。一次绕组导线细，二次绕组导线粗，二次侧的额定电压一般为 100 V。根据变压器的原理，有下列关系存在：

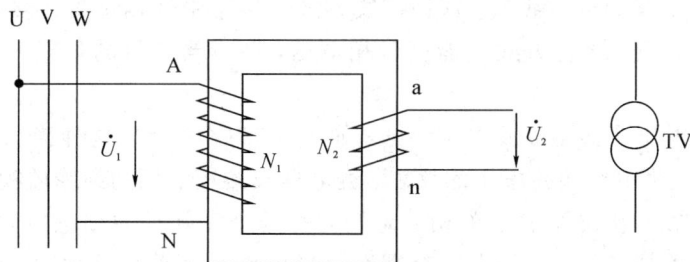

图 3−5 电压互感器的工作原理图

$$\frac{U_1}{U_2} = \frac{N_1}{N_2} = k_V \qquad (3-5)$$

式中，k_V 为变比，在互感器的铭牌上用原、副边额定电压之比来表示变比，即

$$k_V = \frac{U_{1N}}{U_{2N}} \qquad (3-6)$$

例如，一个电压互感器的原边额定电压为 6000 V，副边额定电压为 100 V，则该互感器变比是 6000 V/100 V，即变比为 60。

图 3-6 为应用广泛的单相三绕组环氧树脂浇注绝缘的户内 JDZJ-10 型电压互感器。三个单相的 JDZJ-10 型电压互感器接成 Y0/y0/△形（△形为开口三角形），可供小电流接地的电力系统作为电压、电能测量及单相接地的绝缘监视装置来使用。

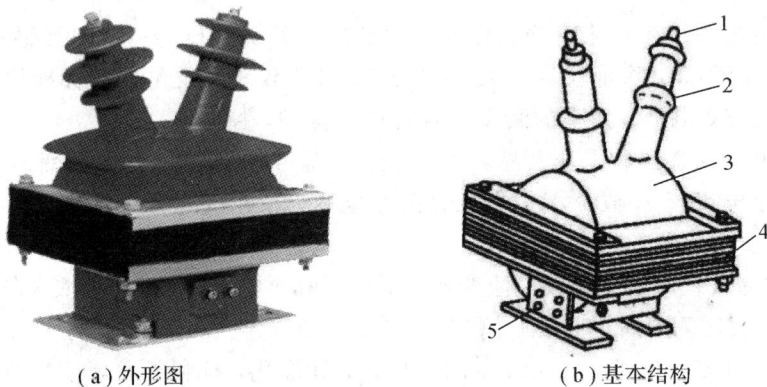

（a）外形图　　　　　　　（b）基本结构
1——一次接线端子；2——高压绝缘套管；3—— 一、二次绕组；4——铁芯(壳式)；5—— 二次接线端子

图 3-6　户内 JDZJ-10 型电压互感器

2. 电压互感器的接线方式

在供配电系统中，通常需要测量供电线路的线电压、相电压以及发生单相接地故障时的零序电压。为了测量这些电压，要用电压互感器的一次侧与主电路并联，二次侧与测量仪表、继电器等相连，其常用的接线方式如图 3-7 所示。

（1）一个单相电压互感器的接线，如图 3-7(a)所示。当需要测量某一相对地电压或相间电压时可采用此方案。

（2）两个单相电压互感器接成 V/V 形，如图 3-7(b)所示。它可以用来测线电压，或供给测量仪表和继电器的电压线圈。这种接线方式适用于中性点不直接接地或经消弧绕组接地的小接地电流电网。这种方式不能测量相电压，而且当连接的负载不平衡时，测量误差较大。

（3）三个单相电压互感器接成 Y_0/Y_0 形，如图 3-7(c)所示。这种接线方式广泛应用于 3~220 kV 系统中，供电给接线电压的仪表、继电器及接相电压的绝缘监视电压表。由于小接地电流电力系统在一次电路发生单相接地时，另两个完好相的相电压要升高到线电压，所以绝缘监视电压表要按线电压选择，否则在一次电路发生单相接地时，电压表有可能被烧毁，由于这种原因这种方式的测量误差比较大，所以功率表和电度表不用此种方案。

（4）三个单相三绕组电压互感器或一个三相五芯柱三绕组电压互感器接成 Y_0/ Y_0/△

形,如图 3-7(d)所示。其接成 Y_0 的二次绕组,供电给接线电压的仪表、继电器及接相电压的绝缘监视电压表;接成⊿形的辅助二次绕组,接电压继电器。一次电压正常时,由于三个相电压对称,因此开口三角形两端的电压接近于零。但当某一相接地时,开口三角形两端将出现近 100 V 的零序电压,使电压继电器动作,发出信号。

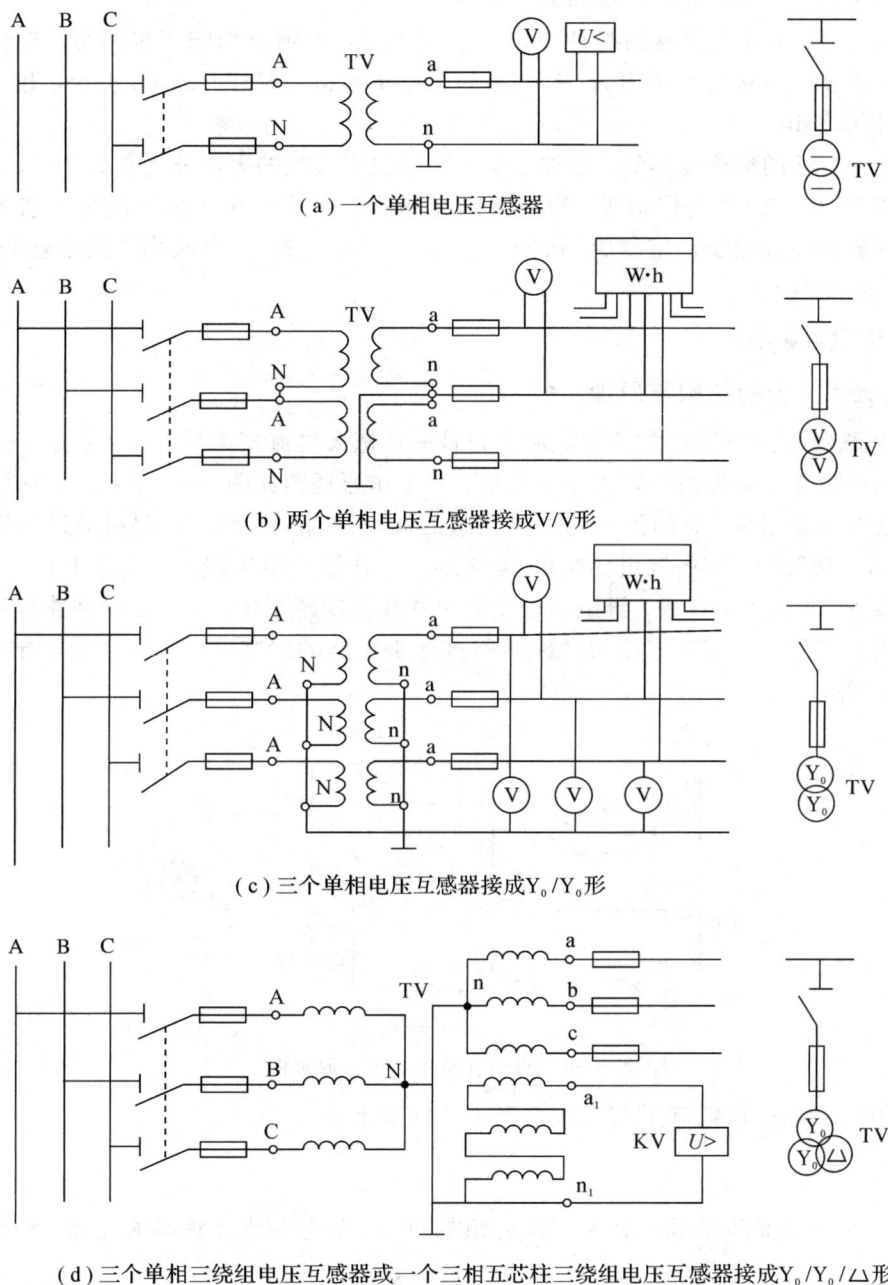

(a) 一个单相电压互感器

(b) 两个单相电压互感器接成V/V形

(c) 三个单相电压互感器接成 Y_0/Y_0 形

(d) 三个单相三绕组电压互感器或一个三相五芯柱三绕组电压互感器接成 $Y_0/Y_0/⊿$ 形

图 3-7　电压互感器的接线方式

3. 使用注意事项

(1) 电压互感器的原边必须并联于被测电路中,副边的负载也必须采用并联连接。

（2）电压互感器在工作时，二次侧不能短路。由于电压互感器的一、二次侧都是在并联的状态下运行的，在发生短路时，将产生很大的短路电流，有可能烧毁互感器，甚至影响一次电路的安全运行。因此，一、二次侧均应加熔断器保护。

（3）电压互感器二次绕组的一端及外壳均应接地，以防止一、二次绕组间的绝缘在击穿时，高压窜入二次侧，危及设备和人身安全。

（4）接线时，电压互感器的极性一定要连接正确，否则将影响正确测量，甚至引起事故。电压互感器原边接线端子用 A、N 表示，副边星形接线端子用 a、n 表示，开口三角形接线端子用 da、dn 表示。

（5）选择合适的准确度等级。通常电压互感器根据误差的大小分为 0.2、0.5、1.0、3.0四个仪表级和 3P、5P 两个保护级。级数表示互感器在规定使用条件下的最大引入误差的百分值。一般 0.2 级用于精密测量，0.5～1.0 级用于电度表，3.0 级用于指示性测量，3P、5P 级用于继电保护。

（二）电流互感器

1. 电流互感器的结构与原理

电流互感器（简称 CT，文字符号为 TA）是一种把大电流变为标准 5 A（或 1 A）的小电流，并在相位上与原来保持一定关系的仪器。其工作原理图如图 3-8 所示。它的结构特点是：一次绕组匝数很少、有的类型的电流互感器甚至没有一次绕组，利用穿过其铁芯的一次电路作为一次绕组，一次绕组导线粗、电流大，一次绕组串接在一次电路中；二次绕组匝数多、导线细、电流小，仪表、继电器等负载串联在二次绕组中。由于二次回路负载的阻抗非常小，因此工作中电流互感器的二次回路接近于短路的状态。二次回路的额定电流有 5 A 和 1 A 两种。

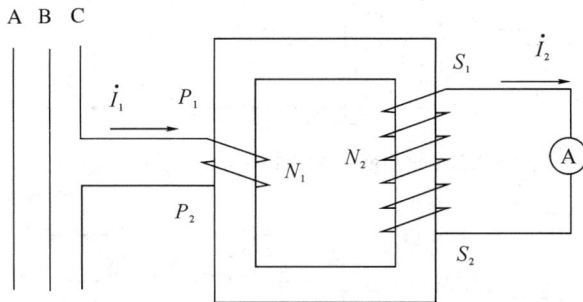

图 3-8　电流互感器的工作原理图

电流互感器的一次电流 I_1 与二次电流 I_2 之间有下列关系：

$$\frac{I_1}{I_2}=\frac{N_2}{N_1}=k_i \tag{3-7}$$

式中，N_1、N_2 为电流互感器一次和二次绕组的匝数，k_i 为电流互感器的变比，一般表示为一、二次额定电流之比，即 $k_i=\frac{I_{1N}}{I_{2N}}$，如 100 A/5 A。

高压电流互感器多制成不同准确度级的两个铁芯和两个二次绕组，分别接测量仪表和继电器，以满足测量和保护的不同要求。电气测量对电流互感器的准确度要求较高，并且要求在短路时仪表受到的冲击小，因此测量用电流互感器的铁芯在一次电路短路时易于饱和，以限制二次电流的增长倍数。而继电保护用电流互感器的铁芯则在一次电流短路时不应饱和，使二次电流能与一次短路电流成比例的增长，以适应保护灵敏度的要求。

图 3 - 9 为户内高压 LQJ - 10 型电流互感器。它有两个铁芯和两个二次绕组，分别为 0.5 级和 3 级，0.5 级用于测量，3 级用于继电保护。互感器采用环氧树脂浇注绝缘，比老式的油浸式和干式互感器的尺寸小，性能好，因此在高压成套配电装置中广泛应用。

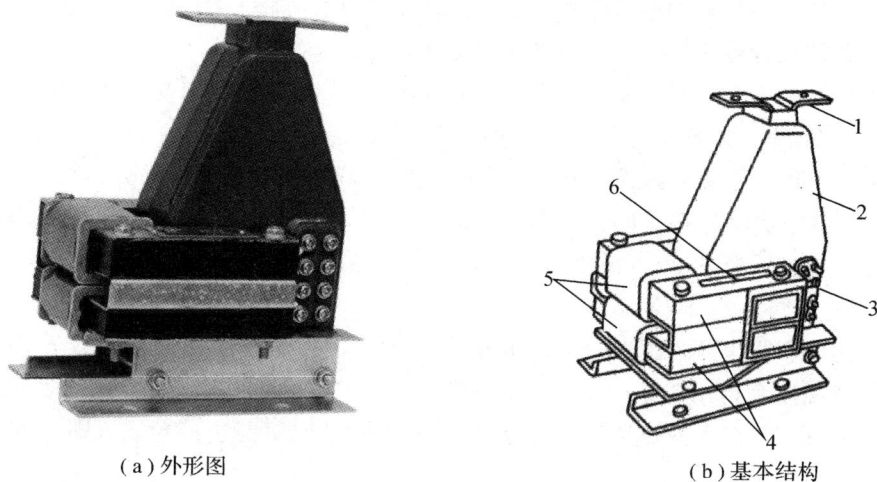

（a）外形图　　　　　　　　　　（b）基本结构

1——一次接线端子；2——一次绕组(树脂浇注)；3—二次接线端子；4—铁芯；5—二次绕组；

6—警示牌(上写"二次侧不得开路"等字样)

图 3 - 9　户内高压 LQJ - 10 型电流互感器

2. 电流互感器的接线方式

在三相电路中，电流互感器的接线方式如图 3 - 10 所示。其中，图 3 - 10（a）为星形接线，用于中性点接地的三相三线和三相四线制电路的电流测量和继电保护。图 3 - 10（b）为不完全星形接线，用于三相电路的电流测量和继电保护，其中，公共线上的电流即未接互感器那一相的电流为其他两相电流的相量和。这种接线广泛应用于 6～10 kV 高压电路中。

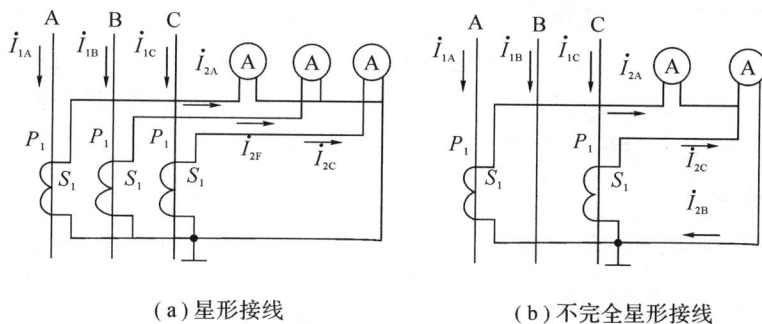

（a）星形接线　　　　　　　　　　（b）不完全星形接线

图 3 - 10　电流互感器的接线方式

3. 使用的注意事项

（1）电流互感器的原边必须串联于被测电路中，副边的负载也必须采用串联连接。

（2）电流互感器二次侧不得开路，如果闲置不用，要把副边短路。倘若电流互感器二次侧发生开路，一次侧电流将全部用于励磁，使互感器铁芯严重饱和。交变的磁通在二次绕组上将感应出很高的电压，峰值可达几千伏甚至上万伏。这么高的电压会严重威胁人身和设备安全，甚至会烧坏线圈的绝缘，所以电流互感器在运行中二次侧严禁开路。

在带电检修和更换二次仪表、继电器时，必须将电流互感器二次侧短路，才能拆卸二次元件。运行中，如果发现电流互感器二次侧开路，应及时将一次电路电流减小或降至零，所带的继电保护装置停用，并采用绝缘工具处理。

（3）电流互感器二次绕组有一端及外壳均应接地，以防止一、二次绕组间的绝缘在击穿时，高压窜入二次侧，危及设备和人身安全。

（4）在接线时，电流互感器的极性一定要连接正确，否则将影响正确测量，甚至引起事故。电流互感器一次侧的端子的标志为 P_1、P_2（或 L_1、L_2），一次侧电流由 P_1 流入，由 P_2 流出。而二次侧的端子为 S_1、S_2（或 K_1、K_2），二次侧电流由端子 S_1 流出，由端子 S_2 流入。P_1 与 S_1，P_2 与 S_2 为同极性（同名端）。

（5）电流互感器的两个副边分为仪表用和保护用，接线时要特别注意仪表用副边和保护用副边不能混用和错用。$1S_1$、$1S_2$ 为仪表用，$2S_1$、$2S_2$ 为保护用。如果把仪表用副边接保护装置，则保护装置在电网短路时不会动作，如果把保护用副边接仪表，则会在电网短路时烧坏仪表。

（6）根据用途选择合适的准确度等级。电流互感器的准确度指二次负荷在规定范围内，对一次电流测量所产生的最大误差。根据测量时误差的大小，电流互感器的准确度等级分为 0.2、0.5、1.0、3.0、10 级和保护级 5P、10P。一般 0.2 级用于精密测量，0.5～1 级用于计量电度表，3 级、10 级用于监视性测量或继电保护，5P、10P 级用于继电保护。

三、高压开关设备

在本子任务中，学习掌握一次电路中常用的高压熔断器、高压隔离开关、高压断路器、高压负荷开关、高压熔断器及高压开关柜等高压设备的用途、功能、结构、工作原理及简单的运行维护操作。

（一）开关电器中的电弧问题

高低压开关电器用于高低压电路的通断控制。如果通断负荷电路，特别是通断存在短路故障的电路时，会在开关触头间产生电弧，因此对于开关电器，其触头间电弧的产生和熄灭问题值得关注，这直接影响着开关电器的结构性能。

1. 电弧的产生

当用开关电器接通或断开电路时，在触头间隙（或称为弧隙）中会产生强烈的白光，称为电弧。开关电器在切断电压大于 $10 \sim 20$ V、电流大于 $80 \sim 100$ mA 的电路时，在触头刚分离的瞬间，触头间就会产生电弧。这时虽然电路触头分离，但电弧继续燃烧，电流仍在触头间通过，直到触头分开至足够长的距离时，电弧熄灭，电路才算真正的切断。

电弧的温度很高，表面温度可达 $3000 \, ℃ \sim 40\,000 \, ℃$，电弧中心温度可高达 $100\,000 \, ℃$ 以上。对于这种高温，即使作用的时间很短，触头表面也会因剧烈熔化和蒸发而损坏，触头附近的绝缘材料（包括绝缘油、电工瓷、有机绝缘材料）也有可能被严重烧损，以致设备损坏。

所以，在切断电路时，必须采取措施尽快地熄灭电弧。

我们首先来了解电弧是如何产生和熄灭的。电弧是开关电器在操作过程中产生的一种物理现象，其实质是一种极其强烈的气体放电现象。

电弧产生的原因是：在开关断开过程中，由于动触头的运动，使动、静触头间的接触面不断减小，电流密度就不断增大，接触电阻随接触面的减小就越来越大，因而触头温度升高，产生热电子发射。当触头刚分离时，由于动、静触头间的间隙极小，出现的电场强度很高，在电场作用下金属表面电子不断从金属表面飞逸出来，使自由电子在触头间运动，这种现象称为场致发射。热电子发射、场致发射产生的自由电子在电场力作用下加速飞向阳极，途中不断碰撞中性质点，将中性质点中的电子又碰撞出来，这种现象称为碰撞游离。由于碰撞游离的连锁反应，自由电子成倍地增加（正离子亦随之增加），大量的电子奔向阳极，大量的正离子向负极运动，开关触头间隙便成了电流的通道，触头间介质被击穿就形成电弧。由于电弧温度很高，在高温的作用下，处在高温下的中性质点由于高温而产生强烈不规则的热运动，在中性质点互相碰撞时，其又将被游离而形成电子和离子，这种因热运动而引起的游离称为热游离。热游离产生大量电子和离子维持触头间电弧。所以，产生电弧主要是由于碰撞游离，维持电弧主要依靠热游离。

2. 电弧的熄灭

使电弧尽快熄灭，就是要切断维持电弧燃烧的条件，关键的措施是：降低触头间的电场强度和温度，使已导电的气体恢复其绝缘性。

当电路上的电压一定时，触头间的电场强度与距离基本上成反比。所以，加快触头分断和闭合的速度，在开关触头周围填充导热良好的介质，均是有效灭弧的方法。

3. 电气设备中常用的灭弧方法

在电气设备中，常采用的灭弧方法有：速拉灭弧法、冷却灭弧法、吹弧灭弧法、长弧切短灭弧法、狭沟或狭缝灭弧法、真空灭弧法和六氟化硫（SF_6）灭弧法。

（二）高压隔离开关（QS）

1. 高压隔离开关（简称隔离开关）的用途、外形和结构

隔离开关又称为刀闸，主要用途是在需要检修的部分和其他带电部分之间，用隔离开关构成明显可见的断开点，保证电气维修人员维修时的安全。在双母线或带旁路母线的主接线中，可利用隔离开关作为操作开关，进行母线切换，但必须遵循"等电位原则"。

由于隔离开关没有专门的灭弧装置，不能用来开断负荷电流和短路电流。但它可以直接用来接通和断开小电流设备，例如，无故障的电压互感器、无雷雨时候拉合避雷器。

户外隔离开关的工作条件比较恶劣，绝缘要求高，应保证在冰、雪、雨、风、灰尘、严寒、酷暑条件下可靠工作。要求隔离开关的触点在操作时要有破冰作用。图3-11为GW5—35型户外隔离开关。它是由底座、支柱绝缘子、导电回路等部分构成的，两绝缘子呈"V"形，交角为50°，借助连杆组成三级联动的隔离开关。底座部分有两个轴承。用以旋转棒式支柱绝缘子，两轴承座间用齿轮啮合，即操作任一柱，另一柱可随之同步旋转，已达到分断、关合的目的。

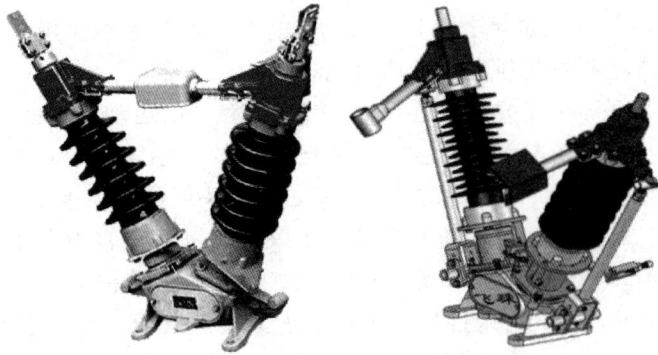

（a）外形图

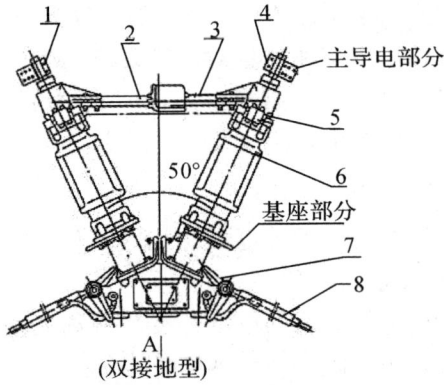

（b）基本结构

1—接线座；2—主触头；3—主触指；4—接线座；5—接地触指；6—支柱绝缘子；
7—限位板；8—接地闸刀

图 3 - 11 GW5—35 型户外隔离开关

图 3 - 12 为 GN8—10/600 型户内隔离开关。它的三相闸刀安装在同一底座上，闸刀均采用垂直回转运动方式，户内隔离开关的开合均采用手动操作机构进行。

（a）外形图

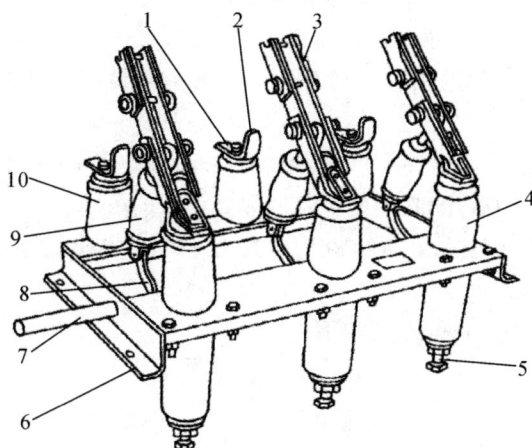

（b）基本结构

1—上接线端子；2—静触头；3—闸刀；4—绝缘套管；5—下接线端子；6—框架；7—转轴；8—拐臂；
9—升降瓷瓶；10—支柱瓷瓶

图 3-12　GN8—10/600 型户内隔离开关

2. 隔离开关的型号

隔离开关全型号的表示和含义如下：

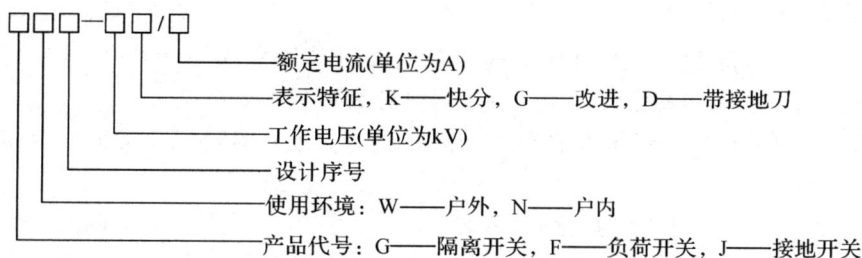

额定电流(单位为A)
表示特征，K——快分，G——改进，D——带接地刀
工作电压(单位为kV)
设计序号
使用环境：W——户外，N——户内
产品代号：G——隔离开关，F——负荷开关，J——接地开关

例如，GN8—10/600 表示户内式，设计序号是 8，额定电压为 10 kV，额定电流为 600 A 的隔离开关。

（三）高压断路器（QF）

1. 高压断路器概述

高压断路器是电力系统中最重要的开关设备，其具有完善的灭弧装置。高压断路器不仅可以切断和接通正常情况下高压电路中的空载电流和负荷电流，还可以在系统发生故障时与继电保护装置及自动装置相配合，切断故障电路，防止事故扩大，保证系统的安全运行。高压断路器起着控制和保护电气设备的双重作用，分述如下：

（1）控制作用：根据电力系统运行的需要，将部分或全部电气设备或线路投入或退出运行。

（2）保护作用：当电力系统任何部分发生故障时，将故障部分从系统中快速切除，防止事故扩大，保护系统中各类电气设备不受损坏，保证系统的安全运行。

所有的高压断路器主要都由以下部分组成：

（1）触头。触头是电流通断的重要部分，一般分为动触头和静触头两部分：在开关进行分闸或合闸操作时，静触头不运动，动触头运动。

（2）灭弧室。熄灭电弧的场所。

（3）灭弧用绝缘介质。起熄灭电弧的作用，一般有绝缘油、压缩空气、真空、六氟化硫等介质。

（4）支撑用绝缘介质。用于支持运动机构、触头、灭弧室等，一般有电工瓷、环氧树脂等。

（5）壳体。把断路器的各个部分安装为一体。

（6）操动机构。推动动触头运动的机构，其有手动、电磁、电动、气动、弹簧、液压等类型。

高压断路器全型号的表示和含义如下：

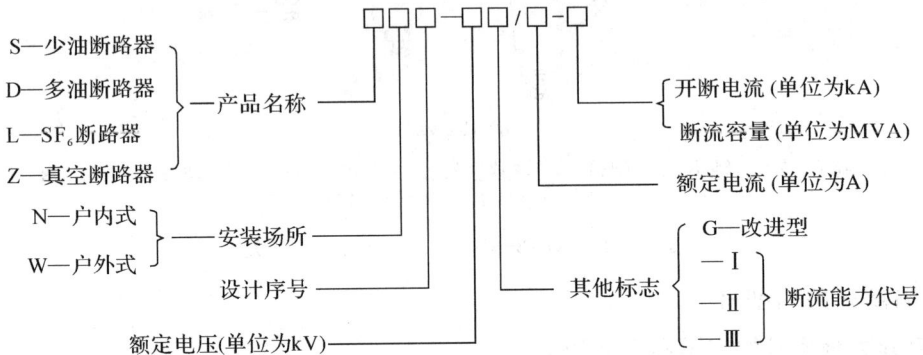

2. 高压断路器的种类

根据高压断路器装设的地点不同，高压断路器可分为户内（N）和户外（W）两种形式。按断路器的灭弧介质和作用原理，高压断路器可分为下列主要类型：

（1）油断路器。它是以变压器油作为灭弧和绝缘介质的断路器，又可分为多油和少油两种类型。

（2）SF_6 断路器。它是以六氟化硫（SF_6）气体作为灭弧和绝缘介质的断路器。

（3）真空断路器。它是以高真空度的介质来熄弧的断路器，其触头在高真空中关合和开断。

（4）压缩空气断路器。它是以高速流动的压缩空气来作为灭弧介质的断路器。

（5）自产气断路器。它是利用固体介质受电弧作用分解气体来熄弧的断路器。

（6）磁吹断路器。它是利用电磁力驱使电弧进入绝缘狭缝中，拉长、冷却电弧来熄弧的断路器。

目前，压缩空气断路器已基本不用，油断路器处于被淘汰阶段，真空断路器和六氟化硫（SF_6）断路器得到了广泛应用。但由于少油断路器成本低，早期被大量应用，目前在输配电系统中还占有重要地位。下面介绍几种常用的断路器。

1）高压少油断路器

少油断路器是用绝缘油作灭弧介质，但不作为绝缘介质，而载流部分的绝缘是依靠空气、陶瓷材料或有机绝缘材料来绝缘的，因此油量很少。开关触头在具有灭弧功能的绝缘油中闭合和断开。少油断路器的优点是体积小、价格低廉、维护方便。缺点是不能频繁操作，检修周期短，在户外使用受天气条件的影响大，多用于 6～10 kV 线路中。

目前，工厂企业变配电所中应用最广泛的是 SN10—12 型高压少油断路器，是我国目前唯一继续生产的 10 kV 少油断路器，其技术指标达到同类产品国际先进水平，其外形图如图 3-13 所示。

图 3-13　SN10—12 型高压少油断路器的外形图

2）高压真空断路器

真空断路器是用真空作为绝缘介质的断路器。因为其体积较小，性能良好，近年来在现场应用广泛。真空是指绝对压力低于正常大气压的气体稀薄的空间。真空间气体稀薄，气体分子的自由行程大，发生碰撞游离的机会少，击穿电压高，绝缘强度高。真空具有很高的绝缘强度和很强的灭弧能力。

图 3-14 是 ZN28—12 型真空断路器的外形图。它主要由真空灭弧室、操作机构、绝缘体转动件、支架等组成。真空断路器的主要部分是真空灭弧室，其结构如图 3-15 所示。断路器的动、静触头及屏蔽罩都密封在抽成真空的绝缘外壳中，外壳用玻璃或陶瓷制作。动触头与真空管之间的密封问题用波纹管来解决，当动触头运动时，波纹管在其弹性变形范围内伸缩。为了保证外壳的绝缘性能，在动、静触头外面装有金属屏蔽罩，用来冷凝吸收弧隙间的金属蒸汽。

图 3-14　ZN28—12 型真空断路器的外形图

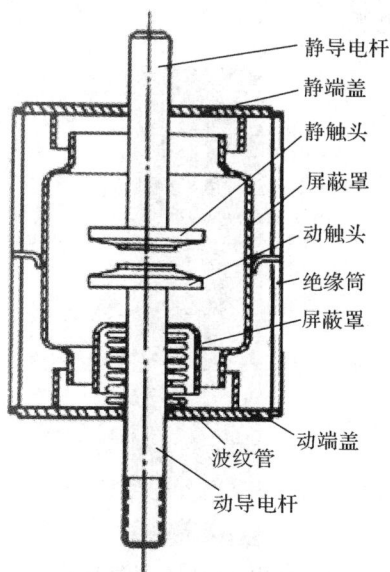

图 3-15　真空灭弧室的结构

真空断路器具有的优点是：触头开距小、体积小、质量轻、寿命长、操作噪音小、所需操作功率小；真空断路器动作速度快，燃弧时间短，一般只需半个周期即可熄灭电弧，熄弧后触头间隙介质恢复迅速；真空断路器运行维护简单、特别适于频繁操作。

真空断路器当分断小电流时，由于弧柱扩散速度过快，使阴极板附近的蒸汽压力和温度骤降，电弧难于维持，在电流还有很大数值时突然熄灭，这种情况称为截流现象。截流现象会使电机和变压器等大电感设备中产生很高的感应过电压，可达到额定电压的 2～3 倍以上，称为操作过电压。在真空断路器的电路中必须采取过电压保护措施。

3）六氟化硫（SF_6）断路器

SF_6 断路器是采用具有优良灭弧性能和绝缘性能的 SF_6 气体作为灭弧介质的断路器。外形尺寸小，占地面积少，开断能力强，电弧在 SF_6 中燃烧时，能大量地吸收电弧能量，使电弧迅速冷却乃至熄灭，它的灭弧能力约为空气的 100 倍，燃弧时间也短，因而 SF_6 断路器触头烧损很轻微，适于频繁操作，检修周期长。

SF_6 断路器的缺点是：它的电气性能受电场均匀程度及水分等杂质的影响特别大，在开断大电流时，可能产生微量有毒的低氟化硫，故对该断路器密封结构、工艺与材料及 SF_6 气体本身质量的要求相当严格。其主要用于 35 kV 以上的高压和超高压系统中。

SF_6 断路器的结构特点：开关触头在 SF_6 气体中闭合和断开；SF_6 气体具有灭弧和绝缘功能；灭弧能力强，属于高速断路器；结构简单，无燃烧爆炸危险；SF_6 气体本身无毒，但在电弧的高温作用下，会产生氟化氢等有强烈腐蚀性的剧毒物质，检修时应注意防毒。

SF_6 断路器可分为地罐式和柱式两类，柱式断路器使用广泛。图 3-16 是变电站内运行中的柱式断路器的外形图。

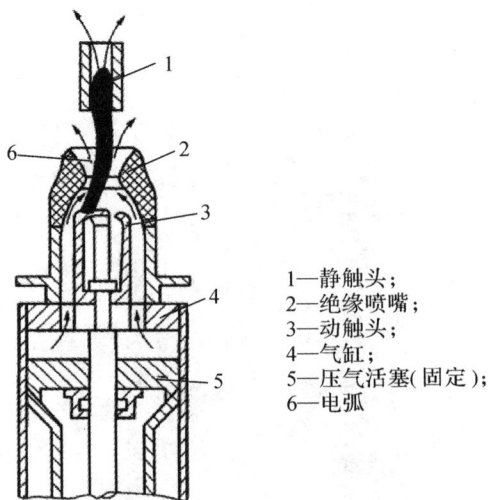

SF_6 灭弧室的结构如图 3-17 所示。其灭弧原理是：断路器的静触头和灭弧室中的压气活塞是相对固定的。当跳闸时，装有动触头和绝缘喷嘴的气缸由断路器的操动机构通过连杆带动离开静触头，使气缸和活塞产生相对运动来压缩 SF_6 气体并使之通过喷嘴吹出，迅速熄灭电弧。

1—静触头；
2—绝缘喷嘴；
3—动触头；
4—气缸；
5—压气活塞（固定）；
6—电弧

图 3-16　变电站内运行中的柱式断路器的外形图　　图 3-17　SF_6 灭弧室的结构

SF_6 断路器的本体检修时对环境的清洁度、湿度的要求十分严格，灰尘、水分的存在都影响断路器的性能，具体要求如下：

（1）大气条件：温度：5℃以上；湿度：小于80％（相对）。

（2）重要部件分解检修工作尽量在检修间进行。现场应考虑采取防雨、防尘保护。

3. 高压断路器的主要技术参数

（1）额定电压（标称电压 U_N）。它是指断路器工作的某一级系统的额定电压，在三相系统中指的是线电压，在单相系统中则为相电压。其反映断路器所具有的绝缘水平及它的灭弧能力。

（2）额定电流（I_N）。它是指断路器在额定电压下可以长时期通过的最大工作电流，此时导体部分的温升不能超过规定的允许值。其是表征断路器通过长期电流能力的参数，即断路器允许连续长期通过的最大电流。

（3）额定开断电流（I_{oc}）。它是表征断路器开断能力的参数。在额定电压下，断路器能保证可靠开断的最大电流，称为额定开断电流，用断路器触头分离瞬间短路电流周期分量有效值表示，单位为 kA。

（4）动稳定电流（I_p）。它是表征断路器通过短时电流能力的参数，反映断路器承受短路电流电动力效应的能力。断路器在合闸状态下或关合瞬间，允许通过的电流最大峰值，称为电动稳定电流，又称为极限通过电流。当断路器通过动稳定电流时，不能因电动力作用而损坏。

（5）热稳定电流（I_k）和热稳定电流的持续时间。热稳定电流是表征断路器通过短时电流能力的参数，但它反映断路器承受短路电流热效应的能力。热稳定电流是指断路器处于合闸状态下，在一定的持续时间内，所允许通过电流的最大周期分量有效值，此时断路器不应因短时发热而损坏。国家标准规定：断路器的额定热稳定电流等于额定开断电流。额定热稳定电流的持续时间为 2 s，需要大于 2 s 时，推荐 4 s。

（四）高压负荷开关（QL）

1. 高压负荷开关的用途

高压负荷开关具有简单的灭弧装置，因而能通断一定的负荷电流和过负荷电流。但是它不能断开短路电流，所以它一般与高压熔断器串联使用，借助熔断器来进行短路保护。负荷开关断开后，与隔离开关一样，有明显可见的断开间隙，因此也具有隔离高压电源、保证安全检修的功能。

高压负荷开关与限流熔断器串联组合可以代替断路器使用，即由负荷开关承担开断和关合小于一定倍数的过载电流，而由限流熔断器承担开断较大的过载电流和短路电流。

负荷开关与限流熔断器串联组合成一体的负荷开关，称为负荷开关－熔断器组合电器。熔断器可以装在负荷开关的电源侧，这样可以用熔断器保护负荷开关本身引起的短路事故；熔断器也可以装在负荷开关的出线侧，以便利用负荷开关兼作隔离开关的功能，用它来隔离加在限流熔断器上的电压。当不需要经常掉换熔断器时，宜采用前一种布置；反之，则宜采用后一种布置。

负荷开关－熔断器组合电器价格比断路器低得多，可以有效地减少设备的投资费用，而且具有显著的限流作用，可以在短路事故时保障电网的动稳定性和热稳定性，但由于限流熔断器为一次性动作的电器，所以只能用于电压不高、容量不大和不太重要的场所。

目前，国内外的环网供电单元和预装式变电站，广泛使用负荷开关＋熔断器的结构形式，用它保护变压器比用断路器更为有效，其切除故障时间更短，不易发生变压器爆炸事故。

2. 高压负荷开关的型号

高压负荷开关全型号的表示和含义如下：

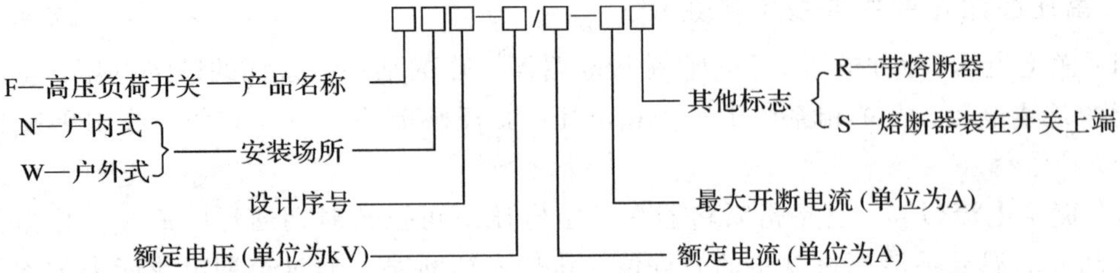
□□□—□/□—□□
F—高压负荷开关 —产品名称
N—户内式
W—户外式
安装场所
设计序号
额定电压(单位为kV)
其他标志
R—带熔断器
S—熔断器装在开关上端
最大开断电流(单位为A)
额定电流(单位为A)

3. 高压负荷开关的结构原理

高压负荷开关的类型较多，这里主要介绍一种应用广泛的户内压气式高压负荷开关。图3-18是FN3—10RT型户内压气式负荷开关的外形图。由图可以看出，上半部为负荷开关本身，外形与高压隔离开关类似，实际上它就是在隔离开关的基础上加一个简单的灭弧装置。负荷开关上端的绝缘子就是一个简单的灭弧室，其内部结构如图3-19所示。该绝缘子不仅起支柱绝缘子的作用，而且内部有一个气缸，装有由操作机构主轴传动的活塞，其作用类似打气筒。绝缘子上部装有绝缘喷嘴和静触头。

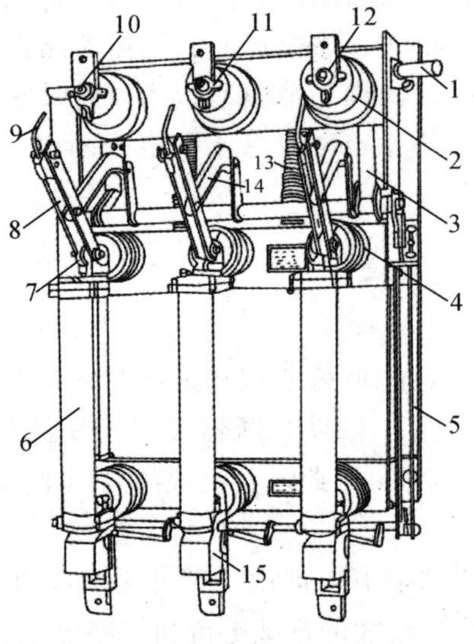
10
11
12
1
2
3
4
5
6
7
8
9
13
14
15

1—主轴；2—上绝缘子兼汽缸；3—连杆；4—下绝缘子；
5—框架；6—RN1型高压熔断器；7—下触座；8—闸刀；
9—弧动触头；10—绝缘喷嘴；11—主静触头；12—上触座；
13—断路弹簧；14—绝缘拉杆；15—热脱扣器

图3-18 FN3—10RT型户内压气式负荷开关的外形图

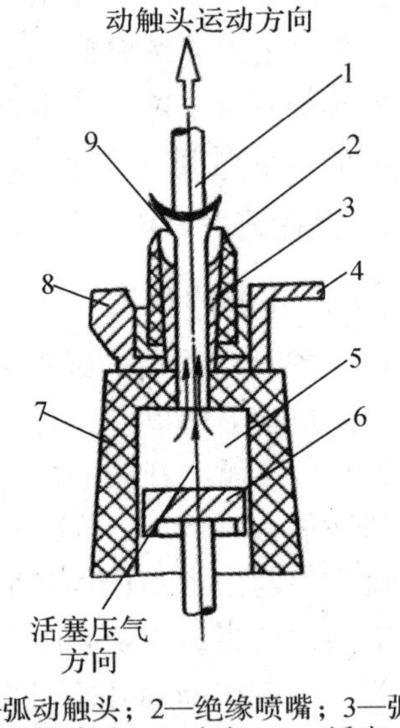
动触头运动方向
1
2
3
4
5
6
7
8
9
活塞压气
方向

1—弧动触头；2—绝缘喷嘴；3—弧静触头；
4—接线端子；5—气缸；6—活塞；
7—上绝缘子；8—主静触头；9—电弧

图3-19 高压负荷开关压气式灭弧室的内部结构

当负荷开关分闸时，在闸刀一端的动触头与绝缘子上的静触头之间产生电弧。由于分闸时主轴转动而带动活塞压缩气缸内的空气从喷嘴往外吹弧，使电弧迅速熄灭。当然分闸时还有迅速拉长电弧及电流回路本身的电磁吹弧的作用，加强了灭弧。但总体来说，负荷开关的断流灭弧能力是很有限的，只能分断一定的负荷电流和过负荷电流，因此负荷开关不能配置短路保护装置来自动跳闸，但可以装设热脱扣器用于过负荷保护。

（五）高压熔断器（FU）

1. 高压熔断器的功能和特性

熔断器是一种过电流保护装置。熔断器串联在被保护电路中，当电路发生过载或短路故障时，通过熔体的电流超过其额定电流，当熔体温度达到其熔点温度后，熔体迅速熔化，切断故障电路，起到保护作用。

由于其结构简单、体积小、重量轻、价格便宜、使用维护方便，所以被广泛用来保护小容量的电气设备和对继电保护要求不高的电路。它的主要缺点是：熔体熔断后必须更换，保护特性和可靠性较差。

熔断器的熔断时间与通过熔体电流的关系称为熔断器的保护特性，其曲线如图 3-20 所示。

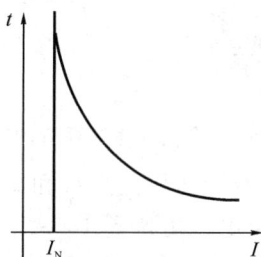

图 3-20　熔断器的保护特性曲线

2. 高压熔断器的型号

熔断器分限流式和不限流式两种。限流式熔断器的灭弧能力强，可以在短路电流上升到最大值之前灭弧。高压熔断器全型号的表示和含义如下：

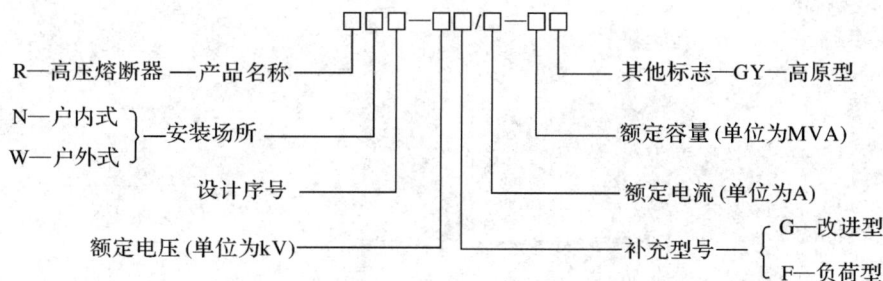

R—高压熔断器—产品名称　　　　其他标志—GY—高原型
N—户内式 }—安装场所　　　　额定容量（单位为MVA）
W—户外式
　　　设计序号　　　　额定电流（单位为A）
　　额定电压（单位为kV）　　补充型号— { G—改进型
　　　　　　　　　　　　　　　　　　　F—负荷型

3. 高压熔断器的结构原理

1）RN1、RN2 型高压熔断器

图 3-21 是 RN1 型高压熔断器熔管的剖面示意图。在其密闭的瓷质熔管内充有石英砂填料，工作熔体（铜熔丝）上焊有小锡球。锡的熔点（232℃）较铜的熔点（1083℃）低，因此当熔体发热到锡的熔点时，锡球受热首先熔化，包围铜熔丝，铜锡分子相互渗透，形成熔点较低的铜锡合金，使铜熔丝能在较低的温度下熔断，这就是"冶金效应"。既降低了熔体的熔点温度，不使熔断器在正常工作时过热，又减少了熔体熔化时产生的金属蒸汽，有利于电弧的熄灭。工作熔体采用多根熔丝并联，在熔体熔断时产生多根并联电弧，多根变细了的电弧在石英砂中燃烧，对灭弧有利。这种熔断器的灭弧能力很强，在短路电流未达冲击值

之前（即短路后不到半个周期）就能完全熄灭电弧。由于这种熔断器限制了短路电流的发展，所以称为限流熔断器。用限流熔断器保护的设备，可以不校验短路时的动、热稳定性。

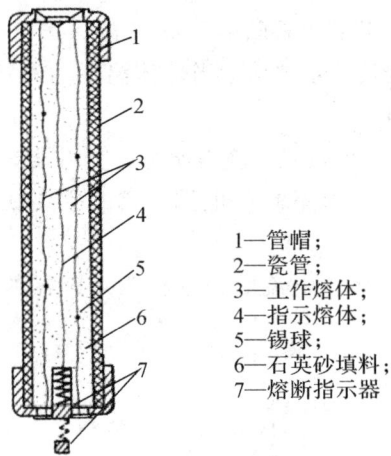

1—管帽；
2—瓷管；
3—工作熔体；
4—指示熔体；
5—锡球；
6—石英砂填料；
7—熔断指示器

图 3-21　RN1 型高压熔断器管的剖面示意图

　　RN1 型熔断器常用于电力线路及变压器的过载和短路保护，其熔体要通过主电路的短路电流，因此其结构尺寸较大，额定电流可达到 100A。RN2 型熔断器则主要用于电压互感器一次侧的短路保护。由于电压互感器二次侧接近于空载状态，其一次侧电流很小，其熔体额定电流一般为 0.5A。图 3-22 是 RN1、RN2 型熔断器的实物图。

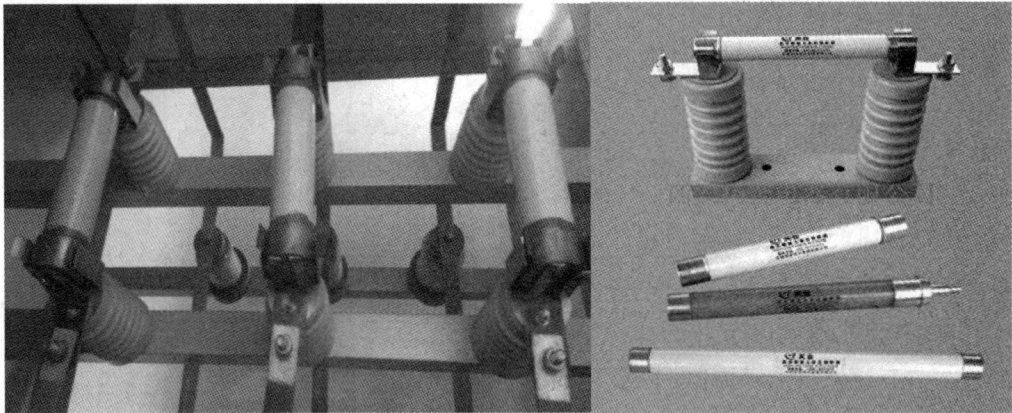

图 3-22　RN1、RN2 型熔断器的实物图

　　2）RW 系列户外熔断器

　　跌开式熔断器又称为跌落式熔断器，其广泛用于环境正常的室外场所。它既可作为 6～10 kV 线路和设备的短路保护，又可在一定条件下，直接用高压绝缘操作棒（俗称"令克棒"）来操作熔管的分合，兼起高压隔离开关的作用，可通断小容量的空载变压器和空载线路等，但不可直接通断正常的负荷电流。而负荷型跌开式熔断器，如 RW10—10（F）型是在一般跌落式熔断器的静触头上加装简单的灭弧室，除了作为 6～10 kV 线路和变压器的短路保护外，还可直接带负荷操作。

　　图 3-23 为 RW4—10 型跌落式熔断器的基本结构与外形图。这种跌落式熔断器串接

在线路上。在正常运行时，其熔管上端的动触头借熔丝张力拉紧后，与上静触头锁紧，电路接通。当线路发生短路时，短路电流使熔丝熔断，形成电弧。纤维质消弧管由于电弧烧灼而分解出大量的气体，使管内压力剧增，并沿着管道形成强烈的气流纵向吹弧，使电弧迅速熄灭。在熔丝熔断后，熔管的上动触头因失去熔丝的张力而下翻，使锁紧机构释放熔管。熔管跌落，造成明显可见的断开间隙。

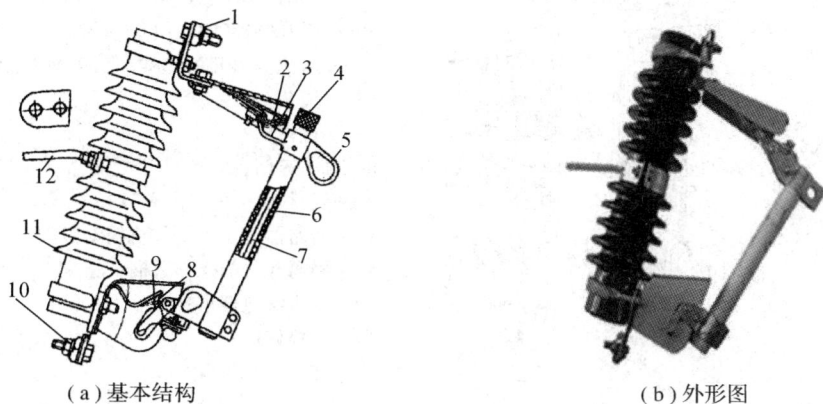

（a）基本结构　　　　　　　　　（b）外形图

1—上接线端子；2—上静触头；3—上动触头；4—管帽；5—操作环；6—熔管(内套纤维质消弧管)；
7—铜熔丝；8—下动触头；9—下静触头；10—下接线端子；11—绝缘瓷瓶；12—固定安装板

图 3-23　RW4—10 型跌落式熔断器的基本结构与外形图

跌落式熔断器靠电弧燃烧分解纤维质产生的气体来熄灭电弧，灭弧能力不强，灭弧速度不快，不能在短路电流达到冲击电流之前灭弧，属于"非限流式"熔断器。

4. 高压熔断器的主要参数

（1）熔断器的额定电流：熔断器壳体的载流部分和接触部分所允许的长期通过的工作电流。

（2）熔体的额定电流：长期通过熔体而熔体不会熔断的最大电流。熔体的额定电流通常小于或等于熔断器的额定电流。

（3）熔断器的极限断路电流：是指熔断器所能分断的最大电流。

（六）高压开关柜

高压开关柜是指按一定的线路方案将有关一、二次设备组装而成的一种高压成套配电装置。其中安装有高压开关设备、保护电器、监测仪表和母线、绝缘子等。

按设备安装方式高压开关柜可分为移开式(手车式)和固定式两种类型。

（1）移开式或手车式(用 Y 表示)：柜内的主要电器元件(如断路器)是安装在可抽出的手车上的，由于手车式开关柜有很好的互换性，因此可以大大提高供电的可靠性，常用的手车类型有：隔离手车、计量手车、断路器手车、PT 手车、电容器手车和所用变手车等，如 KYN28A—12。

（2）固定式(用 G 表示)：柜内所有的电器元件(如断路器或负荷开关等)均为固定式安装，固定式开关柜较为简单经济，如 XGN2—10、GG—1A 等。

按安装地点高压开关柜可分为户内式和户外式。

（1）用于户内(用 N 表示)：只能在户内安装使用，如 KYN28A—12 等开关柜。

（2）用于户外（用 W 表示）：可以在户外安装使用，如 XLW 等开关柜。

图 3-24 是 GG—1A（F）—07S 型固定式高压开关柜的结构图。其中，断路器为 SN10—10 型。

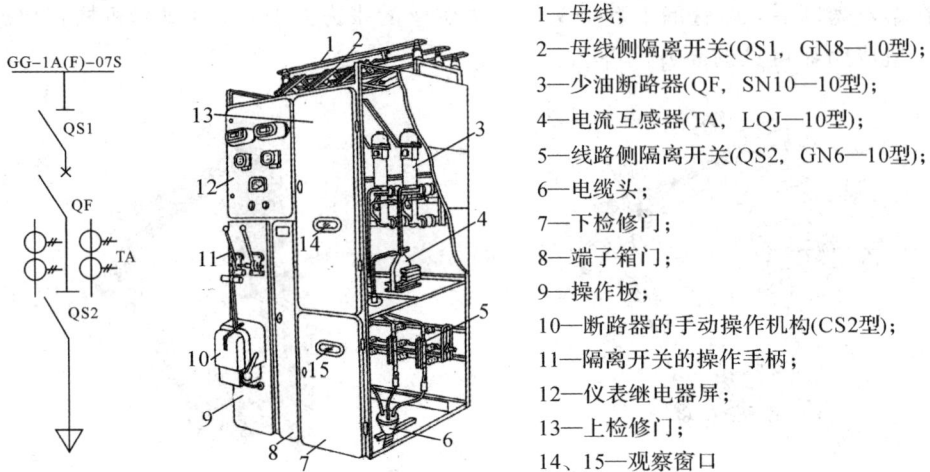

1—母线；
2—母线侧隔离开关（QS1，GN8—10型）；
3—少油断路器（QF，SN10—10型）；
4—电流互感器（TA，LQJ—10型）；
5—线路侧隔离开关（QS2，GN6—10型）；
6—电缆头；
7—下检修门；
8—端子箱门；
9—操作板；
10—断路器的手动操作机构（CS2型）；
11—隔离开关的操作手柄；
12—仪表继电器屏；
13—上检修门；
14、15—观察窗口

图 3-24　GG—1A（F）—07S 型固定式高压开关柜（断路器柜）的结构图

手车式高压开关柜的特点是：高压断路器等主要电气设备是装在可以拉出和推入开关柜的手车上的。当高压断路器等设备出现故障需要检修时，可随时将其手车拉出，然后推入同类备用手车，即可恢复供电。因此采用手车式开关柜，较之采用固定式开关柜，具有检修安全方便、供电可靠性高的优点，但其价格较贵。图 3-25 是 KYN—10 型手车式高压开关柜的结构图。

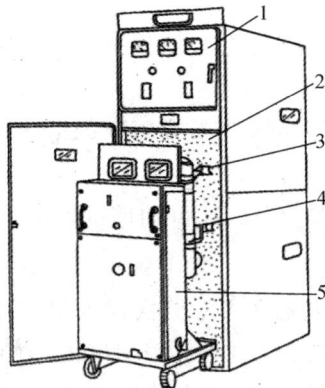

1—仪表屏；2—手车室；3—上触头（兼起隔离开关作用）；4—下触头（兼起隔离开关作用）；5—断路器手车

图 3-25　KYN—10 型手车式高压开关柜的结构图

在一般中小型工厂中普遍采用较为经济的固定式高压开关柜。我国以往大量生产和广泛应用的固定式高压开关柜主要是 GG—1A（F）型。这种防误型开关柜装设了防止电气误操作和保障人身安全的闭锁装置，即"五防"装置。"五防"具体是指：① 防止误分、误合断路器；② 防止带负荷误拉、误合隔离开关；③ 防止带电误挂接地线；④ 防止带接地线或在接地开关闭合时误合隔离开关或断路器；⑤ 防止人员误入带电间隔。我国近年来生产的高压开关柜都是"五防"柜。

四、低压一次设备

低压一次设备是指供电系统中电压为 1000 V 及以下的电气设备。在企业供电系统中，常用的低压一次设备有低压熔断器、低压刀开关、低压断路器等。

（一）低压熔断器（FU）

低压熔断器主要是实现低压配电系统的短路保护，有的熔断器也能实现过负荷保护。

低压熔断器的类型很多，有插入式、螺旋式、无填料密闭管式、有填料封闭管式以及引进技术生产的有填料管式等。下面主要介绍在企业供电系统中应用较多的无填料密闭管式（RM10 型）、螺旋式（RL1 型）、有填料封闭管式（RT0 型）和自复式（RZ1 型）熔断器。

国产低压熔断器全型号的表示和含义如下：

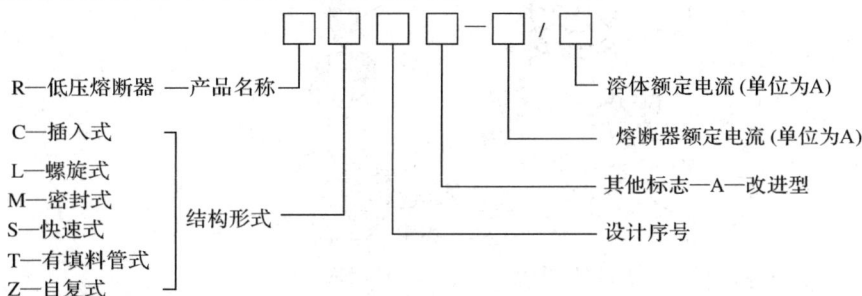

```
  □ □ □ □ — □ / □
```

R—低压熔断器 —产品名称
C—插入式
L—螺旋式
M—密封式   结构形式
S—快速式
T—有填料管式
Z—自复式

设计序号
其他标志—A—改进型
熔断器额定电流（单位为A）
溶体额定电流（单位为A）

1. RM10 型熔断器

RM10 型熔断器主要由纤维熔管、变截面锌熔片和触头底座等部分组成。其内部结构，即纤维熔管及变截面锌熔片结构如图 3-26 所示。其熔管内的锌熔片制成宽窄不一的变截面，目的在于改善熔断器的保护性能。

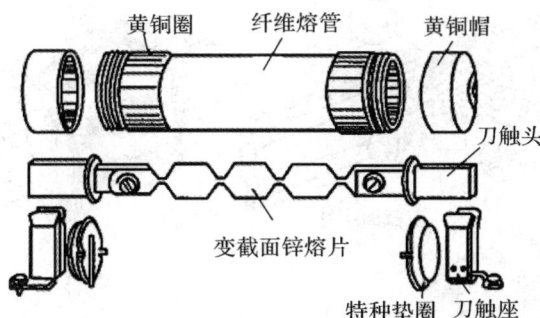

图 3-26 RM10 型熔断器的内部结构

在短路时，短路电流首先使熔片窄部加热熔断，使熔管内形成几段串联短弧，而且中段熔片熔断后跌落，迅速拉长电弧，使电弧迅速熄灭。

在过负荷电流通过时，由于加热时间较长，熔片窄部散热较好，因此，往往不在窄部熔断，而是在宽窄之间的斜部熔断。

当熔片熔断时，纤维管的内壁将有极少部分纤维物质因电弧烧灼而分解，产生高压气体。压迫电弧，加强离子的复合，从而改善灭弧性能。但总的说来这种熔断器的灭弧断流能力仍不强，不能在短路电流到达冲击值之前完全熄弧，因此，属于"非限流式"熔断器。

RM10 型熔断器结构简单、价廉、更换方便,因此,现在仍较普遍地应用在低压配电装置中。

2. RL 型熔断器

RL 型熔断器主要由瓷座、熔体管、瓷帽等组成,如图 3-27 所示。其熔体管是一个瓷管,内装有石英砂和熔丝,熔丝的两端焊在熔体两端的导电金属端盖上,一端有红色的熔断指示器。当熔体熔断时,熔断指示器会自动弹出脱落,透过瓷质螺帽上的玻璃孔可以看见。RL 型熔断器结构简单、更换熔体方便,广泛应用于企业 500 V 以下的电路中,用来保护线路、照明设备及小容量电动机。

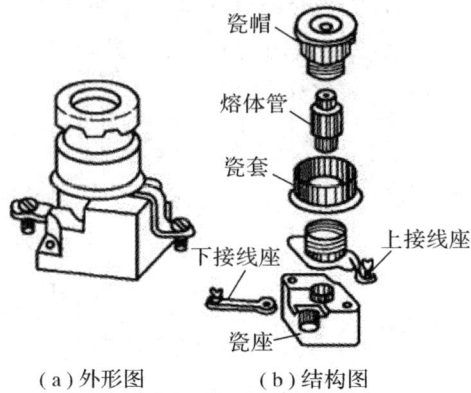

(a)外形图 (b)结构图

图 3-27 RL 型熔断器

3. RT0 型熔断器

RT0 型熔断器主要由瓷熔管、栅状铜熔体、触刀、底座等部分组成,如图 3-28 所示。

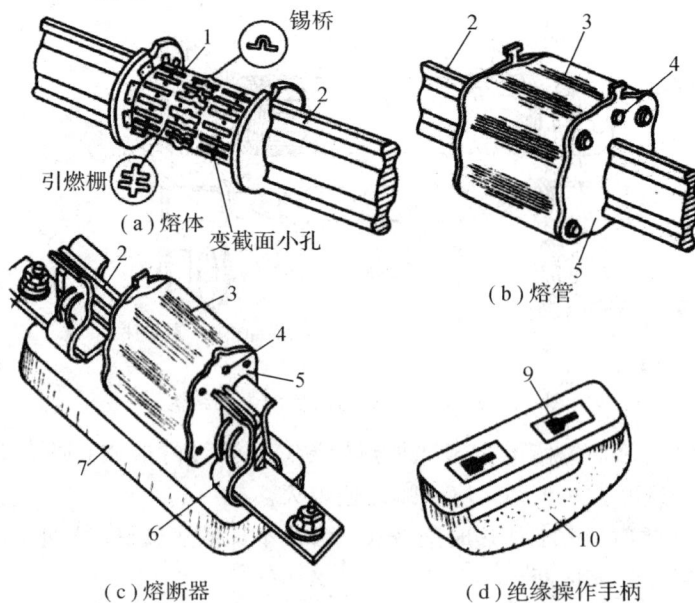

(a)熔体 (b)熔管

(c)熔断器 (d)绝缘操作手柄

1—栅状铜熔体;2—刀形触刀;3—瓷熔管;4—熔断指示器;5—盖板;
6—弹性触座;7—瓷质底座;8—接线端子;9—扣眼;10—绝缘拉手手柄

图 3-28 RT0 型熔断器

其熔体熔断后,有红色的熔断指示器从一端弹出,便于运行人员检视。其栅状铜熔体由薄铜片冲压弯制而成,具有引燃栅。由于引燃栅的等电位作用,可使熔体在短路电流通过时形成多根并列电弧。同时熔体又具有变截面小孔,可使熔体在短路电流通过时又将长弧分割为多段短弧。而且所有电弧都在石英砂内燃烧,可使电弧中的正负离子强烈复合。因此这种熔断器的灭弧能力很强,属于限流型熔断器。由于该熔断器的栅状熔体中段弯曲处具有"锡桥",因此可利用其"冶金效应"来实现其对较小短路电流和过负荷电流的保护。

RT0 型熔断器属于"限流式"熔断器,其保护性能好,断流能力强,广泛应用在低压配电装置中。但其熔体为不可拆式,熔断后需整个更换,不够经济。

4. RZ1 型熔断器

RZ1 型熔断器用金属钠作为熔体,在常温下,钠的电阻率很小,可以顺畅地通过正常负荷电流,但在短路时,钠受热迅速气化,其电阻率变化很大,从而可限制短路电流。在限流动作结束后,钠蒸汽冷却,又恢复为固态钠,使之恢复正常的工作状态。故低压自复式熔断器可多次使用。

RZ1 型熔断器通常与低压断路器配合使用,利用自复式熔断器来切断短路电流,而利用低压断路器来通断电路和实现过负荷保护,二者相互配合,提高供电可靠性。

(二) 低压刀开关、低压刀熔开关及低压负荷开关

1. 低压刀开关

低压刀开关按其极数可分为单极刀开关、双极刀开关和三极刀开关三种;按其灭弧装置可分为不带灭弧罩和带灭弧罩两种;按其操作方式可分为单投和双投两种。低压刀开关都是开启的。不带灭弧罩的刀开关不能带负荷操作,只作隔离开关使用,带灭弧罩的刀开关可以通断负荷电流。其钢栅片灭弧罩能使负荷电流产生的电弧有效熄灭,但不能切除短路电流。刀开关必须与熔断器串联配合使用,才能在短路或过电流时自动切断电路。图3-29 所示为 HD13 型刀开关。

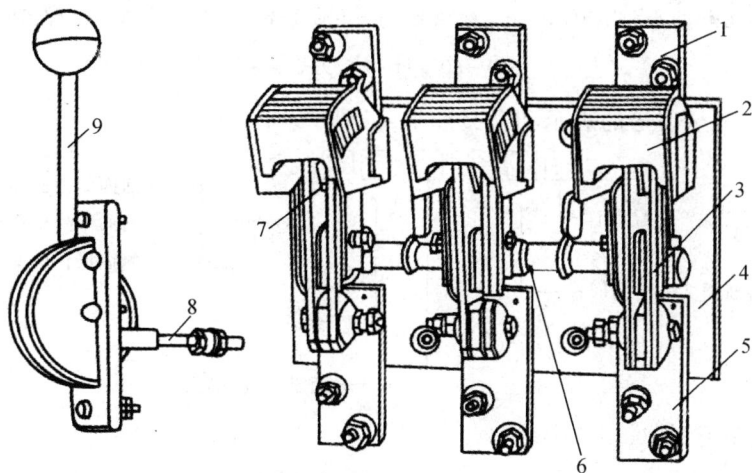

1—上接线端子;2—钢片灭弧罩;3—闸刀;4—底座;5—下接线端子;
6—主轴;7—静触头;8—连杆;9—操作手柄

图 3-29 HD13 型刀开关

低压刀开关全型号的表示和含义如下：

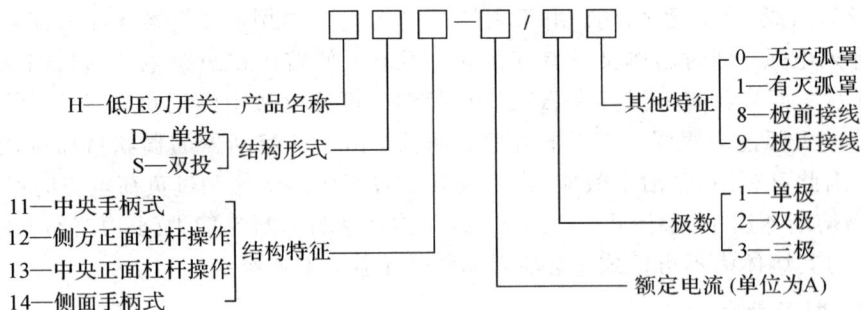

H—低压刀开关—产品名称
D—单投
S—双投 结构形式
11—中央手柄式
12—侧方正面杠杆操作
13—中央正面杠杆操作 结构特征
14—侧面手柄式
0—无灭弧罩
1—有灭弧罩
8—板前接线
9—板后接线 其他特征
1—单极
2—双极
3—三极 极数
额定电流(单位为A)

2. 低压刀熔开关

低压刀熔开关又称为熔断器式刀开关，俗称刀熔开关，它是低压刀开关与低压熔断器组合而成的开关电器。具有刀开关和熔断器的双重功能。常见的 HR3 型刀熔开关如图 3－30 所示。它是将 HD 型刀开关的闸刀换以 RT0 型熔断器的具有刀形触头的熔管，具有隔离开关和熔断器的双重功能。采用这种组合型开关电器，可以简化配电装置的结构，经济实用，因此被广泛应用于低配电装置中。

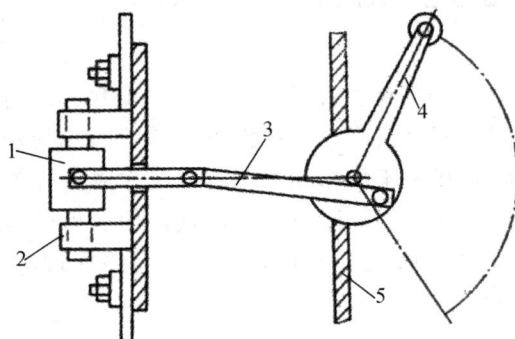

1—RT0型熔断器的熔断体；2—弹性触座；3—传动连杆；4—操作手柄；5—配电屏面板

图 3－30　HR3 型刀熔开关

低压刀熔开关全型号的表示和含义如下：

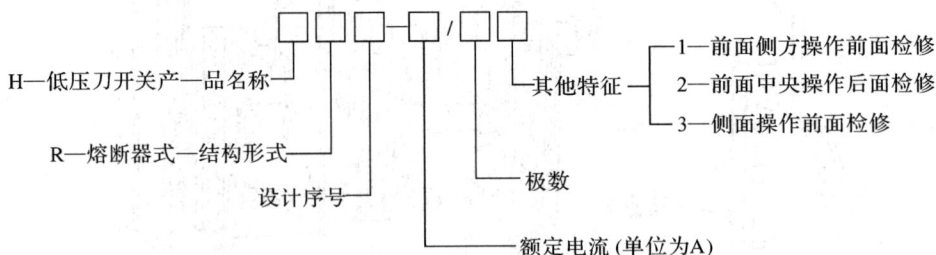

H—低压刀开关产—品名称
R—熔断器式—结构形式
设计序号
极数
额定电流(单位为A)
1—前面侧方操作前面检修
2—前面中央操作后面检修
3—侧面操作前面检修 其他特征

3. 低压负荷开关

低压负荷开关由带灭弧装置的刀开关和熔断器串联组合而成，外装封闭式铁壳或开启式胶盖。低压负荷开关具有带灭弧罩的刀开关和熔断器的双重功能，既可带负荷操作，又能进行短路保护，在熔体熔断后，更换熔体即可恢复供电。图 3－31 为封闭式负荷开关的内部结构和外形图。

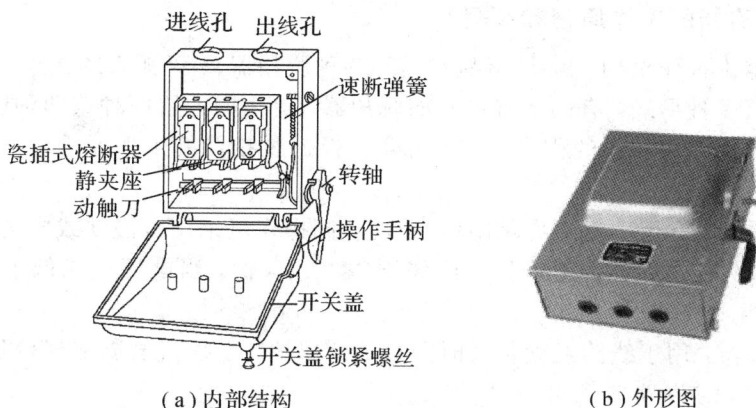

（a）内部结构　　　　　　　　　　（b）外形图

图 3-31　封闭式负荷开关的内部结构和外形图

低压负荷开关全型号的表示和含义如下：

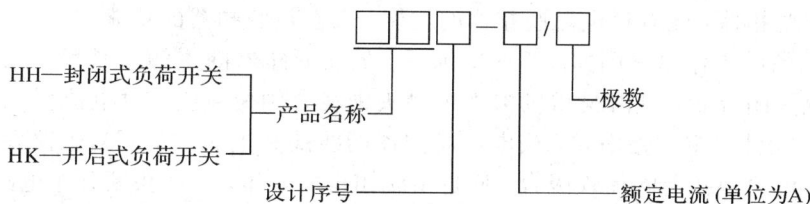

HH—封闭式负荷开关

HK—开启式负荷开关

产品名称

设计序号

极数

额定电流（单位为A）

（三）低压断路器（QF）

低压断路器又称为自动空气开关。它既能带负荷通断电路，又能在短路、过负荷和欠压情况下自动跳闸、切断电路。低压断路器具有完善的触头系统、灭弧系统、传动系统、自动控制系统以及紧凑牢固的整体结构。

1. 低压断路器的分类

低压断路器按灭弧介质分，有空气断路器和真空断路器等；按用途分，有配电用断路器、电动机用断路器、照明用断路器和漏电保护用断路器等；按结构分有万能式（框架式）断路器和塑料外壳式（装置式）断路器两种。

配电用断路器按保护性能分，有非选择型和选择型两类。非选择型断路器，一般为瞬时动作，只用于短路保护；也有的为长延时动作，只用于过负荷保护。选择型断路器，有两段保护、三段保护和智能化保护。两段保护为瞬时—长延时特性或短延时—长延时特性。三段保护为瞬时—短延时—长延时特性。瞬时和短延时特性适于短路保护，长延时特性适于过负荷保护。图 3-32 所示为低压断路器的保护特性曲线。智能化保护脱扣器为微处理器或单片机控制，保护功能更多，选择性更好，这种断路器称为智能型断路器。

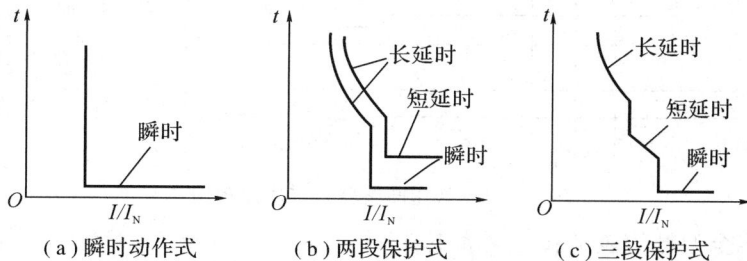

（a）瞬时动作式　　　　（b）两段保护式　　　　（c）三段保护式

图 3-32　低压短路器的保护特性曲线

2. 低压断路器的工作原理和型号

低压断路器由操作机构、触头、保护装置(各种脱扣器)、灭弧系统等组成。低压断路器配置的脱扣器有多种形式,有的配置单一的脱扣器,更多的配置两种或两种以上的脱扣器。配置两种及两种以上脱扣器的称为复式脱扣器。根据脱扣器的工作原理不同,可分为以下几种类型:

(1) 分励脱扣器:用于远距离跳闸(远距离合闸操作可采用电磁铁或电动储能合闸)。

(2) 欠压或失压脱扣器:用于欠压或失压(零压)保护,当电源电压低于设定值(零)时自动断开断路器。

(3) 热脱扣器:用于线路或设备长时间过负荷保护。当线路电流出现较长时间过载时,金属片受热变形,使断路器跳闸。

(4) 过电流脱扣器:用于短路、过负荷保护,当电流大于动作电流时自动断开断路器,有瞬时短路脱扣器和过电流脱扣器(又分为长延时和短延时两种)。

(5) 复式脱扣器:既有过电流脱扣器的功能,又有热脱扣器的功能。

低压断路器的工作原理图如图 3-33 所示。低压断路器的主触头是靠手动操作或电动合闸的。主触头闭合后,自由脱扣机构将主触头锁在合闸位置上。过电流脱扣器的线圈和热脱扣器的热元件与主电路串联,欠电压脱扣器的线圈和电源并联。当电路发生短路或严重过载时,过电流脱扣器的衔铁吸合,使自由脱扣机构动作,主触头断开主电路。当电路过载时,热脱扣器的热元件发热使双金属片上弯曲,推动自由脱扣机构动作。当电路欠电压时,欠电压脱扣器的衔铁释放,也使自由脱扣机构动作。分励脱扣器则作为远距离控制用,在正常工作时,其线圈是断电的,在需要距离控制时,按下起动按钮,使线圈通电,衔铁带动自由脱扣机构动作,使主触头断开。

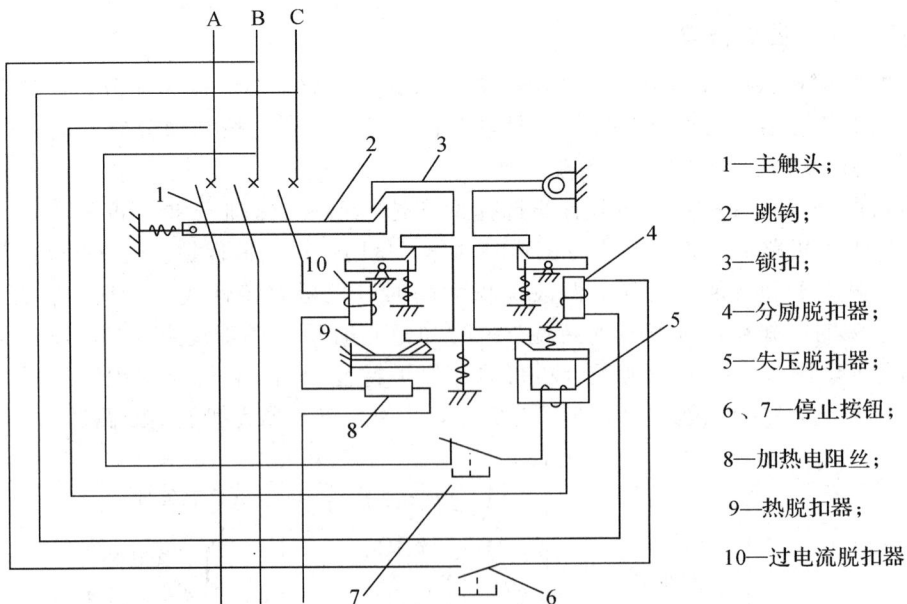

1—主触头;
2—跳钩;
3—锁扣;
4—分励脱扣器;
5—失压脱扣器;
6、7—停止按钮;
8—加热电阻丝;
9—热脱扣器;
10—过电流脱扣器

图 3-33 低压断路器的工作原理图

低压断路器全型号的表示和含义如下:

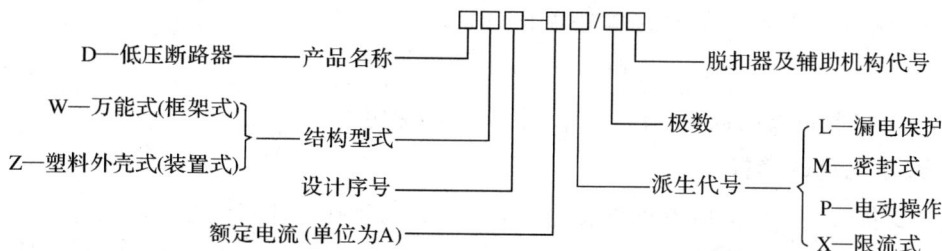

D—低压断路器——产品名称
W—万能式(框架式) ┐
Z—塑料外壳式(装置式) ┘结构型式
设计序号
额定电流(单位为A)
脱扣器及辅助机构代号
极数
派生代号
L—漏电保护
M—密封式
P—电动操作
X—限流式

3. 低压断路器的结构

图 3 - 34 为 DW 型万能式低压断路器的外形图。万能式低压断路器又称为框架式自动开关。它是敞开地装设在金属框架上的，而其保护方案和操作方式较多，装设地点也较灵活，故称为"万能式"或"框架式"。这种断路器有一般型、高性能型和智能型三种结构，又有固定式、抽屉式两种安装方式，另外有手动和电动两种操作方式，一般具有多段保护特性，主要在低压配电系统中作为总开关和保护电器。其灭弧能力较强，断流容量较大，但断路时间较长，在一个周期(0.02 s)以上。

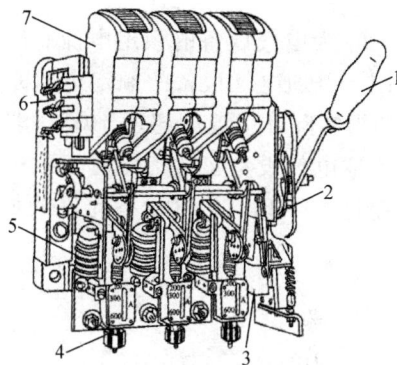

1—操作手柄；2—自由脱扣机构；
3—失压脱扣器；4—过流脱扣器电流调节螺母；
5—过流脱扣器；6—辅助触头；7—灭弧罩

图 3 - 34　DW 型万能式低压断路器的外形图

任务二　熟悉主要电气设备的选择及校验方法

正确选择电气设备对供电的可靠性、安全性、经济性都有着重要的意义。首先应根据使用环境条件选择电气设备的类型，使所选设备的类型与环境条件相适应；其次按电路的实际工作条件选择和校验电气设备的技术参数，以保证电力系统在正常和发生故障时，电气设备均能安全、可靠地工作。在选择电气设备时，应尽量选用国产先进设备，并注意在技术合理的条件下，尽量节约投资。

不同的电气设备在选择时考虑的条件也不尽相同，下面介绍选择电气设备的一般原则。

一、按使用环境选择电气设备的类型

为了适应不同的装设地点，电气设备分户内式和户外式；按照不同的工作环境又分为普通型、防污型、湿热型、高原型和矿用型等。矿用型又分为矿用一般型和矿用防爆型。矿用防爆型又分为增安型、隔爆型、本质型和安全型等。此外，还有其他一些分类方法。选择时应首先根据电气设备工作的环境条件选择出合适的类型。

二、按正常工作参数选择电气设备

1. 额定电压的选择

电气设备可在高于其额定电压10%～15%的情况下长期安全运行，故所选电气设备的

额定电压应不低于其所在电网的额定电压，即

$$U_N \geqslant U_{N.w} \tag{3-8}$$

式中，U_N 为电气设备的额定电压；$U_{N.w}$ 为电网的额定电压。

2. 额定电流的选择

电气设备的额定电流应不小于通过它的最大长时工作电流（计算电流），即

$$I_N \geqslant I_{ca} \tag{3-9}$$

式中，I_N 为电气设备的额定电流；I_{ca} 为电气设备所在线路的计算电流。

国产普通电气设备的额定电流是在环境温度为 40℃ 的条件下，长时允许通过的最大电流。如果实际环境温度超过 40℃，电气设备允许的最大长时工作电流将小于额定值。此时为了保证电气设备正常工作时不致过热，应对电气设备原有的额定值进行修正。在环境温度不超过 60℃ 时，电气设备允许的最大长时工作电流应按下式确定：

$$\begin{cases} I_p = K_{so} I_N \\ K_{so} = \sqrt{\dfrac{\theta_p - \theta}{\theta_p - \theta_0}} \end{cases} \tag{3-10}$$

式中，I_p 为实际环境温度下电气设备允许的最大长时工作电流；K_{so} 为温度校正系数；θ_p 为电气设备长时允许最高温度，单位为℃；θ_0 为电气设备规定的标准环境温度，单位为℃；θ 为实际环境温度，单位为℃。

如果周围环境温度低于 40℃，对高压电器，每降低 1℃，允许电流比额定值可增加 0.5%，但增加的总数不得超过 20%。

三、按短路条件校验电气设备

1. 开关电器断流能力的校验

当开关电器的额定断流容量 S_{br}（或最大分断电流 I_{br}）大于其所在电路的最大短路容量（或最大短路电流）时，开关电器才能可靠地切除短路故障。否则，故障不能切除，并有可能使故障扩大，影响到系统的安全运行。开关电器的断流能力应按下式校验：

$$\begin{cases} S_{br} \geqslant S'' \text{ 或 } S_{0.2} \\ I_{br} \geqslant I'' \text{ 或 } I_{0.2} \end{cases} \tag{3-11}$$

式中，S''、I'' 为最大运行方式下开关电器安装处的次暂态短路容量和短路电流（实际操作中断路器取三相短路容量和三相短路电流周期分量有效值；负荷开关一般取 1.5~3 倍的计算电流）；

$S_{0.2}$、$I_{0.2}$ 为最大运行方式下开关电器安装处，短路后 0.2 s 时的短路容量和短路电流。

若开关电器用在低于额定电压的回路中时，其断流容量可按下式换算：

$$S_{brU} = \frac{U}{U_N} S_{br} \tag{3-12}$$

式中，U 为设备安装处的实际电压；U_N 为开关电器的额定电压；S_{brU} 为电压为 U 时的断流容量。

2. 电气设备的短路稳定性校验

为了保证电气设备不至于因短路电流的电动力和热效应而被破坏，应校验其在发生短

路时的动稳定性和热稳定性。

在对电气设备进行短路条件校验时,应根据最严重的短路情况,计算可能出现的最大短路电流,即最大运行方式下的三相短路电流。但是对于仅在改变系统运行方式的过程中,短时出现的运行情况可不予考虑。

电气设备要满足短路故障条件下的安全要求,还必须按最大可能的短路动稳定度和热稳定度进行校验。但对熔断器及装有熔断器保护的电压互感器,不必进行短路动、热稳定度的校验。如前所述,对电力电缆,由于其机械强度足够,也不必进行短路动稳定度的校验,但必须进行短路热稳定度的校验。高、低压一次设备的选择与校验项目如表 3-1 所示。其在选择时应满足前面所述条件。

表 3-1 高、低压一次设备的选择与校验项目

电气设备名称	电压/kV	电流/A	断流能力/kA	短路电流校验	
				动稳定度	热稳定度
高、低压熔断器	√	√	√	×	×
高压隔离开关	√	√	×	√	√
低压刀开关	√	√	√	—	—
高压负荷开关	√	√	√	√	√
低压负荷开关	√	√	√	×	×
高压断路器	√	√	√	√	√
低压断路器	√	√	√	—	—
电流互感器	√	√	×	√	√
电压互感器	√	×	×	×	×
电容器	√	×	×	×	×
母线	×	√	×	√	√
电缆、绝缘导线	√	√	×	×	√
支柱绝缘子	√	×	×	√	×
套管绝缘子	√	√	×	√	√
选择校验的条件	电器的额定电压应不小于装置地点的额定电压	电器的额定电流应不小于通过设备的计算电流	电器的最大开断电流(或功率)应不小于它可能开断的最大电流(或功率)	按三相短路冲击电流校验	按三相短路稳态电流校验

注:1. 表格中画"√"表示必须校验,"×"表示不必校验,"—"表示可以不校验。

2. 在校验变电所高压侧的设备和导体时,计算电流应选变压器高压侧的额定电流。

3. 对高压负荷开关,其最大开断电流应不小于它可能开断的最大过负荷电流;对高压断路器其最大开断电流应不小于实际开断时间内的短路电流周期分量;对熔断器断流能力的校验条件与熔断器的类型有关。

★ 问题与思考

1. 电力变压器的有载分接开关调节的是低压绕组还是高压绕组？
2. 电压和电流互感器在应用中有什么注意事项？
3. 电弧有什么危害？如何尽快灭弧？
4. 高压隔离开关的主要作用是什么？隔离开关与断路器的本质区别是什么？
5. 低压断路器组成部分有哪些？主要功能是什么？
6. 如何选择低压断路器？

单 元 测 试

一、填空题

1. 工厂供配电系统中担负_____、_____和_____电能任务的电路，称为"主电路"，也叫做"一次电路"。用来_____、_____、_____和_____主电路（一次电路）及其中设备的电路，称为"二次电路"（二次回路）。

2. 电流互感器在工作时其二次侧不得_____。电压互感器在工作时其二次侧不得_____。电流互感器与电压互感器二次侧有一端必须_____。

3. 隔离开关不能带负荷操作，所以经常和_____搭配使用。

4. 低压断路器又称_____，这种开关具有良好的灭弧性能，它既能在正常条件下断开负荷电流，又能依靠_____自动切断短路电流；它既能依靠_____自动断开过载电流，又能依靠_____在线路电压严重下降或失压时自动跳闸，还可实现远距离跳闸。

5. 使电弧尽快熄灭，关键的措施是：降低_____和_____，使已导电的气体恢复其绝缘性。

6. 工厂车间变电所单台主变压器的容量一般不宜大于_____kVA。

7. 自复式熔断器是用_____作为熔丝的。

二、选择题

1. 具有简单的灭弧装置，能通断一定的负荷电流和过负荷电流，不能断开短路电流，需与高压熔断器配合使用的是（　　）。
   A. 负荷开关　　　　　　　　B. 隔离开关
   C. 刀开关　　　　　　　　　D. 断路器

2. 具有完善的灭弧装置，能通断负荷电流和短路电流，并能在保护装置作用下自动跳闸，切除短路故障的是（　　）。
   A. 负荷开关　　　　　　　　B. 隔离开关
   C. 刀开关　　　　　　　　　D. 断路器

3. 在下列哪种情况下，选装一台变压器就够了。（　　）
   A. 有大量一级或二级负荷　　B. 负荷季节性波动较大
   C. 负荷集中且容量较大　　　D. 绝大多数负荷为三级负荷，并且较分散

4. 两台需要并列运行的变压器，不必满足下列哪个条件（　　）。

A. 联结组别标号相同　　　　　　　B. 电压及变比相等

C. 短路阻抗相等　　　　　　　　　D. 容量相等

5. 在进行低压断路器选择时，无需考虑的因素是（　　）。

A. 环境条件

B. 工作线路的额定电压与断路器电压的配合

C. 工作线路的计算电流、尖峰电流应与断路器参数配合

D. 动、热稳定性

6. 隔离开关最主要的作用是（　　）。

A. 进行倒闸操作

B. 切断电气设备

C. 使检修设备和带电设备隔离

7. 低压断路器瞬时过电流脱扣器应躲过线路的（　　）。

A. 负荷电流

B. 尖峰电流

C. 额定电流

三、判断题

1. 变压器的额定电压与所在电网的额定电压等级是相等的。　　　　　　（　　）

2. RN2 型熔断器可用于保护高压线路。　　　　　　　　　　　　　　（　　）

3. "五防"柜从电气和机械联锁上采取措施，实现高压安全操作程序化，防止了误操作，提高了安全性和可靠性。　　　　　　　　　　　　　　　　　　　　（　　）

4. 用欧姆法和标幺制法进行短路电流计算直接计算出的是短路电流第一个周波的有效值。　　　　　　　　　　　　　　　　　　　　　　　　　　　　　（　　）

5. 调节升压变压器分接位置的原则是"高向高调，低向低调"。　　　　（　　）

6. 无功功率对用电设备没有任何作用，应设法消除无功功率。　　　　（　　）

7. 熔断器在与导线和电缆配合保护时，其熔体的额定电流应小于等于线路的最大允许电流。　　　　　　　　　　　　　　　　　　　　　　　　　　　　　（　　）

四、简答题

1. 我国 6～10 kV 配电变压器主要有哪两种联结组别？在三相负荷严重不平衡或三级倍数次谐波比较突出的场合，宜选哪种联结组别的变压器？

2. 为什么要使用电压和电流互感器？

3. 如何选择变压器的台数和容量？

4. 开关电器中有哪些灭弧方式？最有效的灭弧方式是哪种？

5. 熔断器的主要功能是什么？什么是"限流"熔断器？什么是"冶金效应"？

6. 高压隔离开关的主要作用是什么？为什么不能带负荷操作？

7. 低压断路器有哪些功能？按结构形式可分为哪两大类型？

8. 在采用高压隔离开关-断路器的电路中，送电时应如何操作？停电时又应如何操作？

9. 高压开关柜的"五防"指的是什么？

五、计算题

1. 某 10/0.4 kV 的车间附设式变电所，原装有一台 SL7—1000/10 型变压器。现负荷发展，计算负荷达到 1300 kVA。请问增加一台 SL7—315/10 型变压器与原变压器并列运行，有没有什么问题？如果引起过负荷，是哪一台变压器过负荷？过负荷多少？

2. 某厂的有功计算负荷为 3000 kW，功率因数经补偿后达到 0.92。在该厂的 6 kV 电源进线上拟安装一台 SN10—10 型的高压断路器，其主保护动作时间为 0.9 s，断路器断路时间为 0.2 s。该厂高压配电所 6 kV 母线上的 $I_k^{(3)}$＝20 kA。试选择该高压断路器的规格。

项目四　掌握变配电所的电气主接线及倒闸操作

学习目标

1. 掌握常用电气设备和导线、母线的图形符号和型号含义。
2. 了解不同电气主接线方案及其优缺点。
3. 熟悉各种一次设备在主接线中的作用和正常运行时的工作状态。
4. 具备识读电气一次主接线图的能力。
5. 具备判断电气设备状态的能力。
6. 掌握倒闸操作的基本原则和要求。
7. 具备填写操作票、按操作票执行倒闸操作的能力。

任务一　掌握供配电系统的电气主接线

变配电所担负着受电、变压、配电的任务，是工厂供用电系统的枢纽。掌握不同电气主接线方案的特点，能合理地选择变配电所的电气主接线方案，能读懂电气主接线图是本次学习任务的主要目标。

一、电气主接线方案

电气主接线方案将影响配电装置的布置、供电可靠性、运行灵活性和二次接线、继电保护等问题。电气主接线对变电所以及电力系统的安全、可靠和经济的运行起着重要作用。因此，必须处理好各方面的关系，综合分析有关影响因素，经过技术、经济比较，确定合理的主接线方案。对变配电所的电气主接线方案有下列基本要求：

（1）安全，应符合有关国家标准和技术规范的要求，能充分保证人身和设备的安全。

（2）可靠，应满足电力负荷特别是其中一、二级负荷对供电可靠性的要求。

（3）灵活，应能适应各种必要的运行方式，切换操作和检修方便，而且适应负荷的发展。

（4）经济，在满足上述要求的前提下，尽量使主接线简单，投资少，运行费用低，并节约电能和有色金属消耗量。

（一）工厂总降压变电所的电气主接线

对于电源进线为 35 kV 及以上的大中型工厂，通常先经总降压变电所降为 6～10 kV 的高压配电电压，然后再经车间变电所，降为低压设备所需的电压。

工厂的主接线类型常用的有单母线式（又分单母线分段和单母线不分段两种类型）、双母线式、桥式接线等。下面根据主变台数的不同,对各种接线方案分别说明。为了使接线图简单明了,图中省略了包括电能计量柜在内的所有电流互感器、电压互感器及避雷器等一次设备。

1. 装有一台变压器的降压变电所

装有一台变压器的降压变电所采用单母线不分段接线方案。这种接线形式简单、清晰、设备少、投资小、运行操作方便,有利于扩建和采用成套配电装置,如图4-1所示。主要缺点是母线或母线隔离开关检修时,连接在母线上的所有回路都将停止工作;当母线或母线隔离开关上发生短路故障或断路器母线侧绝缘套管损坏时,所有出线断路器都将自动断开,造成全部停电;检修任一电源或出线断路器时,该回路必须停电。只适合于全部为三级负荷的工厂。

2. 装有两台变压器的总降压变电所接线

装有两台变压器的总降压变电所接线可采用单母线分段式、桥式或双母线式接线方案。

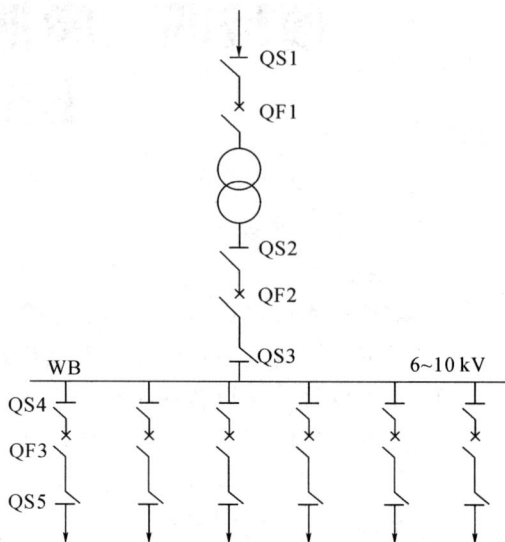

图4-1 单母线电气主接线

1)单母线分段式电气主接线

当单母线的出线回路数增多时,可用断路器或隔离开关将母线分段,称为单母线分段式电气主接线,如图4-2所示。

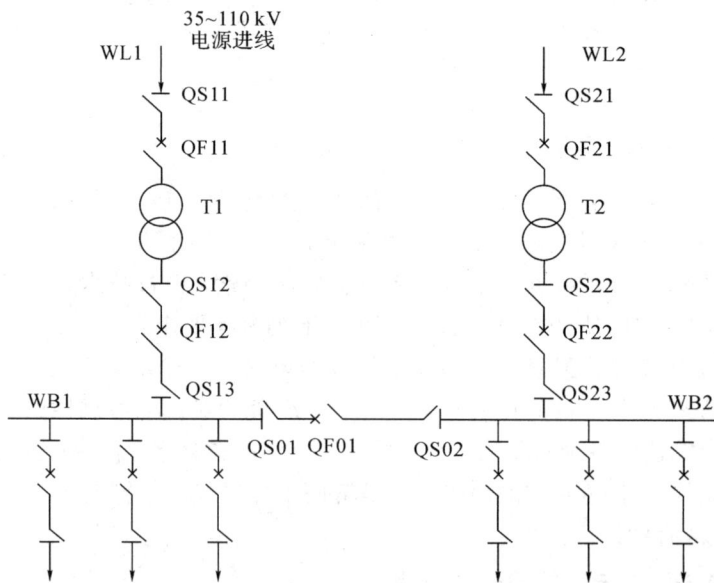

图4-2 单母线分段式电气主接线

根据电源的数目和功率,母线可分为2~3段,绝大多数情况为双电源进线,母线分为两段。该接线方式由双电源供电,故供电可靠性高,同时具有接线简单、操作方便、投资少等优点。当一段母线发生故障时，分段断路器或隔离开关将故障切除，保证正常母线不间断供电，不致使重要的用户停电，提高了供电的可靠性。单母线分段方式适用于一、二级负荷比重较大，供电可靠性要求较高的变电所。

2）桥式接线

桥式接线使用三台断路器，如图4-3所示。根据桥回路（QF01）的位置不同，可分为内桥和外桥两种接线方式。桥式接线系统在正常运行时，桥接断路器闭合工作。二次侧采用单母线分段式接线。

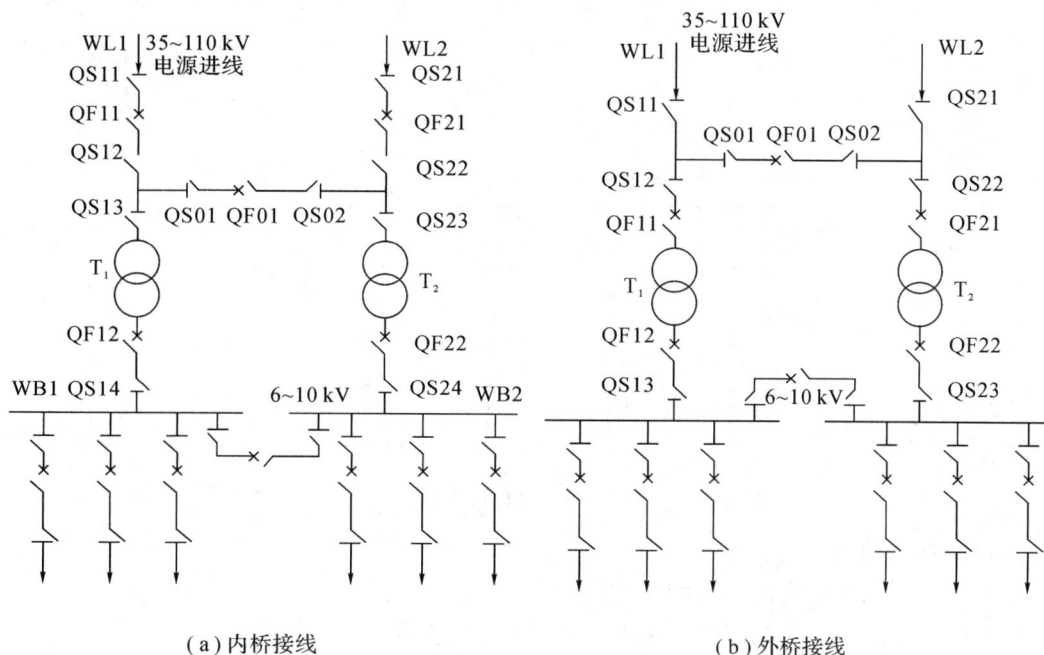

（a）内桥接线　　　　　　　（b）外桥接线

图4-3　桥式接线

内桥接线如图4-3（a）所示。这种主接线一次侧的高压断路器QF01跨接在两路电源进线之间，犹如一座桥梁，而且处在线路断路器QF11和QF21的内侧，靠近变压器，因此称为"内桥式"接线。这种主接线的运行灵活性较好，供电可靠性较高，适于有大量一、二级负荷的工厂。如果某路电源，如WL1线路停电检修或发生故障时，则断开QF11、投入QF21（其两侧隔离开关先合），即可由WL2恢复对变压器T₁的供电。这种内桥式接线多用于电源线路较长因而发生故障和停电检修的机会较多、并且变压器不需要经常切换的总降压变电所。

外桥接线如图4-3（b）所示。这种主接线一次侧的高压断路器QF01也跨接在两路电源进线之间，但处在线路断路器QF11和QF21的外侧，靠近电源方向，因此称为"外桥式"接线。这种主接线的运行灵活性也较好，供电可靠性也较高，也适于有大量一、二级负荷的工厂。但与上述内桥式接线适用场合有所不同。如果某台变压器（如T₁）停电检修或发生故障时，则断开QF11，投入QF01（其两侧隔离开关先合），使两路电源进线又恢复并列运行。这种外桥式接线适用于电源线路较短而变电所昼夜负荷变动较大、适于经济运行需经常切换变压器的总降压变电所。当一次电源线路采用环形接线时，宜于采用这种接线，使环形电网的穿越功率不通过断路器 QF11、QF21，这对改善线路断路器的工作及继电保护装置的整定都极为有利。

3）双母线接线

双母线接线如图 4-4 所示。它有两组母线（母线Ⅰ和母线Ⅱ），两组母线之间通过母线联络断路器 QF（以下简称母联断路器）连接；每一条引出线和电源支路都经一台断路器与两组母线隔离开关分别接至两组母线上。

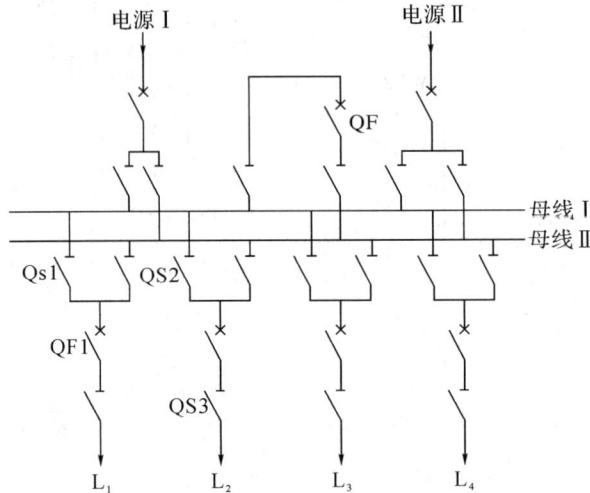

图 4-4　双母线接线

双母线接线的特点为：

（1）可轮流检修母线而不影响正常供电。

（2）在检修任一母线侧隔离开关时，只影响该回路供电。

（3）在工作母线发生故障后，所有回路短时停电并能迅速恢复供电。

（4）出线回路断路器在检修时，该回路要停止工作。

双母线接线有较高的可靠性和灵活性，但开关设备大量增加，初始投资显著增加，所以双母线系统在工厂变配电所中极少采用，而主要用于电力系统中的枢纽变电站。

（二）车间（或小型工厂）的电气主接线

车间变电所和小型工厂变电所，都是将高压 6～10 kV 降为一般用电设备所需低压 220/380 V 的降压变电所。其变压器容量一般不超过 1000 kVA，主接线方案通常比较简单。

1. 车间变电所的主接线

从车间变电所高压侧的主接线情况来看，车间变电所的主接线分为以下两种情况。

（1）工厂内有总降压变电所或高压配电所的车间变电所。这类车间变电所高压侧的开关电器、保护装置和测量仪表等，一般都安装在高压配电线路的首端，即总变配电所的高压配电室内，而车间变电所只设变压器室（室外装设变压器台）和低压配电室，其高压侧多数不装开关，或只装简单的隔离开关、熔断器（室外装设跌开式熔断器）、避雷器等，如图 4-5 所示。由图可以看出，凡是高压架空进线，变电所高压侧必须装设避雷器，以防雷电波沿架空线侵入变电所击毁电力变压器及其他设备的绝缘。而采用高压电缆进线时，避雷器则装设在电缆的首端(图上未示出)，而且避雷器的接地端要连同电缆的金属外皮一起接地。此时变压器高压侧一般可不再装设避雷器。如果变压器高压侧为架空线但又经一段电缆引入，则变压器高压侧仍应装设避雷器。

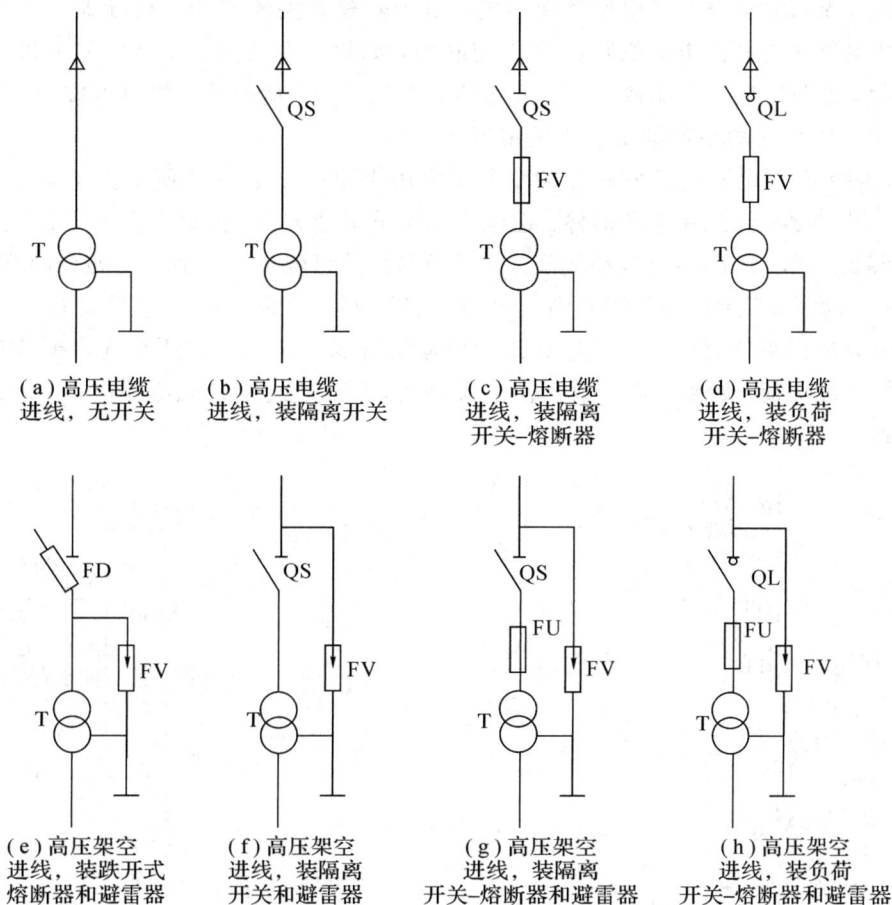

图 4-5　车间变电所高压侧主接线方案

（2）工厂内无总降压变电所和高压配电所的车间变电所。当工厂内无总降压变电所和高压配电所时，车间变电所往往就是工厂的降压变电所，高压侧的开关电器、保护装置和测量仪表等，都必须配备齐全，所以一般要设置高压配电室。在变压器容量较小、供电可靠性要求不高的情况下，也可不设高压配电室，高压侧的开关电器就装设在变压器室(室外装设变压器台)的墙上或电杆上，而在低压侧计量电能；或者高压开关柜(不多于 6 台时)就装在低压配电室内，在高压侧计量电能。

2. 小型工厂变电所的主接线方案

我们在这里介绍一些常见的主接线方案。为使主接线图简明，下面的主接线图中未绘出电能计量柜的电路。

（1）只装有一台主变压器的小型变电所的主接线方案。只装有一台主变压器的小型变电所，其高压侧一般采用无母线的接线。根据高压侧采用的开关电器不同，有以下两种比较典型的主接线方案：

① 高压侧采用隔离开关-熔断器或户外跌开式熔断器的变电所主接线图,如图4-6所示。这种主接线受隔离开关和跌开式熔断器切断空载变压器容量的限制,一般只用于 500 kVA 及以下容量的变电所。这种变电所相当简单经济,但供电可靠性不高,当主变压器或高压侧停电检修或发生故障时,整个变电所都要停电。由于隔离开关和跌开式熔断器不能带负荷操作,因此变电所送电和停电的操作程序比较麻烦,如果稍有疏忽,还容易发生带负荷拉闸的严重事故,而且在熔断器熔断后,更换熔体需一定时间,从而影响供电可靠性。但是这种主接线对于三级负荷的小容量变电所是相当适宜的。

② 高压侧采用隔离开关-断路器的变电所主接线图,如图4-7所示。这种主接线由于采用了高压断路器,因此变电所的停、送电操作十分灵活方便,而且在发生短路故障时,过电流保护装置动作,断路器会自动跳闸。如果短路故障已经消除,则可立即合闸恢复供电。如果配备自动重合闸装置(ARD),则供电可靠性更高。但是如果变电所只有一路电源进线,则一般只供三级负荷;如果变电所低压侧有联络线与其他变电所相连,或另有备用电源,则可供二级负荷。如果变电所有两路电源进线,则供电可靠性相应提高,可供二级负荷或少量一级负荷。

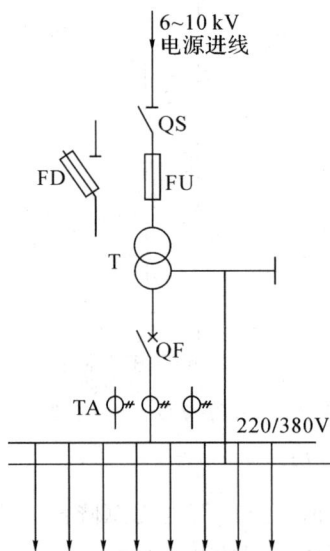

图4-6　高压侧采用隔离开关-熔断器或
跌开式熔断器的变电所主接线图

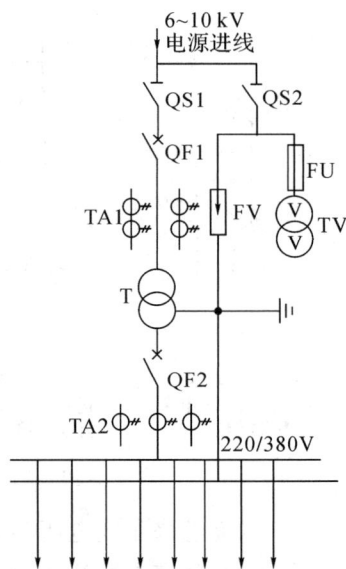

图4-7　高压侧采用隔离开关-断路器的
变电所主接线图

(2)装有两台主变压器的小型变电所的主接线方案:

① 高压侧无母线、低压侧采用单母线分段的变电所主接线图如图4-8所示。其供电可靠性较高。当任一主变压器或任一电源进线停电检修或发生故障时,该变电所通过闭合低压母线分段开关,即可迅速恢复对整个变电所的供电。如果两台主变压器高压侧断路器装有互为备用的备用电源自动投入装置(APD),则任一主变压器高压侧的断路器因电源断电(失压)而跳闸时,另一主变压器高压侧的断路器在 APD 作用下自动合闸,恢复对整个变电所的供电。这时该变电所可供一、二级负荷。

② 高压侧采用单母线、低压侧采用单母线分段的变电所主接线图如图4-9所示。这种主

接线适用于装有两台及以上主变压器或具有多路高压出线的变电所，供电可靠性也较高。

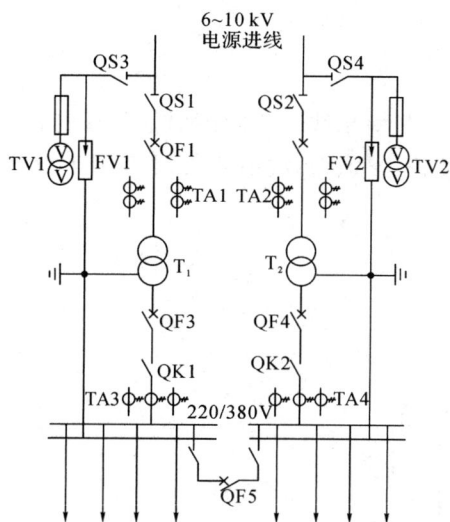

图 4-8　高压侧无母线、低压侧采用单母线
　　　　分段的变电所主接线图

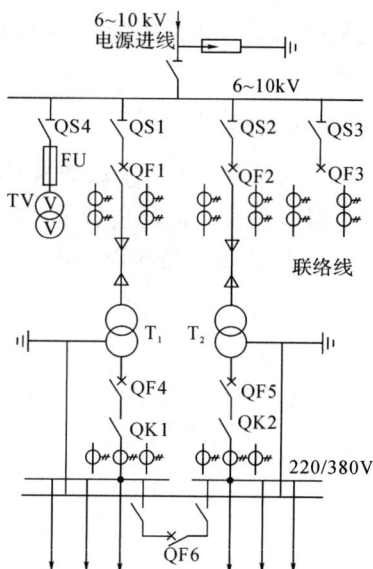

图 4-9　高压侧采用单母线、低压侧采用单母线
　　　　分段的变电所主接线图

当任一主变压器检修或发生故障时，通过切换操作，即可迅速恢复对整个变电所的供电。但在高压母线或电源进线进行检修或发生故障时，整个变电所仍要停电。这时只能供电给三级负荷。如果有与其他变电所相连的高压或低压联络线时，则可供一、二级负荷。

③ 高低压侧均采用单母线分段的变电所主接线图如图 4-10 所示。这种主接线的两段高压母线，在正常时可以接通运行，也可以分段运行。任一台主变压器或任一路电源进线停电检修或发生故障时，通过切换操作，均可迅速恢复整个变电所的供电。因此其供电可靠性相当高，可供一、二级负荷。

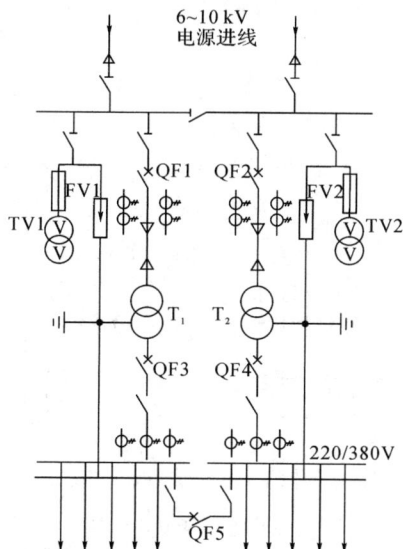

图 4-10　高低压侧均采用单母线分段的变电所主接线图

（三）低压配电网的基本接线方式

低压配电网通常是系统的终端变电所，常用的电气接线方案有：放射式、树干式和环形接线。

1. 放射式接线

图 4-11 为放射式接线。放射式接线的特点是：各引出线发生故障时互不影响，供电可靠性较高，但有色金属消耗量较多，采用的开关设备也较多，放射式接线多用于设备容量大或给供电可靠性要求高的设备配电。

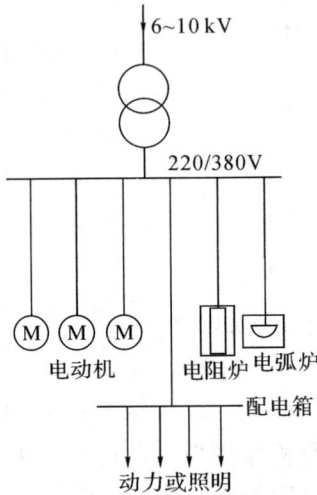

图 4-11 放射式接线

2. 树干式接线

图 4-12 为两种常见的树干式接线。树干式接线的特点正好与放射式相反，其特点是：采用的开关设备较少，有色金属消耗量也较少，但干线发生故障时，影响范围大，因此供电可靠性较低。

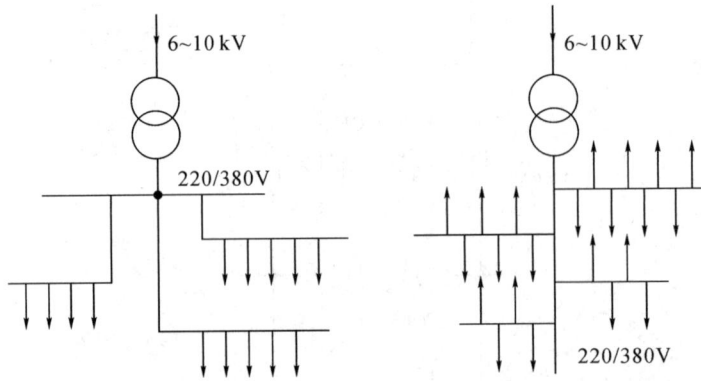

（a）低压母线放射式配电的树干式　　（b）低压"变压器–干线组"的树干式

图 4-12 树干式接线

树干式接线在机械加工车间、工具车间和机修车间中应用比较普遍，而且多采用成套的封闭型母线，灵活方便，也比较安全，很适于供电给容量较小而分布较均匀的用电设备，如机床、小加热炉等。如图 4-12(b)所示的"变压器-干线组"接线，还省去了变电所低压侧整套低压配电装置，从而使变电所结构大为简化，投资大为降低。

图 4-13 为一种变形的树干式接线，通常称为链式接线。链式接线的特点与树干式接线基本相同，适于用电设备彼此相距很近、而容量均较小的次要用电设备，链式接线相连的设备一般不宜超过 5 台，其相连的配电箱不宜超过 3 台，并且总容量不宜超过 10 kW。

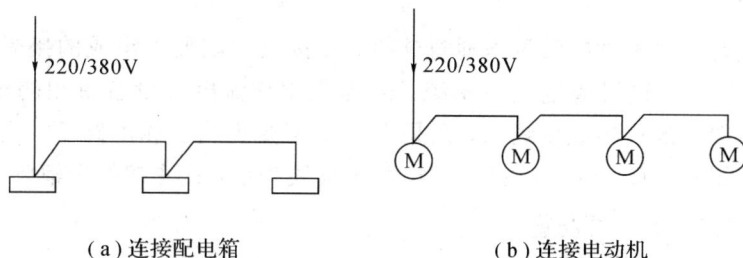

（a）连接配电箱　　　　　　　　（b）连接电动机

图 4-13　链式接线

3. 环形接线

图 4-14 为一台变压器供电的环形接线。一个工厂内的一些车间变电所低压侧，也可以通过低压联络线相互连接成为环形。环形接线的供电可靠性较高。任一段线路发生故障或检修时，都不致造成供电中断，或只短时停电，一旦切换电源的操作完成，即能恢复供电。

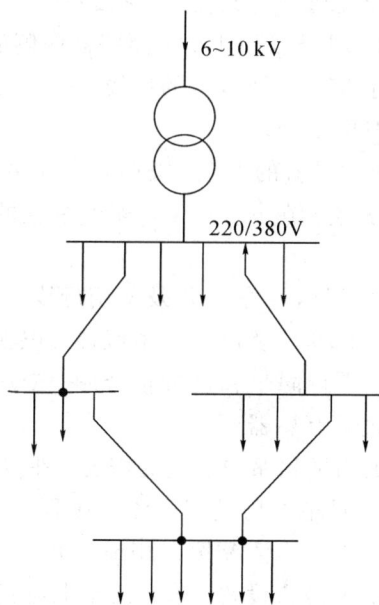

图 4-14　环形接线

环形接线可使电能损耗和电压损耗减少，但是环形系统的保护装置及其整定配合比较复杂，如配合不当，容易发生误动作，扩大停电范围。实际上，低压环形线路也多采用"开口"方式运行。

在工厂的低压配电系统中,也往往采用几种接线方式的组合,依据具体情况而定。总体来说,用户的供配电线路接线应力求简单。如果接线过于复杂,层次过多,不仅造成浪费,检修维护不方便,而且由于电路中连接的元件过多,因操作错误或元件故障而发生故障的概率随之增大。处理事故和恢复供电的操作也较麻烦从而延长停电时间。同时,由于配电级数多,保护的级数也相应增多,动作时间也相应延长,对供配电的保护十分不利。

二、电气接线图识读

电气主接线是指由多种电气设备通过连接线,按其功能要求组成的接受和分配电能的电路,也称为电气一次接线或电气主系统。因为三相交流电气设备每相的结构一般相同,所以电气主接线图一般被绘成单线图,只是在局部需要表明三相电路不对称连接时,才将局部绘制成三线图;若有中性线(或接地线)可用虚线表示,使主接线图清晰易看。

(一)电气主接线的必要配置

电气主接线中除包括电力变压器、断路器等主要电气设备外,还应有隔离开关、接地开关、避雷器、电压互感器、电流互感器以及各种无功补偿装置等。每种装置的配置位置及作用如下:

(1)隔离开关:当线路或高压配电装置检修时,需要有明显可见的断口,以保证检修人员及设备的安全。因此在电气回路中,在断路器可能出现电源的一侧或两侧均应配置隔离开关。若馈线的用户侧没有电源时,断路器通往用户的那一侧可以不装设隔离开关。若电源是发电机,则发电机与出口断路器之间可以不装隔离开关。但有时为了便于对发电机单独进行调整和试验,也可以装设隔离开关或设置可拆卸点。

(2)接地开关:当电压在 110 kV 及以上时,断路器两侧的隔离开关和线路隔离开关的线路侧均应配置接地开关。对于 35 kV 及以上的母线,在每段母线上亦应设置 1~2 组接地开关,以保证电器和母线检修时的安全。

(3)避雷器:为保证变电所内设备的安全,按照要求在主接线上要配置避雷器等,以防止雷电波侵入或操作过电压的影响。在 6~10 kV 配电装置的母线和架空线的进线处一般都要安装避雷器。

(4)电压互感器:除旁路母线外,一般工作及备用母线都装有一组电压互感器,用于同步、测量仪表和保护装置。对于 35 kV 及以上输电线路,电源进线端装有一台单相电压互感器,用于监视线路有无电压、进行同步和设置重合闸。变压器低压侧有时为了满足同期或继电保护的要求,设有一组电压互感器。

(5)电流互感器:为了满足测量和保护装置的需要,在发电机、变压器、出线、母线分段及母联断路器、旁路断路器等回路中均设有电流互感器。对中性点接地系统,一般按三相配置;对中性点不接地系统,依具体情况按二相或三相配置。保护用电流互感器装设地点,应按尽量消除主保护装置的死区来设置。若有两组电流互感器,应设在断路器两侧,使断路器处于交叉保护范围之中。为了防止电流互感器套管闪络造成母线故障,电流互感器通常布置在断路器的出线侧或变压器侧,即尽可能不在紧靠母线侧装设电流互感器。

(二)电气主接线图的绘制形式

电气主接线图有以下两种绘制形式:

（1）系统式主接线图：这是按照电力输送的顺序依次根据设备和线路的相互连接关系而绘制的一种简图，如图4-15所示。它全面系统地反映出主接线中电力的传输过程，但是它并不反映其中各成套配电装置之间相互排列的位置。这种主接线图多在变配电所的运行中使用。在变电所的控制室内，为了表明变电所主接线实际运行状况，通常设有电气主接线的模拟图。在运行时，模拟图中的各种电气设备所显示的工作状态必须与实际运行状态相符。

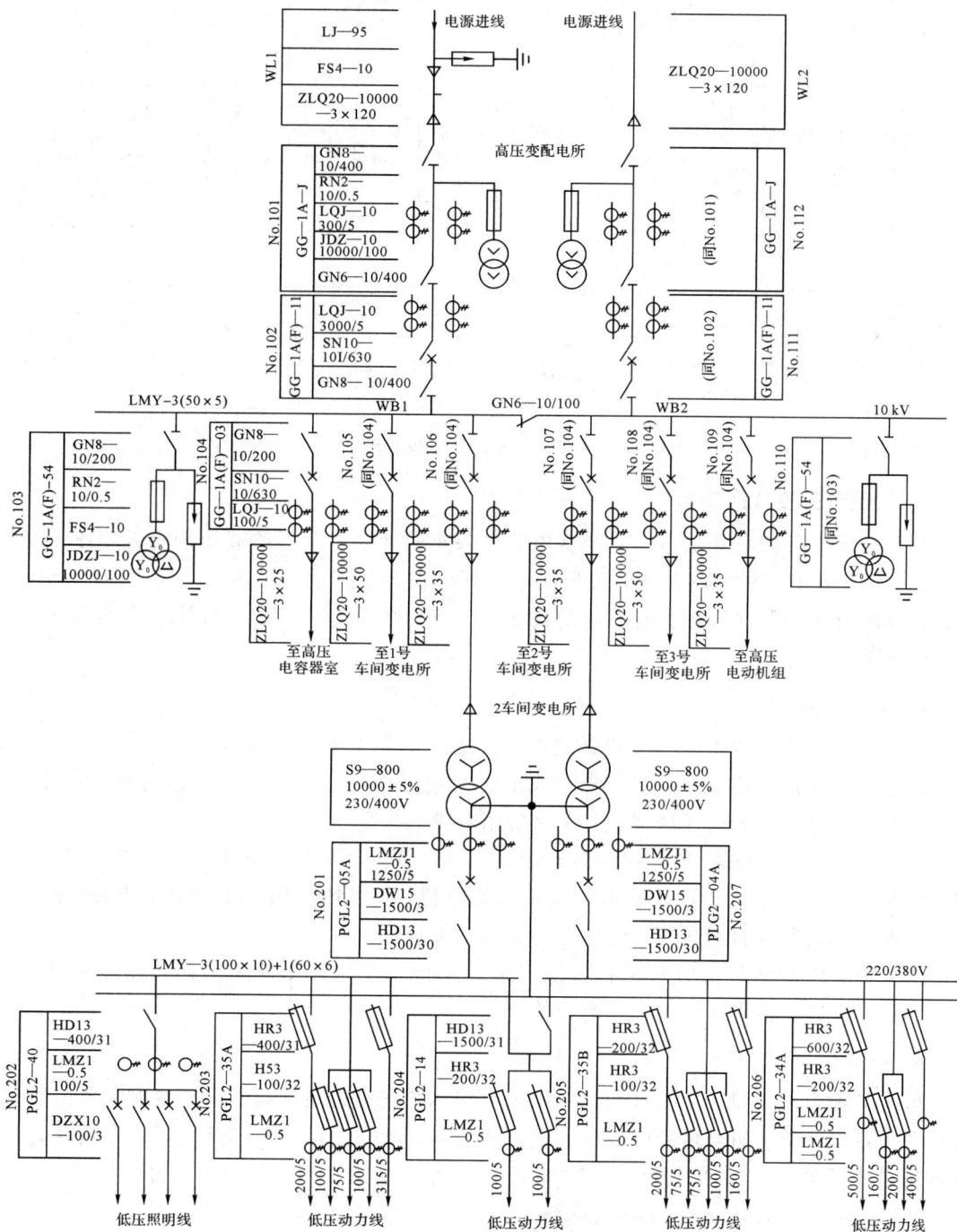

图4-15 系统式主接线图

（2）装置式主接线图：这是按照主接线中高压或低压成套配电装置之间相互连接关系和排列位置而绘制的一种简图，通常按不同电压等级分别绘制，如图 4-16 所示。从这种主接线图上可以一目了然地看出，某一电压等级的成套配电装置的内部设备连接关系及装置之间相互排列位置。这种主接线图多在变配电所的施工中使用。

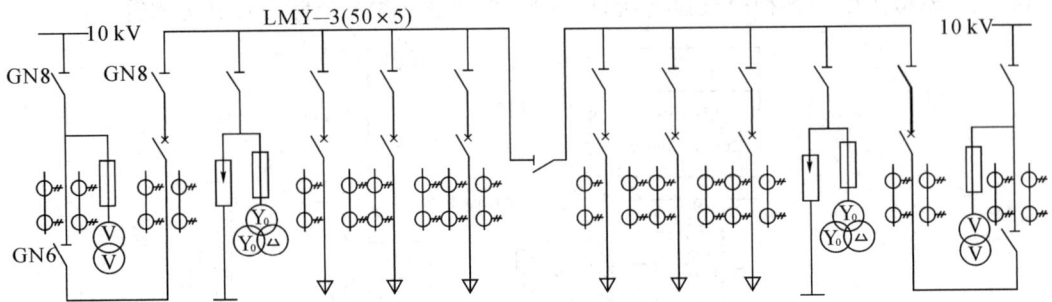

No.101	No.102	No.103	No.104	No.105	No.106		No.107	No.108	No.109	No.110	No.111	No.112
电能计量柜	1号进线开关柜	避雷器及电压互感器	出线柜	出线柜	出线柜	Gn6—10/400	出线柜	出线柜	出线柜	避雷器及电压互感器	2号进线开关柜	电能计量柜
GG—1A—J	GG—1A(F)—11	GG—1A(F)—54	GG—1A(F)—03	GG—1A(F)—03	GG—1A(F)—03		GG—1A(F)—03	GG—1A(F-03	GG—1A(F)—03	GG—1A(F)—54	GG—1A(F)—11	GG—1A—J

图 4-16　装置式主接线图

（三）电气主接线图识读

高压变配电所担负着从电力系统受电并向各车间变电所及某些高压用电设备配电的任务。图 4-15 是工厂供配电系统中高压变配电所及其附设 2 号车间变电所的主接线图。这一高压变配电所的主接线图具有一定的代表性。下面依其电源进线、母线和出线的顺序对此配电所做分析介绍。

1. 电源进线

高压变配电所有两路 10 kV 电源进线：一路是架空线 WL1；另一路是电缆线 WL2。最常见的进线方案是一路电源来自发电厂或电力系统变电站，作为正常工作电源，而另一路电源则来自邻近单位的高压联络线，作为备用电源。

装设进线断路器的高压开关柜(No.102 和 No.111)，因为需与计量柜相连，因此采用 GG—1A(F)—11 型。由于进线采用高压断路器控制，所以切换操作十分灵活方便，而且可配以继电保护装置和自动装置，使供电可靠性大大提高。

考虑到进线断路器在检修时有可能在两端来电，因此为保证断路器检修时的人身安全，断路器两侧都必须装设高压隔离开关。

2. 母线

母线又称为汇流排，是配电装置中用来汇集和分配电能的导体。高压变配电所的母线，通常采用单母线制。如果是两路或以上电源进线时，则采用高压隔离开关或高压断路器(其两侧装隔离开关)分段的单母线制。母线采用隔离开关分段时，分段隔离开关可安装在墙上，也可采用专门的分段柜(也称为联络柜)，如 GG—1A(F)—119 型柜。

图 4-15 所示高压变配电所通常采用一路电源工作、一路电源备用的运行方式，因此母

线分段开关通常是闭合的，高压并联电容器对整个配电所进行无功补偿。如果工作电源发生故障或进行检修时，在切除该进线后，投入备用电源即可恢复对整个配电所的供电。如果装设APD，则供电可靠性可进一步提高，但这时进线断路器的操作机构必须是电磁式或弹簧式。

为了测量、监视、保护和控制主电路设备的需要，每段母线上都接有电压互感器，进线和出线上都接有电流互感器。图 4-15 中的高压电流互感器均有两个二次绕组，其中一个接测量仪表，另一个接继电保护装置。为了防止雷电过电压侵入配电所时击毁其中的电气设备，各段母线上都装设了避雷器。避雷器和电压互感器同装设在一个高压柜内，并且共用一组高压隔离开关。

3. 出线

图 4-15 所示的高压变配电所共有 6 路高压配电出线。其中，有两路分别由两段母线经隔离开关-断路器供给 2 号车间变电所；有一路由左段母线 WB1 经隔离开关-断路器供给 1 号车间变电所；有一路由右段母线 WB2 经隔离开关-断路器供给 3 号车间变电所；有一路由左段母线 WB1 经隔离开关-断路器供无功补偿用的高压并联电容器组；还有一路由右段母线 WB2 经隔离开关-断路器供高压电动机用电。由于这里的高压配电线路都是由高压母线来电，因此其出线断路器需在其母线侧加装隔离开关，以保证断路器和出线的安全检修。

★ 问题与思考

1. 对工厂变配电所电气主接线的基本要求是什么？
2. 工厂 35～110 kV/6～10 kV 电气主接线有什么特点？
3. 工厂总降压变电所的常用接线形式和特点有哪些？
4. 车间（或小型工厂）的电气主接线常用类型和特点是什么？

任务二　掌握电气设备的倒闸操作

变配电所是电力系统的重要组成部分，也是工厂供配电系统的核心。变配电所值班员的重要职责之一就是停电与送电的操作，所以进行倒闸操作是一项重要内容。

一、倒闸操作的基本原则和要求

倒闸操作是指电气设备或电力系统由一种运行状态变换到另一种运行状态，由一种运行方式转变为另一种运行方式时所进行的一系列的有序操作，目的是改变设备的使用状态，以保证系统改变运行方式或工作的需要。倒闸操作关系到人身、系统和设备的安全，是一项关乎重大安全的非常重要的工作。

（一）电气设备的状态和倒闸操作的内容

变配电所电气设备的状态一共有四种：运行状态、热备用状态、冷备用状态和检修状态。

（1）运行状态：是指设备的断路器及隔离开关都在合闸位置，将电源至受电端间的电路接通（包括辅助设备，如电压互感器、避雷器等）。

（2）热备用状态：是指设备的断路器在断开位置，而隔离开关在合闸位置，断路器一经合闸，电路即接通转为"运行状态"。

（3）冷备用状态：是指设备的断路器及隔离开关均在断开位置。其显著特点是该设备与其他带电部分之间有明显的断开点。

（4）检修状态：是指设备的断路器及隔离开关均已断开，检修设备两侧装设了保护接地线（或合上了接地隔离开关），并悬挂了工作标示牌，安装了临时遮栏等，如图 4-17 所示。

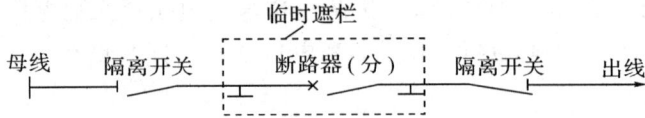

图 4-17　检修状态的示意图

倒闸操作的主要内容如下：

（1）拉开或合上断路器和隔离开关。

（2）拉开或合上接地刀闸（拆除或挂上接地线）。

（3）装上或取下某控制回路、合闸回路、电压互感器回路的熔断器。

（4）投入或停用某些继电保护装置自动装置以及改变其整定值。

（5）改变变压器或消弧线圈的分接头。

（二）倒闸操作的基本原则和要求

变配电所发生错误操作和人身触电事故的原因是安全技术措施不完善和组织措施不健全，或工作人员不认真执行有关规章制度和工作规程所造成的。因此，变配电所的安全工作必须从组织措施和技术措施上两方面考虑。组织措施是为保证人身和设备安全而制定的各种制度、规定和手续；技术措施是为保证工作人员人身安全所采取的一切技术手段。组织措施和技术措施是相互配合、相辅相成的，二者缺一不可。

1. 组织措施

为防止误操作事故，变配电所的倒闸操作必须填写操作票，严格执行倒闸操作票制度和监护制度。倒闸操作必须至少两人同时进行，一人操作，另一人监护。对于特别复杂性的操作，应由电气负责人监护。变电所的一切操作，必须由两名正式值班电工来进行，一般是级别高的人监护，级别低的人操作。倒闸操作应穿戴安全防护用具。操作结束后，正确调节模拟图板上的设备运行状态。如遇雨、雪、大雾天气在室外操作，无特殊装置的绝缘棒及绝缘钳禁止操作，雷电时禁止操作。倒闸操作现场如图 4-18 所示。

图 4-18　倒闸操作现场

按《电业安全工作规程》(DL 408—91)规定：倒闸操作必须根据值班调度员或值班负责人命令，受令人复诵无误后执行。倒闸操作由操作人填写操作票(格式如表4-1所示)。单人值班时，操作票由发令人用电话向值班员传达，值班员应根据传达，填写操作票，复诵无误，并在"监护人"签名处填入发令人的姓名。操作票内应填入下列内容：

(1)应拉合的开关设备，验电，装拆接地线，安装或拆除控制回路或电压互感器回路的熔断器，切换保护回路和自动化装置及检验是否确无电压等。

(2)拉合开关设备后检查其位置。

(3)在进行停、送电操作时，在拉、合隔离开关(刀闸)或拉出、推入手车式开关前，检查断路器确实在分闸位置。

(4)在进行切换负荷或解、并列操作前后，检查相关电源运行及负荷分配情况。

(5)在设备检修后合闸送电前，检查送电范围内接地刀闸是否被拉开，接地线是否被拆除。

操作票应填写设备的双重名称，即设备名称和编号。

表4-1 倒闸操作票格式

×××变电所倒闸操作票　　　　　　　　　　　　　　　　编号：

操作开始时间：20××年 × 月 × 日 × 时××分　　　　结束时间：20××年 × 月 × 日 × 时××分		
操作任务：WL1电源进线操作		
	顺序	操 作 项 目
√	1	拆除线路端及接地端接地线；拆除标识牌
√	2	检查 WL1、WL2 进线所有开关均在断开位置，合××母联隔离开关
√	3	依次合 No.102 隔离开关，No.101 1♯、2♯隔离开关，合 No.102 高压断路器
√	4	合 No.103 隔离开关，合 No.110 隔离开关
√	5	依次合 No.104～No.109 隔离开关；依次合 No.104～No.109 高压断路器
√	6	合 No.201 刀开关；合 No.201 低压断路器
√	7	检查低压母线电压是否正常
√	8	合 No.202 刀开关；依次合 No.202～No.206 低压断路器或刀熔开关
备注		

操作人：　　　　　　　　监护人：　　　　　　　　工作许可人：

操作票用钢笔或圆珠笔填写，票面应清楚整洁，不得涂改。操作人和监护人应根据模拟图板或接线图核对所填写的操作项目，并分别签名，然后经值班负责人审核签字，特别重要和复杂的操作还应由值长审核签字。

开始操作前，应先在模拟图板上模拟预演，无误后，再实地进行设备操作。操作前应核对设备名称、编号和位置。操作中应认真执行监护复诵制，发布操作命令和复诵操作命令都应严肃认真，声音应洪亮清晰。必须按操作票填写的顺序逐项操作，每操作完一项，应检查无误后在操作票该项前画"√"号。全部操作完毕后进行复查。

操作中发生疑问时,应立即停止操作,并向值班调度员或值班负责人报告,弄清问题后,再进行操作。不准擅自更改操作票。

2. 技术措施

在全部停电或部分停电的电气线路或设备上进行工作,必须按顺序完成下列安全技术措施,即停电—验电—装设接地线—悬挂标示牌—装设遮栏。

1) 倒闸操作的基本原则

断路器和隔离开关是进行倒闸操作的主要电气设备。为了避免因断路器未断开或未合好而引起带负荷拉、合隔离开关,倒闸操作的中心环节和基本原则是不能带负荷拉、合隔离开关。因此,在倒闸操作时,应遵循下列要求:

(1) 在拉、合闸时,必须用断路器接通或断开负荷电流或短路电流。绝对禁止用隔离开关切断负荷电流或短路电流。

(2) 在合闸时,应先从电源侧进行,依次到负荷侧。倒闸操作示意图如图 4 - 19 所示。在检查断路器 QF 确实在断开位置后,先合上母线(电源)侧隔离开关 QS1,再合上线路(负荷)侧隔离开关 QS2,最后合上断路器 QF。分闸顺序与合闸相反。

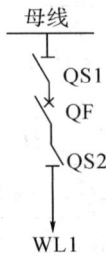

母线

QS1

QF

QS2

WL1

图 4 - 19 倒闸操作示意图

这是因为在线路 WL1 合闸送电时,断路器 QF 有可能在合闸位置而未查出,若先合线路侧隔离开关 QS2,后合母线侧隔离开关 QS1,则造成带负荷合隔离开关,可能引起母线短路事故,影响其他设备的安全运行。如先合 QS1,后合 QS2,虽是同样带负荷合隔离开关,但由于线路断路器 QF 的继电保护动作,使其自动跳闸,隔离故障点,不致影响其他设备的安全运行。同时,线路侧隔离开关检修较简单,并且只需停一条线路,而检修母线侧隔离开关时必须停用母线,影响面扩大。

(3) 在分闸时,应先从负荷侧进行,依次到电源侧。对供电线路进行停电操作时,应先断开断路器 QF,检查其确在断开位置后,先拉负荷侧隔离开关 QS2,后拉母线(电源)侧隔离开关 QS1。此时若断路器 QF 在合闸位置而未查出,造成带负荷拉隔离开关,则使故障发生在线路上,因线路的继电保护动作,使断路器自动跳闸,隔离故障点,不致影响其他设备的安全运行。若先拉开电源侧隔离开关,虽然同样是带负荷拉隔离开关,但故障发生在母线上,扩大了故障范围,影响其他设备运行,甚至影响全厂供电。

2) 倒闸操作的基本要求

(1) 操作隔离开关的基本要求:

① 在手动合隔离开关时,必须迅速果断。在合闸开始时如发生弧光,则应毫不犹豫地将隔离开关迅速合上,严禁将其再行拉开。因为带负荷拉开隔离开关,会使弧光更大,造成

设备的更严重损坏,这时只能用断路器切断该回路后,才允许将误合的隔离开关拉开。

② 在手动拉开隔离开关时,应缓慢而谨慎,特别是在刀片刚离开固定触头时,如发生电弧,应立即反向重新将刀闸合上,并停止操作,查明原因,做好记录。在切断小容量变压器空载电流、一定长度的架空线路和电缆线路的充电电流时,拉开隔离开关时都会有电弧产生,此时应迅速将隔离开关拉开,使电弧立即熄灭。

③ 在拉开单极操作的高压熔断器刀闸时,应先拉中间相,再拉两边相。因为切断第一相时弧光最小,切断第二相时弧光最大,这样操作可以减少相间短路的机会。合刀闸时顺序则相反。

④ 在操作隔离开关后,必须检查隔离开关的开合位置,因为有时可能由于操作机构的原因,隔离开关操作后,实际上未合好或未拉开。

(2) 操作断路器的基本要求:

① 在改变运行方式时,首先应检查断路器的断流容量是否大于该电路的短路容量。

② 在一般情况下,断路器不允许带电手动合闸。因为手动合闸的速度慢,易产生电弧,但特殊需要时例外。

③ 在遥控操作断路器时,扳动控制开关不能用力过猛,以防损坏控制开关;也不得使控制开关返回太快,防止断路器合闸后又跳闸。

④ 在断路器操作后,应检查有关信号灯及测量仪表(如电压表、电流表、功率表)的指示,确认断路器触头的实际位置。必要时,可到现场检查断路器的机械位置指示器来确定实际开、合位置,以防止在操作隔离开关时,发生带负荷拉、合隔离开关事故。

二、变配电所倒闸操作实例

本次任务以如图4-15所示的高压变配电所为例,说明变配电所的停、送电操作。

(一) 变配电所的送电操作

变配电所的送电操作要按照母线侧隔离开关→负荷侧隔离开关→断路器的合闸顺序依次进行操作。

当停电检修完成后,要恢复线路WL1的供电,而线路WL2作为备用。送电操作顺序如下。

(1) 检查整个变配电所的电气装置,确认无人操作后,拆除临时接地线和标示牌。拆除接地线时,应先拆线路端,再拆接地端。

(2) 检查两路进线WL1、WL2的开关均在断开位置后,合上两段高压母线WB1和WB2之间的联络隔离开关,使WB1和WB2能够并列运行。

(3) 依次从电源侧合上WL1上的所有隔离开关,然后合上进线断路器。若合闸成功,则说明WB1和WB2是完好的。

(4) 合上接于WB1和WB2的电压互感器回路的隔离开关,检查电源电压是否正常。

(5) 依次合上高压出线上的隔离开关,然后依次合上所有高压出线上的断路器,对所有车间变电所的主变压器送电。

(6) 合上2号车间变电所主变压器低压侧的刀开关,再合低压侧断路器,如合闸成功,说明低压母线是完好的。

(7) 通过接于两段低压母线上的电压表,检查低压母线电压是否正常。

（8）依次合上 2 号车间变电所所有低压出线的刀开关，然后合低压断路器，使所有低压输出线送电。

至此，整个高压变配电所及其附设车间变电所全部投入运行。

如果变配电所是在事故停电以后恢复供电的，则倒闸操作顺序与变电所所装设的开关类型有关。

（1）如果电源进线装设的是高压断路器，则当高压母线发生短路故障时，断路器自动跳闸，在故障消除后，则可直接合上断路器来恢复供电。

（2）如果电源进线装设的是高压负荷开关，则在故障消除后，先更换熔断器的熔体后，才能合上负荷开关来恢复供电。

（3）如果电源进线装设的是高压隔离开关-熔断器，则在故障消除后，需先更换熔断器的熔体，并断开所有出线断路器，再合上隔离开关，最后合上所有出线断路器才能恢复送电。

如果电源进线装设的是跌开式熔断器，也必须如此操作才行。

（二）变配电所的停电操作

变配电所的停电操作要按照断断路器→负荷侧隔离开关→母线侧隔离开关的合闸顺序依次进行操作。

仍以如图 4-15 所示的高压变配电所为例，现要停电检修，其停电操作顺序如下：

（1）依次断开所有高压出线上的断路器，然后拉开所有出线上的隔离开关。

（2）断开进线上的断路器，然后依次拉开进线上所有隔离开关。

（3）在所有断路器的手柄上挂上"有人工作，禁止合闸"的标识牌。

（4）在电源进线末端、进线隔离开关之前悬挂临时接地线，安装接地线时，应先接接地端，再接线路端。

至此，整个高压变配电所全部停电。

★ 问题与思考

1. 供配电线路有哪几种状态？每种状态下各设备处于什么状态？
2. 倒闸操作的主要内容是什么？
3. 什么是操作票？操作票要填写的主要内容有哪些？操作票怎样执行？
4. 倒闸操作的基本原则是什么？

单 元 测 试

一、填空题

1. 电气主接线方案，将影响配电装置的布置、_____、运行灵活性、二次接线和_____等问题。

2. 单母线分段方式适用于_____比重较大，供电可靠性要求较高的车间变电所。

3. 内桥式接线多用于_____因而发生故障和停电检修的机会较多且变压器_____的变电所。

4. 使电气设备从一种状态转换到另一种状态所进行的操作叫做_____。

5. 外桥式接线适用于电源线路_____而变电所昼夜负荷变动_____、适于经济运行需_____切换变压器的总降压变电所。

6. 在全部停电或部分停电的电气线路或设备上进行工作，必须按顺序完成的技术措施，即_____。

二、选择题

1. 对变配电所电气主接线的基本要求不包括（　　　）。

　A. 可靠性　　　　　B. 灵活性　　　　　C. 经济性　　　　　D. 紧凑性

2. 下列哪个选项不是厂网的拓扑结构（　　　）。

　A. 放射式　　　　　B. 树干式　　　　　C. 环式　　　　　D. 链式

3. 在低压配电系统中选择接线方式时，如果不考虑经济性，则优先考虑的是（　　　）。

　A. 放射式　　　　　B. 树干式　　　　　C. 环式　　　　　D. 混合式

4. 下列关于操作票的说法，错误的是（　　　）。

　A. 操作票用钢笔或圆珠笔填写，票面应清楚整洁，不得涂改

　B. 倒闸操作由发令人填写操作票

　C. 开始操作前，应先在模拟图板上模拟预演，无误后，再实地进行设备操作

　D. 变配电所的倒闸操作必须填写操作票，严格执行倒闸操作票制度和监护制度

5. 线路的断路器及隔离开关均在断开位置，则该线路处于（　　　）。

　A. 运行状态　　　　　B. 热备状态　　　　　C. 冷备状态　　　　　D. 检修状态

三、判断题

1. 电气主接线图一般以单线图表示。　　　　　　　　　　　　　　　　　　（　　　）

2. 从高压母线引出两条高压配线，每条高压配线的负荷都是树干式接线，如果把两个树梢相连，就是环式接线。　　　　　　　　　　　　　　　　　　　　　　　　（　　　）

3. 在单母线分段接线形式中，采用断路器分段比采用隔离开关分段好，因前者可在检修母线时，不会引起另一段母线的停电。　　　　　　　　　　　　　　　　　　（　　　）

4. 变配电所的送电操作，要按照母线侧隔离开关（或刀开关）、负荷侧隔离开关（或刀开关）、断路器的合闸顺序依次进行操作。　　　　　　　　　　　　　　　　　　（　　　）

5. 从装置式主接线图上可以一目了然地看出，某一电压等级的成套配电装置的内部设备连接关系及装置之间相互排列位置。　　　　　　　　　　　　　　　　　　（　　　）

四、简答题

1. 对工厂供配电系统电气主接线的基本要求有哪些？

2. 变配电所对电气主接线的主要配置有哪些？

3. 常见的典型电气主接线方式包括哪些？单母线分段接线有何特点？

4. 比较放射式与树干式接线的优缺点，并说明其适用范围。

5. 变配电所倒闸操作的基本原则是什么？

6. 在采用高压隔离开关-断路器的电路中，当停、送电时应如何操作？

7. 倒闸操作的主要内容是什么？

项目五　掌握供配电系统的电力线路

学习目标
1. 了解不同供配电线路的敷设方式和特点。
2. 掌握供配电线路导线和电缆的选择方法。
3. 掌握电力线路的运行维护、检修操作。
4. 能根据负荷选择导线和电缆的基本参数。
5. 掌握车间动力电气平面布线图的设计依据。
6. 掌握车间线路的组成类型。
7. 掌握车间电力线路采用的敷设方式与特点。

任务一　掌握电力线路的结构和敷设

电力线路是电力系统的重要组成部分，担负着输送和分配电能的重要任务。电力线路按电压的高低分为高压线路和低压线路，高、低压线路的划分界限为1 kV。也可细分为低压（1 kV及以下）、中压（1～35 kV）、高压（35～220 kV）和超高压（220 kV及以上）等线路。

在选择电力线路时应该充分考虑供配电系统的安全可靠、操作方便灵活、运行经济等因素，同时兼顾供配电对象的负荷性质及大小、建筑物布局等多种因素。

工厂供配电线路按结构分为架空线路、电缆线路和车间线路三类。

（1）架空线路：利用电杆架空敷设裸导线的户外线路。其特点是投资少、易于架设、维护检修方便，易于发现和排除故障；但它要占用地面位置，有碍交通和观瞻，并且易受到环境影响，安全可靠性较差。

（2）电缆线路：利用电力电缆进行地下敷设的线路。其优点是运行可靠、不易受外界影响，特别适用于有腐蚀性气体和易燃易爆场所，以及需要防止雷电波沿线路侵入的场所。其缺点是成本高、不便维修、不易发现和排除故障。

（3）车间线路：指车间内外敷设的各类配电线路。

一、架空线路结构和敷设

架空线路与电缆线路相比，具有成本低、投资少、安装容易、维护和检修方便、易于发现和排除故障等优点，所以架空线路过去在工厂中应用比较普遍。但是架空线路容易受气候影响，如受雷击、冰雪、风暴和污秽空气的危害，一旦发生断线或倒杆，将可能引发重大供电事故，同时架空线路需要占用一定的空间，有碍交通和美观，因此现代化工厂已经逐渐减少架空线路的使用，改用电缆线路。尽管如此，架空线路在远距离输电领域的应用还是比较多的。

（一）架空线路的结构

架空线路一般由导线、电杆、绝缘子和金具等部分组成，其结构如图 5-1 所示。为了防雷，有的架空线路上装设有避雷线。

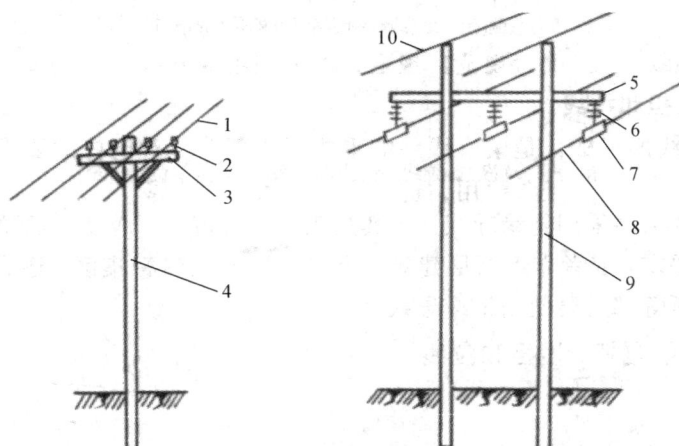

1—低压导线；2—针式绝缘子；3、5—横担；4—低压电杆；6—高压悬式绝缘子；
7—线夹；8—高压导线；9—高压电杆；10—避雷线

图 5-1　架空线路的结构

1. 架空线路的导线

导线是线路的主体，担负着传导电流、输送电能的功能。它架设在电杆上，要经受自身重量和各种外力的作用，并要承受大气中各种有害物质的侵蚀。因此，导线必须具有良好的导电性，同时还要具有一定的机械强度和耐腐蚀性，并尽可能地满足经济要求。

架空导线按电压分为低压导线和高压导线，常用低压架空导线额定电压为 220/380 V。高压架空导线的额定电压大多为 10 kV 及以上。架空导线的材质有铜、铝和钢。铜的导电性最好（电导率为 53 MS/m），机械强度也相当高（抗拉强度约为 380 MPa），然而铜是贵重金属。铝的机械强度较差（抗拉强度约为 160 MPa），但其导电性也较好（电导率为 32 MS/m），且具有质轻、价廉的优点，因此在能"以铝代铜"的场合，宜尽量采用铝导线。钢的机械强度很高（多股钢绞线的抗拉强度可达 1200 MPa），而且价廉，但其导电性差（电导率为 7.52 MS/m），损耗大。它在大气中容易锈蚀，因此钢导线在架空线路上一般只作为避雷线使用，并且使用镀锌钢绞线。

架空线路一般采用裸导线。裸导线按其结构分为单股线和多股绞线，一般采用多股绞线。多股绞线又分为铜绞线、铝绞线和钢芯铝绞线。架空线路在一般情况下采用铝绞线。在机械强度要求较高的情况下和 35 kV 及以上的架空线路上，则多采用钢芯铝绞线。钢芯铝绞线简称钢芯铝线，其横截面结构如图 5-2 所示。这种导线的线芯是钢线，以增强导线的抗拉强度，弥补铝线机械强度较差的缺点，其外围用铝线是取其导电性较好的优点。由于交流电流在导线中通过时有集肤效

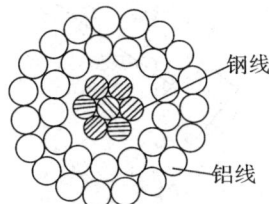

图 5-2　钢芯铝绞线的横截面结构

应，交流电流实际上只从铝线部分通过，从而弥补了钢线导电性差的缺点。常用的裸导线全型号的表示和含义如下所示(钢芯铝绞线型号中表示的截面积就是其铝线部分的截面积)：

(1) 铜(铝)绞线：

(2) 钢芯铝绞线：

低压架空导线大多采用绝缘导线。尤其是工厂、城市 10 kV 及以下的架空线路，如安全距离不能满足要求，或者靠近高层建筑、繁华街道及人口密集区，还有空气严重污染地区和建筑施工场所等都需要使用绝缘导线。

2. 架空线路的电杆、横担和拉线

1) 电杆

电杆是支撑导线、横担、绝缘子等的支柱，它是架空线路的重要组成部分。对电杆的要求主要是要有足够的机械强度，同时要经久耐用、价格低廉、便于搬运和安装。电杆按其材料分为木杆、水泥杆和金属杆三类。目前在低压领域以水泥杆应用最为普遍，它使用年限长、机械强度高、维护简单、成本低，但重量大、搬运安装不方便。金属杆可分为钢管杆、型钢杆和铁塔，它机械强度大、维修量小、使用年限长，但维修费用高、价格贵，因此，主要用于 110 kV 以上的高压架空线路。

电杆按其在架空线路中的地位和功能分为直线杆、分段杆、转角杆、终端杆、跨越杆和分支杆等。图 5-3 是上述各种杆型在低压架空线路上应用的示意图。

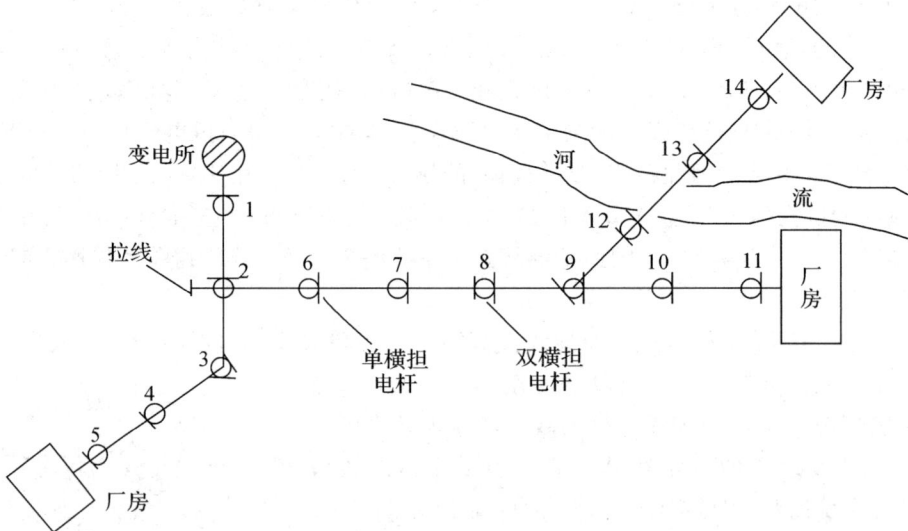

1、5、11、14—终端杆；2、9—分支杆；3—转角杆；
4、6、7、10—直线杆(中间杆)；8—分段杆(耐张杆)；12、13—跨越杆

图 5-3　低压架空线路的杆型及其应用

2）横担

横担安装在电杆的上部，用来安装绝缘子以架设导线。常用的横担有木横担、铁横担和瓷横担。现在工厂里普遍采用的是铁横担和瓷横担。瓷横担应用较为广泛，它具有良好的电气绝缘性，兼有绝缘子和横担的双重功能，能节约大量的木材和钢材，降低线路造价。其结构简单、安装方便、表面便于雨水冲洗，可减少线路的维护工作量。但瓷横担比较脆，在安装和使用中必须避免机械损伤。图5-4是高压电杆上安装的瓷横担。

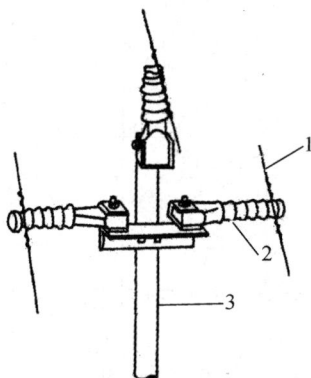

1—高压导线；2—瓷横担；3—电杆

图5-4　高压电杆上安装的瓷横担

3）拉线

拉线的使用是为了平衡电杆各方面的作用力，并抵抗风的作用以防止电杆倾倒。一般终端杆、转角杆和分段杆都装有拉线。拉线必须具有足够的机械强度并保证拉紧。为了保证其绝缘性能，其上把、腰把和底把用钢绞线制作，并且均须安装拉线绝缘子进行电气绝缘。

3. 架空线路的绝缘子

绝缘子又称为瓷瓶，用来将导线固定在电杆上并使导线与电杆绝缘。因此绝缘子既要具有一定的电气绝缘强度，又要具有足够的机械强度。绝缘子按电压高低分为低压绝缘子和高压绝缘子两大类。

（二）架空线路的敷设

敷设架空线路要严格遵守有关技术规程的规定。整个施工过程要重视安全教育，采取有效的安全措施，特别是在立杆、组装和架线时，更要注意人身安全，防止发生事故。竣工以后要按照规定的手续和要求进行检查和验收，确保工程质量。

1. 敷设路径选择

在选择架空线路的路径时，应考虑以下几点因素：

（1）路径要短，转角尽量要少，尽量减少与其他设施的交叉。

（2）尽量避开水洼、雨水冲刷地带，不良地质地区及易燃、易爆等危险场所。

（3）不应引起交通和人行困难。

（4）不宜跨越房屋，应与建筑物保持一定的安全距离。

（5）应与工厂和城镇的整体规划协调配合，适当考虑今后的发展。

2. 导线在电杆上的排列

导线在电杆上的排列方式有水平排列和三角形排列，三相四线制低压架空线路的导线一般采用水平排列，如图 5-5(a)所示。中性线的截面较小，机械强度较差，一般架设在中间靠近电杆的位置，如线路沿建筑物架设，应靠近建筑物，中性线的位置不应高于同一回路的相线，同一地区内中性线的排列应统一。三相三线制架空线的导线应采用三角形排列，如图 5-5(b)、(c)所示，也有水平排列的，如图 5-5(f)所示。多回路导线同杆架设应采用混合排列或垂直排列，如图 5-5(d)、(e)所示。

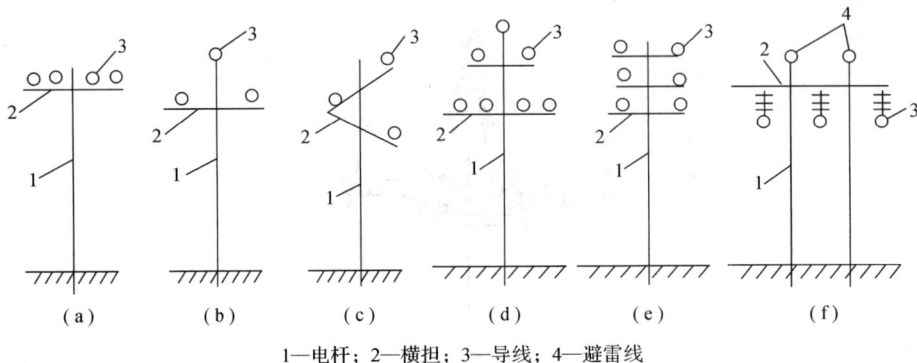

1—电杆；2—横担；3—导线；4—避雷线

图 5-5 导线在电杆上的排列方式

需要注意的是，对同一级负荷供电的双电源线路不得同杆架设；不同电压的线路同杆架设时，电压较高的导线在上方，电压较低的导线在下方；动力线与照明线同杆架设时，动力线在上，照明线在下；仅有低压线路时，广播通信线在最下方。

3. 架空线路的档距

架空线路的档距（又称为跨距）是指同一线路上相邻两根电杆之间的水平距离。架空线路的弧垂（又称为弛垂）是指架空线路一个档距内导线最低点与两端电杆上导线悬挂点之间的垂直距离。架空线路的档距和弧垂如图 5-6 所示。导线的弧垂是由于导线存在荷重形成的。弧垂不宜过大，也不宜过小。弧垂过大，则在导线摆动时容易引起相间短路，而且造成导线对地或对其他物体的安全距离不够；弧垂过小，则将使导线内应力增大，在天冷时可能使导线收缩绷断。档距和对地距离在规程中均有规定，设计和安装时需要遵循。

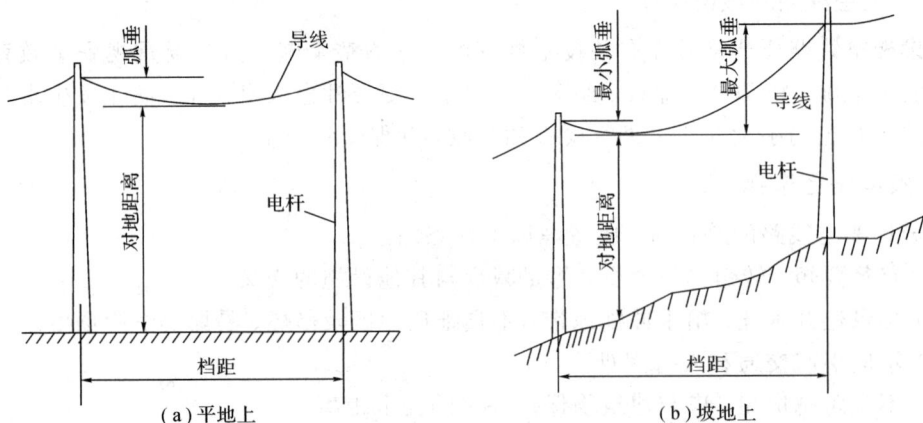

(a) 平地上　　　　(b) 坡地上

图 5-6 架空线路的档距和弧垂

二、电缆线路的结构

电缆线路和架空线路相比，具有成本高、投资大、维修不方便、施工困难等缺点，但是电缆线路运行可靠、不受外界影响、不需架设电杆、不占地面、不碍观瞻。在建筑或人口稠密的地方，特别是在有腐蚀性气体和易燃易爆场所，不宜架设架空线路，只能敷设电缆线路。在现代化工厂和城市中，电缆线路得到了越来越广泛的应用。

（一）电缆的结构

电缆是一种特殊结构的导线，由线芯、绝缘层和保护层三部分组成。其中，线芯的导体要有良好的导电性，以减少输电时线路上电能的损失。绝缘层的作用是将线芯导体和保护层相隔离，必须具有良好的绝缘性能和耐热性能。保护层包括内护层和外护层，内护层直接用来保护绝缘层，常用的材料有铅、铝和塑料等。外护层用以防止内护层受到机械损伤和腐蚀，通常为钢丝或钢带构成的钢铠，外覆沥青、麻被或塑料护套。

电缆按照电压分为高压电缆和低压电缆；按照线芯数分为单芯电缆、双芯电缆和多芯（常用三芯、四芯、五芯）电缆。单芯电缆用于工作电流较大的电路、水下敷设的电路和直流电路。双芯电缆用于低压 TN-C、TT、IT 系统的单相电路。三芯电缆用于高压三相电路、低压 IT 系统的三相电路和 TN-C 系统的两相三线电路、TN-S 系统的单相电路。四芯电缆用于低压 TN-C 系统和 TT 系统的三相四线电路。五芯电缆用于低压 TN-S 系统电路。

电缆按线芯材料分为铜芯电缆和铝芯电缆。控制电缆应采用铜芯，必须耐高温、耐火，有易燃、易爆危险和剧烈震动的场合等也必须选择铜芯电缆。按绝缘材料分为油浸纸绝缘电缆（如图 5-7 所示）、塑料绝缘电缆和橡胶绝缘电缆。油浸纸绝缘电缆的优点是耐压强度高、耐热性能好、使用寿命长、易于安装和维护，但是缺点是其内部的浸渍油会流动，因此其两端的安装高度差有一定的限制，否则电缆低的一端可能因油压过大而使端头胀裂漏油，而高的一端则可能因油流失而使绝缘材料干枯，致使其耐压强度下降，甚至击穿损坏。塑料

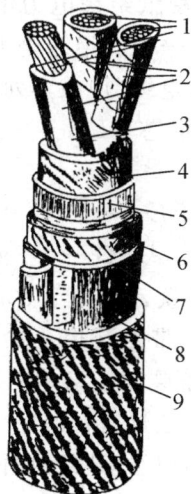

1—缆芯(铜芯或铝芯)；2—油浸纸绝缘层；3—麻筋(填料)；4—油浸纸(统包绝缘)；　5—铅包；
6—涂沥青的纸带(内护层)；7—浸沥青的麻被(内护层)；8—钢铠(外护层)；9—麻被(外护层)

图 5-7　油浸纸绝缘电缆

绝缘电缆具有结构简单、制造加工方便、重量较轻、敷设安装方便、不受敷设高度差限制以及能抵抗酸碱腐蚀等优点，其应用更加多一些。我国生产的塑料绝缘电缆有聚氯乙烯绝缘及护套电缆和交联聚乙烯绝缘及聚氯乙烯护套电缆两种。交联聚乙烯绝缘电缆（如图 5 - 8 所示）的电气性能更优异，因此在工厂供电系统中有逐步取代油浸纸绝缘电缆的趋势。橡胶绝缘电缆的弹性好、性能稳定、防水防潮，一般用做低压电缆。

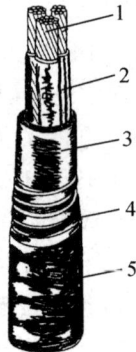

1—缆芯(铜芯或铝芯)；2—交联聚乙烯绝缘层；3—聚氯乙烯护套(内护层)；
4—钢铠或铝铠(外护层)；5—聚氯乙烯外套(外护层)

图 5 - 8　交联聚乙烯绝缘电缆

电力电缆全型号的表示和含义如下：

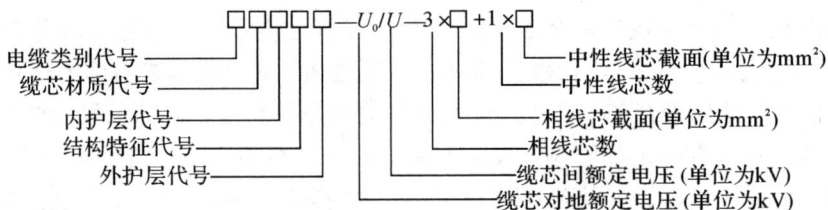

（1）电缆类别代号含义：Z——油浸纸绝缘电力电缆；V——聚氯乙烯绝缘电力电缆；YJ——交联聚乙烯绝缘电力电缆；X——橡胶绝缘电力电缆；JK——架空电力电缆（加在上列代号之前）；ZR 或 Z——阻燃型电力电缆（加在上列代号之前）。

（2）缆芯材质代号含义：L——铝芯；LH——铝合金芯；T——铜芯（一般不标）；TR——软铜芯。

（3）内护层代号含义：Q——铅包；L——铝包；V——聚氯乙烯护套。

（4）结构特征代号含义：P——屏蔽式；D——不滴流式；F——分相铅包式。

（5）外护层代号含义：02——聚氯乙烯套；03——聚乙烯套；20——裸钢带铠装；22——钢带铠装聚氯乙烯套；23——钢带铠装聚乙烯套；30——裸细钢丝铠装；32——细钢丝铠装聚氯乙烯套；33——细钢丝铠装聚乙烯套；40——裸粗钢丝铠装；41——粗钢丝铠装纤维外被；42——粗钢丝铠装聚氯乙烯套；43——粗钢丝铠装聚乙烯套；441——双粗钢丝铠装纤维外被；241——钢带—粗钢丝铠装纤维外被。

（二）电缆头

电缆头是指两条电缆的中间接头和电缆终端的封端头。电缆头按使用的绝缘材料或填充材料分为填充电缆胶的、环氧树脂浇注的、缠包式的和热缩材料的等。由于热缩材料电缆头具有施工简便、价格低廉和性能良好等优点在现代电缆工程中得到推广应用。图 5-9 为 10 kV 交联聚乙烯绝缘电缆户内热缩终端头，而作为户外热缩终端头，还必须在户内热缩终端头上套上三孔防雨热缩伞裙，并在各相套入单孔防雨热缩伞裙，如图 5-10 所示。

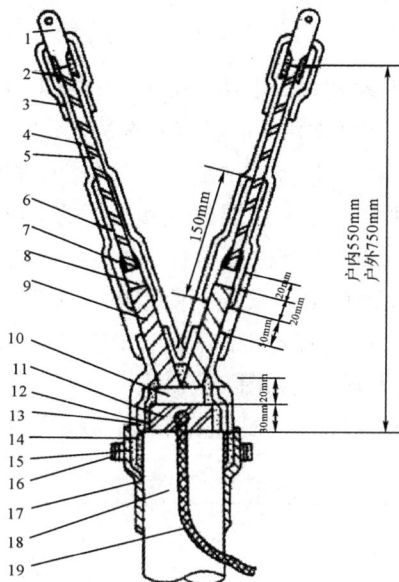

1—缆芯接线端子；2—密封胶；3—热缩密封管；4—热缩绝缘管；5—缆芯绝缘；6—应力控制管；
7—应力疏散管；8—半导体层；9—铜屏蔽层；10—热缩内护层；11—钢铠；12—填充胶；13—热缩环；
14—密封胶；15—热缩三芯手套；16—喉箍；17—热缩密封管；18—PVC外护套；19—接地线

图 5-9　10 kV 交联聚乙烯绝缘电缆户内热缩终端头

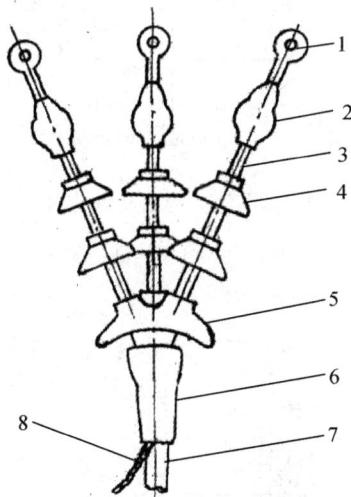

1—缆芯接线端子；2—热缩密封管；3—热缩绝缘管；4—单孔防雨伞裙；
5—三孔防雨伞裙；6—热缩三芯手套；7—PVC外护套；8—接地线

图 5-10　户外热缩终端头

运行经验说明：电缆头是电缆线路中的薄弱环节，电缆线路的大部分故障都发生在电缆接头处。由于电缆头本身的缺陷或安装质量上的问题，往往造成故障。因此电缆头的安装质量十分重要，密封要好，其耐压强度不应低于电缆本身的耐压强度，要有足够的机械强度，并且体积尺寸要尽可能小，结构简单，安装方便。

（三）电缆线路的敷设

电缆的敷设方法包括直接埋地敷设、电缆沟敷设、电缆桥架敷设、电缆隧道敷设和电缆排管敷设。其中，直接埋地敷设是最常用、最经济的方法，如图 5-11 所示。当电缆数量较多（不超过 12 根）或容易受到外界损伤时，为了避免损坏和减少对地下其他管道的影响，利用电缆沟平行敷设许多电缆。该方法多应用于高层建筑和工厂的电源引入线，如图 5-12 所示。对于工厂配电所、车间、大型商厦和科研单位等场所，电缆数量较多或较集中，设备分散或经常变动，一般采用电缆桥架的方式敷设电缆线路。使用电缆桥架敷设电缆使敷设更标准、更通用。这种方式结构简单、安装灵活并可任意走向，具有绝缘和防腐蚀功能，适用于各类型的工作环境，使配电线路的敷设成本大大降低，如图 5-13 所示。在一些发电厂、大型工厂和现代化城市设施中，还会采用电缆隧道和电缆排管方式进行敷设，分别如图 5-14 和图 5-15 所示。

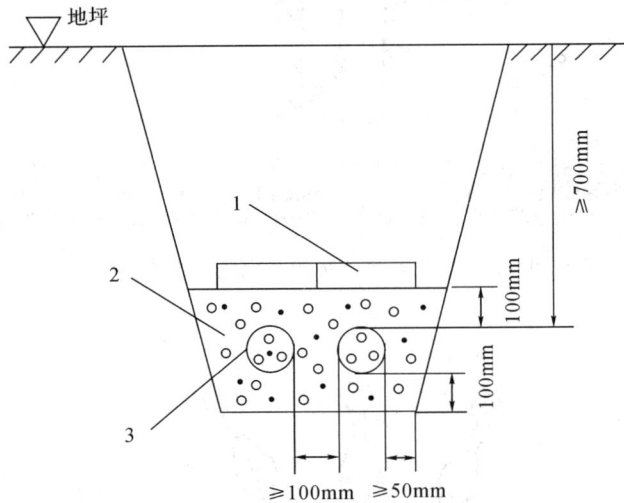

1—保护盖板；2—砂；3—电力电缆

图 5-11　电缆直接埋地敷设

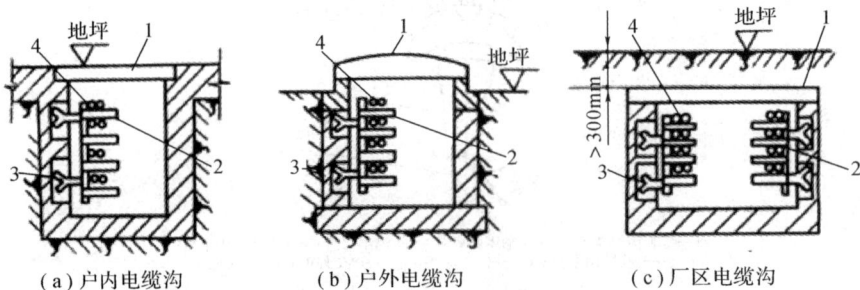

（a）户内电缆沟　　　（b）户外电缆沟　　　（c）厂区电缆沟

1—盖板；2—预埋铁件；3—电缆支架；4—电力电缆

图 5-12　电缆在电缆沟内敷设

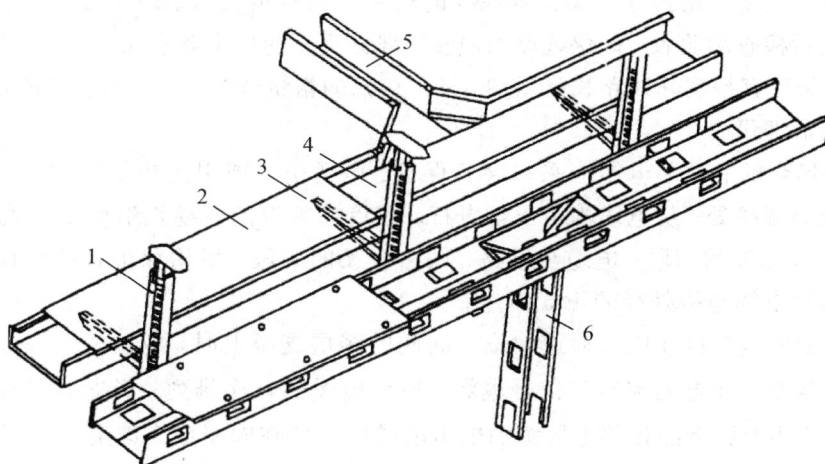

1—支架；2—盖板；3—支臂；4—线槽；5—水平分支线槽；6—垂直分支线槽

图 5-13　电缆桥架敷设

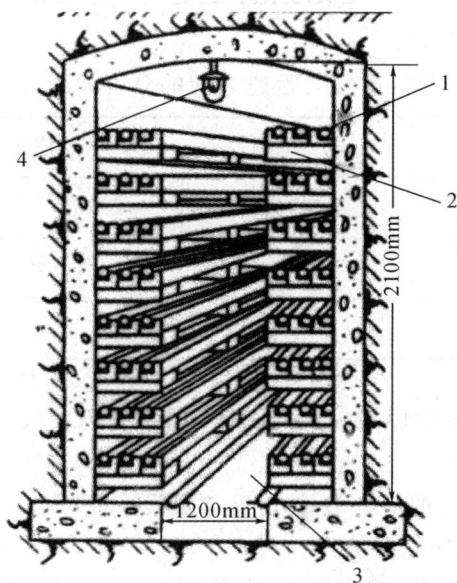

1—电缆；
2—支架；
3—维护走廊；
4—照明灯具

图 5-14　电缆隧道敷设

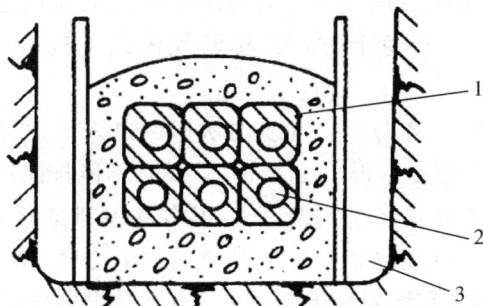

1—水泥排管；
2—电缆孔；
3—电缆沟

图 5-15　电缆排管敷设

敷设电缆一定要严格遵守有关技术规程的规定和设计的要求。竣工以后，要按规定的手续和要求进行检查和验收，确保线路的质量。部分重要的技术要求如下：

（1）电缆长度宜按实际线路长度增加 5%～10% 的裕量作为安装、检修时的备用。直埋电缆应作波浪形埋设。

（2）下列场合的非铠装电缆应采取穿管保护：电缆引入或引出建筑物或构筑物；电缆穿过楼板及主要墙壁处；从电缆沟引出至电杆，或沿墙敷设的电缆距地面 2 m 高度及埋入地下小于 0.3 m 深度的一段；电缆与道路、铁路交叉的一段。所用保护管的内径不得小于电缆外径或多根电缆包络外径的 1.5 倍。

（3）当多根电缆敷设在同一通道中位于同侧的多层支架上时，应按电压等级由高至低的电力电缆、强电至弱电的控制和信号电缆、通信电缆的顺序排列；当支架层数受通道空间限制时，35 kV 及以下的相邻电压级的电力电缆可排列在同一层支架上，1 kV 及以下电力电缆也可与强电控制和信号电缆配置在同一层支架上；当同一重要回路的工作电缆与备用电缆实行耐火分隔时，宜适当配置在不同层次的支架上。

（4）明敷的电缆不宜平行敷设于热力管道上边。当电缆与管道之间无隔板防护时，相互间距应符合表 5-1 所列的允许距离。

表 5-1　明敷的电缆与管道之间的允许间距　　　　　（单位:mm）

电缆与管道之间走向		电力电缆	控制和信号电缆
热力管道	平行	1000	500
	交叉	500	250
其他管道	平行	150	100

（5）电缆应远离爆炸性气体释放源。在爆炸性危险较小的场所敷设电缆时，应符合下列要求：

① 当易爆气体比空气重时，电缆应在较高处架空敷设，且对非铠装电缆采取穿管敷设，或置于托盘、槽盒内等进行机械性保护；

② 当易爆气体比空气轻时，电缆应敷设在较低处的管内或沟内，沟内的非铠装电缆应埋砂。

（6）在沿输送易燃气体的管道敷设电缆时，电缆应配置在危险程度较低的管道一侧。当易燃气体比空气重时，电缆宜在管道上方；当易燃气体比空气轻时，电缆宜在管道下方。

（7）电缆沟的结构应考虑到防火和防水。电缆沟从厂区进入厂房处应设置防火隔板。为了顺畅排水，电缆沟的纵向排水坡度不得小于 0.5%，而且不能排向厂房内侧。

（8）直埋敷设于非冻土地区的电缆，其外皮至地下构筑物基础的距离不得小于 0.3 m，至地面的距离不得小于 0.7 m。当电缆位于车行道或耕地的下方时，应适当加深且不得小于 1 m。当电缆直埋于冻土地区时，宜埋入冻土层以下。直埋敷设的电缆严禁位于地下管道的正上方或正下方。有化学腐蚀性的土壤中电缆不宜直埋敷设。

三、车间线路结构和敷设

车间是动力设备的集中场所，其电源来自车间的低压配电箱，由于车间设备的布局要求，线路的组成类型、敷设方式也有一定要求。车间线路包括室内配电线路和室外配电线路。室内配电线路大多采用绝缘导线，但配电干线则多采用裸导线（母线），少数采用电缆。室外配电线路是指沿车间外墙或屋檐敷设的低压配电线路，也包括车间之间用绝缘导线敷设的短距离的低压架空线路，一般采用绝缘导线。

绝缘导线按芯线材质分为铜芯和铝芯两种。重要回路如办公楼、图书馆、实验室、住宅内等的线路及振动场所或对铝线有腐蚀的场所，均应采用铜芯绝缘导线，其他场所可选用铝芯绝缘导线。绝缘导线按绝缘材料分为橡皮绝缘导线和塑料绝缘导线两种。塑料绝缘导线的绝缘性能好、耐油和抗酸碱腐蚀、价格较低，因此在室内明敷和穿管敷设中应优先选用塑料绝缘导线。但是塑料绝缘材料在低温时要变硬变脆，高温时又易软化老化，因此室外敷设宜优先选用橡胶绝缘导线。

（1）橡胶绝缘导线型号含义：

BX（BLX）——铜（铝）芯橡胶绝缘棉纱或其他纤维编织导线；

BXR——铜芯橡胶绝缘棉纱或其他纤维编织软导线；

BXS——铜芯橡胶绝缘双股软导线。

（2）聚氯乙烯绝缘导线型号含义：

BV（BLV）——铜（铝）芯聚氯乙烯绝缘导线；

BVV（BLVV）——铜（铝）芯聚氯乙烯绝缘聚氯乙烯护套圆形导线；

BVVB（BLVVB）——铜（铝）芯聚氯乙烯绝缘聚氯乙烯护套扁平导线；

BVR——铜芯聚氯乙烯绝缘软导线。

车间内配电的裸导线大多数采用裸母线的结构，其截面形状有圆形、管形和矩形等，其材质有铜、铝和钢。常见类型包括矩形的硬铝母线（LMY）和矩形的硬铜母线（TMY），车间内以采用 LMY 型硬铝母线最为普遍。在裸导线上刷上不同颜色的漆来代表其相序，在三相交流系统中，L_1、L_2、L_3 分别用黄、绿、红表示；PEN 线（保护中性线）和 N 线（中性线）用淡蓝色表示；PE 线（保护线）用黄绿双色表示。

（一）车间动力电气平面布线图

电气平面布置图就是在建筑的平面图上，应用国家规定的电气平面图图形符号和有关文字符号（参看 GB4728—85），按照电气设备安装位置及电气线路的敷设方式、部位和路径绘出的电气平面图。电气平面布置图按布线地区来分，可分为厂区电气平面布置图、车间电气平面布置图和生活区电气平面布置图；按线路性质可分为动力电气平面布置图、照明电气平面布置图和弱电系统（包括广播、电话和有线电视等）电气平面布置图等。

车间动力电气平面布置图是表示供配电系统对车间动力设备配电的电气平面布置图。在绘制电气平面布置图时需注意以下几点：

（1）有关配电装置和用电设备及开关、插座等应采用规定的图形符号绘在平面图的相应位置上。

（2）配电线路一般由单线图表示，并且按其实际敷设的大体路径或方向绘制。

（3）平面图上的配电装置、电器和线路应按规定进行标注。当图上的某些线路采用的导线型号规格和敷设方式完全相同时，可统一在图上加注说明，不必在有关线路上一一标注。

（4）保护电器的标注，主要要标注其熔体电流或脱扣电流。

（5）平面图上应标注其主要尺寸，特别是建筑物外墙定位轴线之间的距离应予标注。

（6）平面图上应附上"图例"，特别是平面图上使用的非标准图形符号应在图例中说明。

图 5-16 为某机械加工车间的动力配电平面布置图。这里仅表示出配电箱对 15#～22# 机床的配电线路。由于各配电支线的型号规格和敷设方式都相同，因此统一在图上加注说明。

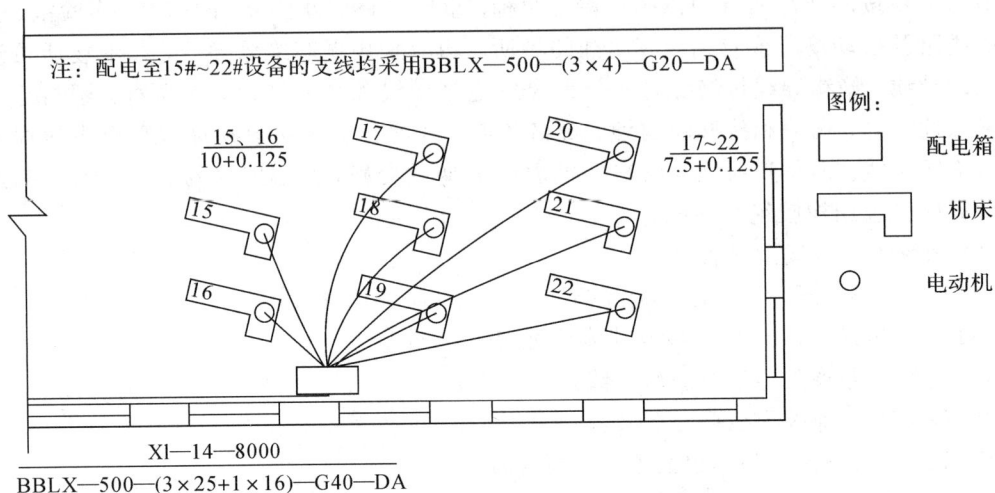

图 5-16　机械加工车间（一角）的动力电气平面布置图

（二）电缆敷设施工要点

施工流程包括施工准备→电缆桥架敷设→电缆敷设→绝缘测试→标志牌。其技术措施和主要施工方法如下所述。

1）技术措施

（1）施工前应对电缆进行详细检查，规格、型号、截面、电压等级均须符合要求，外观无扭曲、坏损等现象。

（2）电缆敷设前进行绝缘测定。例如，工程采用 1 kV 以下电缆，用 1 kV 摇表摇测线间及对地的绝缘电阻不低于 10 MΩ。摇测完毕，应将芯线对地放电。

（3）电缆测试完毕，电缆端部应用橡皮包布密封后再用胶布包好。

（4）电缆敷设机具的配备：在采用机械放置电缆时，应将机械安装在适当位置，并将钢丝绳和滑轮安装好。在采用人力放置电缆时，将滚轮提前安装好。

（5）临时联络指挥系统的设置：

① 当线路较短或在室外进行电缆敷设时，可用无线电对讲机联络，手持扩音喇叭指挥。

② 在高层建筑内进行电缆敷设时，可用无线电对讲机作为定向联络，简易电话作为全线联络，手持扩音喇叭指挥（或采用多功能扩大机，这是指挥敷设电缆的专用设备）。

（6）在桥架上进行多根电缆敷设时，应根据现场实际情况，事先将电缆的排列用表或图的方式画出来，以防电缆交叉和混乱。

（7）电缆的搬运及支架架设：

① 电缆在短距离搬运时，一般采用滚动电缆轴的方法。滚动时应按电缆轴上箭头指示方向滚动。若无箭头，则可按电缆缠绕方向滚动，切不可反缠绕方向滚动，以免电缆松弛。

② 电缆支架的架设地点的选择以敷设方便为原则，一般应在电缆起止点附近为宜。架设时，应注意电缆轴的转动方向，电缆引出端应在电缆轴的上方。

2）主要施工方法

（1）水平敷设。水平敷设可用人力或机械牵引。电缆在沿桥架或线槽敷设时，应单层敷设，排列整齐，不得有交叉。拐弯处应以最大截面电缆允许弯曲半径为准。电缆严禁绞拧，护层断裂和表面严重划伤的不得使用。不同等级电压的电缆应分层敷设，截面积大的电缆放在下层，电缆跨越建筑物变形缝处，应留有伸缩余量。电缆转弯和分支应有序叠放，排列整齐。

（2）垂直敷设。在垂直敷设时，若有条件，最好自上而下敷设。土建拆吊车前，将电缆吊至楼层顶部。在敷设时，同截面电缆应先敷设底层，后敷设高层。应特别注意的是，在电缆轴附近和部分楼层需采取防滑措施。在自下而上敷设时，低层小截面电缆可用滑轮大绳人力牵引敷设。高层、大截面电缆宜用机械牵引敷设。沿桥架或线槽敷设时，每层至少加装两道卡固支架。在敷设时，应放一根立即卡固一根。电缆在穿过楼板时应装套管，敷设完后应将套管与楼板之间的缝隙用防火材料堵死。

（3）挂标志牌。标志牌规格应一致，并有防腐功能，挂装应牢固。标志牌上应注明回路编号、电缆编号、规格、型号及电压等级和敷设日期。在沿桥架敷设电缆时，在其两端、拐弯处、交叉处应挂标志牌，直线段应适当增设标志牌，每 2 m 挂一个标志牌，施工完毕做好成品保护。

★ 问题与思考

1. 电力线路按结构形式可分为哪几种？

2. 架空线路和电缆线路各自有什么优缺点？

3. 架空线路上的横担、拉线、绝缘子的作用是什么？

4. 电缆线路按照绝缘材料分为哪几种？各自有什么特点？

5. 电缆的敷设方式有哪些？

6. 车间绝缘导线按照绝缘材料分为哪两种？

7. BLV—500—(3×70+1×35)是什么含义？

8. 在三相交流系统中，车间裸线的不同颜色代表什么含义？

任务二　掌握供配电导线的选择和计算

一、导线类型的选择

（一）架空线路

10 kV 及以下的架空线路一般采用铝绞线。对于 35 kV 及以上的架空线路及 35 kV 以下线路,在档距较大、电杆较高时,则宜采用钢芯铝绞线。沿海地区及有腐蚀性介质的场所,宜采用铜绞线或绝缘导线。

对于敷设在城市繁华街区、高层建筑群及旅游区和绿化区的 10 kV 及以下的架空线路,以及架空线路与建筑物间的距离不能满足安全要求的地段及建筑施工现场,宜采用绝缘导线。

(二)电缆线路

一般环境和场所采用铝芯电缆。尤其重要场所及有剧烈振动、强烈腐蚀和有爆炸危险的场所,采用铜芯电缆。在低压 TN 系统中,宜采用三相四芯或五芯电缆。埋地敷设的电缆,采用有外护层的铠装电缆。敷设在电缆沟、桥架和水泥排管中的电缆,宜采用塑料护套电缆,优先选用交联电缆。凡两端有较大高度差的电缆线路,不能采用油浸纸绝缘电缆。

二、导线截面积的选择

为保证供电系统安全、可靠、优质、经济地运行,选择导线和电缆截面时必须满足的条件包括发热条件、电压损耗条件、经济电流密度和机械强度。

发热条件是指导线和电缆在通过正常最大负荷电流时产生的发热温度不应超过其正常运行时的最高允许温度。

电压损耗条件是指导线和电缆在通过正常最大负荷电流时产生的电压损耗不应超过其正常运行时允许的电压损耗。对于工厂内较短的高压线路,可不进行电压损耗校验。

经济电流密度是指 35 kV 及以上的高压线路及 35 kV 以下的长距离、大电流线路(如较长的电源进线和电弧炉的短网等线路),其导线和电缆截面宜按经济电流密度选择,以使线路的年运行费用支出最小。按经济电流密度选择的导线(含电缆)截面称为经济截面。工厂内的 10 kV 及以下线路,通常不按经济电流密度选择。

机械强度是指导线(含裸导线和绝缘导线)截面不应小于其最小允许截面。架空裸导线和绝缘导线芯线的最小允许截面分别如表 5-2 和表 5-3 所示。对于电缆,不必校验其机械强度。

表 5-2 架空裸导线的最小允许截面

线 路 类 别		架空裸导线最小截面 /mm²		
		铝及铝合金线	钢芯铝线	铜绞线
35 kV 及以上线路		35	35	35
3~10 kV 线路	居民区	35	25	25
	非居民区	25	16	16
低压线路	一般	16	16	16
	与铁路交叉跨越档	35	16	16

表 5 - 3　绝缘导线芯线的最小允许截面

线　路　类　别			绝缘导线芯线最小截面 / mm²		
			铜芯软线	铜芯线	铝芯线
照明用灯头引下线		室内	0.5	1.0	2.5
		室外	1.0	1.0	2.5
移动式设备线路		生活用	0.75	—	—
		生产用	1.0	—	—
敷设在绝缘支持件上的绝缘导线（L 为支持点间距）	室内	L≤2m	—	1.0	2.5
	室外	L≤2 m	—	1.5	2.5
		2 m<L≤6 m	—	2.5	4
		6 m<L≤15 m	—	4	6
		15 m<L≤25 m	—	6	10
穿管敷设的绝缘导线			1.0	1.0	2.5
沿墙明敷的塑料护套线			—	1.0	2.5
板孔穿线敷设的绝缘导线			—	1.0	2.5
PE 线和PEN 线	有机械保护时		—	1.5	2.5
	无机械保护时	多芯线	—	2.5	4
		单芯干线	—	10	16

根据设计经验，一般 10 kV 及以下的高压线路和低压动力线路，通常先按发热条件来选择导线和电缆截面，再校验其电压损耗和机械强度。对于低压照明线路，因其对电压水平要求较高，通常先按允许电压损耗进行选择，再校验其发热条件和机械强度。对长距离大电流线路和 35 kV 及以上的高压线路，则可先按经济电流密度确定经济截面，再校验其他条件。按上述经验来选择计算通常容易满足要求，较少返工。下面主要介绍按发热条件和经济电流密度来选择导线和电缆的截面。

（一）按发热条件选择导线和电缆的截面

1. 三相系统相线截面的选择

电流在通过导线（包括电缆、母线）时要产生电能损耗使导线发热。当裸导线的温度过高时，会使其接头处的氧化加剧，增大接触电阻，使之进一步氧化，如此恶性循环，最终可发展到断线。而当绝缘导线和电缆的温度过高时，还可使其绝缘材料加速老化甚至烧毁电缆或引发火灾事故。

当按发热条件选择三相系统中的相线截面时，应使其允许载流量 I_{al} 不小于通过相线的计算电流 I_{30}，即

$$I_{al} \geqslant I_{30}$$

(5-1)

导线的允许载流量是指在规定的环境温度条件下，导线能够连续承受而不致使其稳定温度超过允许值的最大电流。如果导线敷设地点的环境温度与导线允许载流量所取的环境温度不同，则导线的允许载流量应乘以温度校正系数 K_θ，K_θ 的计算如下：

$$K_\theta = \sqrt{\frac{\theta_{al} - \theta_0'}{\theta_{al} - \theta_0}} \qquad (5-2)$$

式中，θ_{al} 为导线额定负荷时的最高允许温度；θ_0 为导线的允许载流量所采用的环境温度；θ_0' 为导线敷设地点的实际环境温度。这里所说的"环境温度"是按发热条件选择导线所采用的特定温度：在室外，环境温度一般取当地最热月的平均最高气温；在室内则取当地最热月的平均最高气温加 5 ℃。对于土中直埋的电缆，则取当地最热月地下 0.8～1 m 土壤的平均温度，亦可近似地取为当地最热月平均气温。

按发热条件选择的导线和电缆截面，还必须校验它与其相应的保护装置（熔断器或低压断路器的过流脱扣器）是否配合得当。如果配合不当，则可能发生导线或电缆因过电流而发热起燃，但保护装置不动作的情况，这当然是不允许的。

2. 中性线（N 线）截面的选择

由于三相四线制线路的中性线要通过三相系统的不平衡电流和零序电流，因此中性线的允许载流量不应小于三相系统的最大不平衡电流，同时应考虑系统中谐波电流的影响。

（1）一般三相四线制线路的中性线截面 A_0 不应小于相线截面 A_φ 的 50%，即

$$A_0 \geqslant 0.5A_\varphi \qquad (5-3)$$

（2）两相三线制线路及单相线路的中性线截面 A_0，由于其中性线电流与相线电流相等，因此其中性线截面 A_0 应与相线截面 A_φ 相同，即

$$A_0 = A_\varphi \qquad (5-4)$$

（3）三次谐波电流突出的三相四线制线路的中性线截面 A_0，由于各相的三次谐波电流都要通过中性线，使得中性线电流可能超过相线电流，因此中性线截面 A_0 宜等于或大于相线截面 A_φ，即

$$A_0 \geqslant A_\varphi \qquad (5-5)$$

3. 保护线（PE 线）截面的选择

在正常情况下，保护线不通过负荷电流，但当三相系统发生单相接地故障时，短路故障电流要通过保护线，因此保护线要考虑单相短路电流通过时的短路热稳定度。按《低压配电设计规范》（GB50054—2011）的规定，保护线的截面可按以下条件选择：

（1）当 $A_\varphi \leqslant 16 \text{ mm}^2$ 时，$A_{PE} \geqslant A_\varphi$。

（2）当 $16 \text{ mm}^2 < A_\varphi \leqslant 35 \text{ mm}^2$ 时，$A_{PE} \geqslant 16 \text{ mm}^2$。

（3）当 $A_\varphi \geqslant 35 \text{ mm}^2$ 时，$A_{PE} \geqslant 0.5A_\varphi$。

当 PE 线采用单芯绝缘导线时，按机械强度要求，有机械保护的 PE 线其截面不应小于 2.5 mm^2；无机械保护的 PE 线其截面不应小于 4 mm^2。

4. 保护中性线（PEN 线）截面的选择

保护中性线兼有保护线和中性线的双重功能，因此保护中性线的截面选择应同时满足上述保护线和中性线的要求，取其中的最大截面。当采用单芯导线作为 PEN 线干线时，铜芯截面不应小于 10 mm^2，铝芯截面不应小于 16 mm^2；当采用多芯电缆芯线作为 PEN 线干

线时，其截面不应小于 4 mm²。

【例 5-1】 有一条 BLX—500 型铝芯橡皮线明敷的 220/380 V 的 TN-S 线路，线路计算电流为 150 A，当地最热月平均最高气温为 30℃。试按发热条件选择此线路的导线截面。

解 （1）相线截面的选择：

查《绝缘导线明敷、穿钢管和穿硬塑料管时的允许载流量》得环境温度为 30℃时明敷的 BLX—500 型截面为 50 mm² 的铝芯橡皮线的 $I_{al}=163$ A$\geqslant I_{30}=150$ A，满足发热条件。因此相线截面选 $A_\varphi=50$ mm²。

（2）中性线和保护线截面的选择：

按 $A_0\geqslant 0.5A_\varphi$，$A_{PE}\geqslant 0.5A_\varphi$，故选 $A_0 A_{PE}\geqslant 0.5A_\varphi=25$ mm²。所选导线型号可表示为 BLX—500—(3×50+1×25+PE25)。

【例 5-2】 对于上例所示 TN-S 线路，如果采用 BLV—500 型铝芯塑料线穿硬塑料管埋地敷设，当地最热月平均气温为 25℃。试按发热条件选择此线路导线截面。

解 查《塑料绝缘导线穿硬塑料管时的允许载流量表》可得 25℃时 5 根单芯线穿硬塑料管(PC)的 BLV—500 型截面为 120 mm² 的导线允许载流量 $I_{al}=160$ A$\geqslant I_{30}=150$ A。

因此按发热条件，相线截面选为 120 mm²。中性线截面按 $A_0\geqslant 0.5A_\varphi$，选为 70 mm²。保护线截面按 $A_{PE}\geqslant 0.5A_\varphi$，选为 70 mm²。选择结果可表示为 BLV—500—(3×120+1×70+PE70)。

（二）按经济电流密度条件选择导线和电缆的截面

导线的截面越大，其单位长度的电阻就越小，在传输相同功率时，其线路上产生的电能损耗越小，但是线路投资、维修管理费用和有色金属消耗量都要增加。因此对于长距离、超高压输电线路，应从满足技术经济要求出发，选择综合效益最佳的经济截面。

图 5-17 是线路年运行费用 F 与导线截面 A 的关系曲线。其中，曲线 1 表示线路的年折旧费和线路的年维修管理费之和与导线截面的关系曲线。曲线 2 表示线路的年电能损耗费与导线截面的关系曲线。曲线 3 为曲线 1 与曲线 2 的叠加，表示线路的年运行费用与导线截面的关系曲线。由曲线 3 可以看出，与年运行费最小值 F_a（a 点）相对应的导线截面 A_a 不一定是很经济合理的导线截面，因为 a 点附近曲线比较平坦，如果将导线再选小一些，

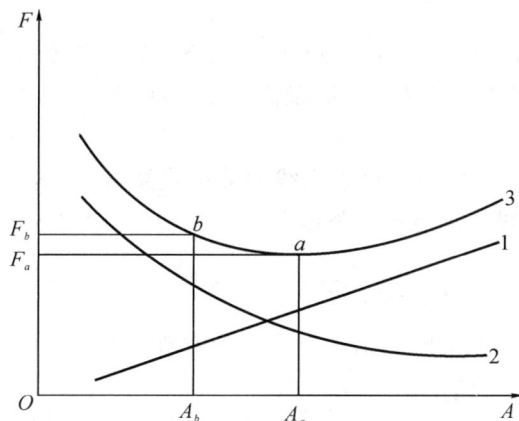

图 5-17　线路年运行费用与导线截面的关系曲线

例如，选为 $A_b(b$ 点)，年运行费 F_b 比 F_a 增加不多，但 A_b 却比 A_a 减小很多，从而使有色金属消耗量显著减少。因此从全面的经济效益考虑，导线截面选为 A_b 看来比选为 A_a 更为经济合理。这种从全面的经济效益考虑，既使线路的年运行费用接近于最小，又适当考虑有色金属节约的导线截面称为经济截面，用符号 A_{ec} 表示。对应于经济截面的电流密度称为经济电流密度，用 j_{ec} 表示。

各国根据其具体国情特别是有色金属资源的情况，规定了导线和电缆的经济电流密度。按经济电流密度 j_{ec} 计算经济截面 A_{ec} 的公式为

$$A_{ec} = \frac{I_{30}}{j_{ec}} \qquad (5-6)$$

我国现行的导线和电缆的经济电流密度规定如表 5 - 4 所示。

表 5 - 4　导线和电缆的经济电流密度　　　　　（单位：A/mm²）

线路类别	导线材质	年 最 大 有 功 负 荷 利 用 小 时		
		3000 h 以下	3000～5000 h	5000h 以上
架空线路	铜	3.00	2.25	1.75
	铝	1.65	1.15	0.90
电缆线路	铜	2.50	2.25	2.00
	铝	1.92	1.73	1.54

【例 5 - 3】　有一条用 LGJ 型铝绞线架设的 5 km 长的 35 kV(U_N)架空线路，计算负荷为 2500 kW，$\cos\varphi = 0.7$，$T_{max} = 4800$ h。试选择其经济截面，并校验其发热条件和机械强度。

解　（1）选择经济截面：

$$I_{30} = \frac{P_{30}}{\sqrt{3} U_N \cos\varphi} = \frac{2500}{\sqrt{3} \times 35 \times 0.7} = 58.9 \text{ (A)}$$

由表 5 - 4 查得 $j_{ec} = 1.15$ A/mm²，故 $A_{ec} = \dfrac{58.9}{1.15} = 51.2$ mm²，选标准截面 50 mm²，即选 LGJ - 50 型钢芯铝线。

（2）校验发热条件：

查附表 3 得 LGJ—50 型钢芯铝线的允许载流量(室外温度为 40℃)$I_{al} = 151$ A ≥ I_{30} = 58.9 A，因此满足发热条件，并按导体的最高温度 70℃ 修正。

（3）校验机械强度：

根据表 5 - 2，由于 35 kV 架空钢芯铝线的最小截面 $A_{min} = 35$ mm² < $A = 50$ mm²。因此所选 LGJ—50 型钢芯铝线也满足机械强度要求。

★ 问题与思考

1. 在选择导线和电缆截面时必须满足的条件有哪些？

2. 经济截面是什么含义？

3. 10 kV 及以下的高压线路和低压动力线路在选择电缆时的计算顺序是什么？

4. 长距离、大电流线路和 35 kV 及以上的高压线路在选择电缆时的计算顺序是什么？

任务三　熟悉电力线路运行维护与检修工作

一、电力线路的运行维护

为了掌握线路及其设备的运行情况，及时发现并消除缺陷与安全隐患，必须定期进行巡视与检查，确保配电线路的安全、可靠、经济运行。巡视也称为巡查或巡线，指巡线人员较为系统和有序地查看设备。巡视是线路及其设备管理工作的重要环节和内容，是保证线路及其设备安全运行最基本的工作，目的是为了及时了解和掌握线路健康状况、运行环境，检查有无缺陷或安全隐患，同时为线路及其设备的检修、消缺计划提供科学的依据。

（一）架空线路的运行维护

对厂区架空线路，一般要求每月进行一次巡视检查。如遇大风大雨及发生故障等特殊情况时需要临时增加巡视次数。在巡视中发现的异常情况应记入专用记录簿内，重要情况应及时向上级汇报，请示处理。巡视的项目包括：

（1）电杆有无倾斜、变形、腐朽、损坏及基础下沉等现象，如果有这种情况，应设法修理或更换。

（2）沿线路的地面是否堆放有易燃易爆和强腐蚀性物品，如果有这种情况，应立即设法挪开。

（3）沿线路周围有无危险建筑物，应尽可能保证在雷雨季节和大风季节周围建筑物不会对线路造成损坏。

（4）线路上有无树枝、风筝等杂物悬挂，如果有这种情况，应设法清除。

（5）拉线是否完好，绑扎线是否紧固可靠，如果有缺陷，应设法修理或更换。

（6）导线接头是否接触良好，有无过热发红、严重氧化、腐蚀或断脱等现象，绝缘子有无破损和放电现象，如果有这种情况，应设法修理或更换。

（7）避雷装置的接地是否良好，接地线有无断脱情况。在雷雨季节来临之前，应重点检查以确保防雷安全。

（二）电缆线路的运行维护

电缆线路大多敷设在地下，运行维护的工作量并不是很大，想要做好电缆线路的运行维护工作就要全面了解电缆的类型、敷设方式、结构布置、线路走向及电缆头位置等。电缆线路一般要求每季进行一次巡视检查并经常监视其负荷大小和发热情况。当遇大雨、洪水、地震等特殊情况及发生故障时，需要临时增加巡视次数。在巡视中发现的异常情况，应记入专用记录簿内，重要情况应及时汇报上级，请示处理。巡视的项目包括：

（1）电缆头及瓷套管有无破损和放电痕迹，对填充有电缆胶（油）的电缆头，还应检查有无漏油溢胶现象。

（2）对明敷电缆应检查电缆外皮有无锈蚀、损伤，沿线支架或挂钩有无脱落，线路上及附近有无堆放易燃易爆及强腐蚀性物品。

（3）对暗敷和埋地电缆应检查沿线的盖板和其他保护设施是否完好，有无挖掘痕迹，线路标桩是否完整无缺。

（4）电缆沟内有无积水或渗水现象，是否堆放有杂物及易燃易爆等危险品。

（5）线路上各种接地是否良好，有无松脱、断股和腐蚀现象。

（三）车间配电线路的运行维护

要搞好车间配电线路的运行维护工作，必须全面了解线路的布线情况、导线型号规格及配电箱和开关、保护装置的位置等，并了解车间负荷的要求、大小及车间变电所的有关情况。车间配电线路一般要求每周进行一次巡视检查。在巡视中发现的异常情况，应记入专用记录簿内，重要情况应及时汇报上级，请示处理。巡视的项目包括：

（1）检查导线的发热情况。例如，裸母线在正常运行的最高允许温度一般为 70℃。如果温度过高将使母线接头处的氧化加剧，使接触电阻增大，运行情况迅速恶化，最后可能导致接触不良甚至断线。所以通常在母线接头处涂以变色漆或示温蜡，以检查其发热情况。

（2）检查线路的负荷情况。线路的负荷电流不得超过导线（或电缆）的允许载流量，否则导线会过热，可引发火灾。因此运行维护人员要经常监视线路的负荷情况，除了可从配电屏上的电流表指示了解负荷外，还可利用钳形电流表来测量线路的负荷电流。

（3）检查配电箱、分线盒、开关、熔断器、母线槽及接地保护装置等的运行情况，着重检查其接线有无松脱、螺栓是否紧固、瓷瓶有无放电等现象。

（4）检查线路上及线路周围有无影响线路安全的异常情况。绝对禁止在带电的绝缘导线上悬挂物体，禁止在线路近旁堆放易燃易爆及强腐蚀性的危险品。

（5）对敷设在潮湿、有腐蚀性物质场所的线路和设备，要做定期的绝缘检查，绝缘电阻一般不得小于 0.5 MΩ。

二、电力线路的检修

电力线路的检修分为停电检修和不停电检修两种。不停电检修对保证电力系统连续供电、减少停电损失有很大意义。但对一般工厂供电系统来说，主要还是采用停电检修。对于范围较小的短时间停电检修，例如，检修低压分支线，在不影响重要负荷用电的情况下，可随时通知用户停电进行。范围较大时间较长的停电检修，例如，检修高压线路或低压干线，则必须及早通知用户，而且尽量安排在假日进行，以减少停电造成的损失。

（一）架空线路的检修

架空线路检修的内容主要包括清扫绝缘子，正杆，更换电杆，电杆加高，修换横担、绝缘子、拉线，修换有缺陷的导线及调整弛度，修接户进户线，修变压器台架，变压器的试验和更换，修补接地装置，修剪树木，处理沿线障碍物，处理接点过热及烧损，以及各种开关、避雷器的轮换、试验和更换等。

如果导线出现磨损可以暂不做处理；钢芯铝绞线中的铝线 7% 以下断股或者单一金属线的截面 7% 以下断股要进行缠绕；钢芯铝绞线中的铝线 7%～25% 以下断股或者单一金属线的截面 7%～17% 以下断股要进行补修；钢芯铝绞线中的铝线 25% 以上断股或者单一金属线的截面 17% 以上断股要进行锯断重接。对于架空线路电杆，如果电杆受损使其断面缩减至 50% 以下时，应立即补修或加绑桩；损坏严重时应该换杆。

架空线路常见的故障主要有电气性故障和机械性破坏故障两大类。电气性故障是配电网在运行中经常发生的故障,大多数是短路故障,少数是断线故障。断线不接地,通常又称为缺相运行,它将使送电端三相有电压,受电端一相无电压,三相电动机无法运转,处理不及时容易烧坏设备。架空线路上的机械破坏故障常见的有倒杆或断杆、导线损伤或断线等。

1. 电气性故障的预防

(1)单相接地:及时清理线路走廊,修剪过高的树木,拆除危及安全运行的违章建筑,确保安全运行。

(2)混线:调整弧垂,扩大相间距离,缩小档距。

(3)外力破坏:悬挂安全标示牌、加强保杆护线的宣传、加强跟踪线路走廊的异常变化和工地施工的情况。

(4)雷击的预防:加装避雷器,降低接地电阻,降低雷击的损坏程度;启用重合闸功能,提高供电的可靠性。

(5)绝缘子击穿:选用合格的绝缘子,在满足绝缘配合的条件下提高电压等级和防污秒等级;加强绝缘子清扫。

2. 机械性破坏故障的预防

(1)加强巡视,及时发现并消除缺陷,重点检查电杆缺陷,如检查有无裂纹或腐蚀、基础及拉线情况,在汛期和严冬更要重点检查,对易受外力撞击的杆塔应加警示标志,及时迁移。

(2)加强货物质量验收关、施工质量验收关,加强线路走廊的防护,加强线路的巡视。

(二)电缆线路的检修

1. 户外、户内终端维护检修

清扫电缆终端,检查有无电晕放电痕迹;检查终端接点接触是否良好;核对线路铭牌、相位颜色,油漆支架及电缆铠装;检查接地线并测量接地电阻;测量电缆主绝缘电阻,外护层、内衬层绝缘电阻,进行交叉互联系统的电气试验;对有压力的电缆终端、中间接头,记录其压力,检查有无渗漏现象;检查装有油位指示器的终端油位;对单芯电缆还应测量记录各相接地环流;进行例行的防污闪工作。

2. 电缆井口及电缆沟盖板维护检修

及时更换丢失、损坏的电缆井口和电缆沟盖板,减少"马路杀手"。

3. 电缆土建设施维护检修

土建设施维护检修主要包括电缆工井、排管、电缆沟、电缆隧道、电缆夹层等的维护检修,清扫电缆沟并检查电缆本体及电缆接头,排除电缆沟内积水,采取堵漏措施。

4. 电缆桥架、支架维护检修

保证基础底角螺丝完整无松动,焊接良好无开裂,无锈蚀,检查桥块两侧电缆的松弛部分有无变化。

5. 其他附属设备维护检修

检查自动排水、温度监控、气体监测、烟气报警系统等。

6. 测试和技术监督

随着电缆设备的急剧增加,为解决设备增加与人员不足之间的矛盾,必须采用先进的测试及监督技术，加强对设备的技术监督水平。测温是一项监督设备运行的重要手段。诸如电缆及其附属设备在运行中的发热现象，正常巡视中很难发现。目前很多企业运用了远红外成像技术，对电缆附件各部接点、外护套、电缆排列最密集处或散热情况最差处、重要线路接地点等处进行测量。测温时间选择高温大负荷及保电时段。此外，35～220 kV 电缆线路避雷器均安装了在线监测仪，这种仪器能在避雷器运行状态下检测其泄漏电流，并含有避雷器动作记数功能。这对避雷器是否完好，能否安全运行，提供了可靠的判据。

★ 问题与思考

1. 架空线路、电缆线路、车间线路的巡视检查项目各是什么？
2. 架空线路常见的故障有哪两类？
3. 电缆线路检修包括哪几部分？
4. 电缆线路出现故障后，一般需要用什么设备测量其绝缘性？

单 元 测 试

一、填空题

1. 架空线路的组成包括：_____、_____、_____、_____等。

2. 同一线路上两相邻电杆的水平距离称为_____，又称为_____，弧垂是指在一个档距内导线在电杆上的悬挂点与导线最低点间的_____。

3. 一般在 35 kV 以上的架空线路上采用_____型导线。

4. 低压动力线路通常是按照_____条件来选择导线和电缆的截面。低压照明线路通常是按照_____条件来选择导线和电缆的截面。

5. 导线和电缆的截面的选择包括四方面内容：_____、_____、_____、_____。

6. 架空线路在电杆上的排列方式，一般为_____、_____。

7. 电缆是一种特殊的导线，它的芯线材质是_____或_____。它由_____、_____、_____三部分组成。

8. 电杆是支持导线的支柱，根据电杆在线路中的作用，可分为_____、_____、_____、_____、_____等。

二、选择题（部分题目需选 2～3 项）

1. 选择照明电路（   ），选择车间动力负荷线路（   ），选择 35 kV 高压架空线路（   ）。

A. 按发热条件选择导线   B. 按电压损耗条件选择导线

C. 按经济电流密度选择导线   D. 按机械强度选择导线

2. 在 N-S 线路中，相线截面选择为 10 mm^2，则其 N 线应选择为（   ）mm^2，PE 线应选择为（   ）mm^2。

A. 5   B. 6

C. 10   D. 16

3. 下列陈述错误的是( )。

A. 因为电缆头是电缆线路中的薄弱环节,所以电缆线路的大部分故障都发生在电缆接头处

B. 导线的弧垂是架空线路一个档距内导线最低点与两端电杆上导线悬挂点间的垂直距离

C. 绝缘子又称为瓷瓶,它用来将导线固定在电杆上,与电杆绝缘

D. 导线和电缆均要校验机械强度

4. PEN 线是指( )。

A. 中性线

B. 保护线

C. 保护中性线

D. 避雷线

5. 厂区架空线路的巡视检查周期是( )。

A. 一个月

B. 两个月

C. 三个月

D. 半年

三、判断题

1. 经济截面是指从全面的经济效益考虑,使线路的年运行费用接近最小而又考虑有色金属节约的导线截面。 ( )

2. 按规定,裸导线 A、B、C 三相涂漆的颜色分别对应为黄、绿、红三色。 ( )

3. 电缆线路出现故障一般需要万用表测量绝缘性。 ( )

4. 对于平面图上使用的非标准图形符号要增加图例进行说明。 ( )

5. 电缆线路的巡视检查周期是一年。 ( )

四、简答题

1. 导线和电缆的选择应满足哪些条件?

2. 电缆线路的常用敷设方式有哪些?

3. 敷设电缆的技术要求有哪些?

4. 试比较架空线路和电缆线路的优缺点。

五、综合题

1. 按发热条件选择 220/380 V、TN-C 系统中的相线和 PEN 线截面。已知线路的计算电流为 150 A,安装地点环境温度为 25℃,拟用 BLV 铝芯塑料线穿钢管埋地敷设。请选择导线截面并写出导线线型。

2. 有一条用 LJ 型铝绞线架设的 5 km 长的 35 kV 架空线路,计算负荷为 2500 kW,$\cos\varphi=0.8$,$T_{max}=4800$ h,试选择其经济截面。

项目六 掌握供配电系统的保护与自动化设备

学习目标

1. 了解供配电系统过流保护的基本知识。
2. 掌握继电保护装置的任务、要求和实现方式。
3. 掌握供配电系统线路的继电保护方式与实现。
4. 学会识读高压断路器的控制和信号回路。
5. 掌握电测仪表的功能与选型原则。
6. 了解绝缘监视装置的保护原理。
7. 掌握自动重合闸装置和备用电源自动投入装置的功能。

任务一 掌握供配电系统的继电保护

二次设备是对一次设备进行监测、控制、调节和保护的电气设备。包括测量仪表、控制及信号装置、继电保护和自动化装置等。二次设备是通过 CT（电流互感器）、PT（电压互感器）同一次设备的电量相关联的。二次设备及其相互连接的回路称为二次回路。二次回路是电力系统安全生产、经济运行、可靠供电的重要保障。它是发电厂和变电站中不可缺少的重要组成部分，继电保护系统是二次回路的主体部分。

一、继电保护的基本知识

电气设备在运行过程中，由于外力破坏、设备内部绝缘被击穿、过负荷、误操作等原因，可能造成电气设备或线路故障。最常见的电力故障是短路。短路包括线路的三相短路、两相短路、单相接地；变压器和电机内部线圈的匝间短路、单相碰壳等。工厂供配电系统通常配备的过负荷和短路保护设备有：熔断器保护、低压断路器保护和继电保护，下面分别说明：

（1）熔断器保护：适用于高、低压供电系统。由于其装置简单经济，所以在工厂供电系统中应用非常广泛。但是其断流能力较小，选择性较差，并且其熔体熔断后要更换熔体才能恢复供电，因此在要求供电可靠性较高的场所不宜采用熔断器保护。

（2）低压断路器保护：它又称为低压自动开关保护，适用于要求供电可靠性较高和操作灵活方便的低压供配电系统中。

（3）继电保护：适用于要求供电可靠性高、操作灵活方便，特别是自动化程度较高的高压供配电系统中。

熔断器保护和低压断路器保护都能在过负荷和短路时动作，断开电路，切除过负荷和短路部分，而使系统的其他部分恢复正常运行。但熔断器大多主要用于短路保护，而低压断路器则除了可作为过负荷和短路保护外，有的还可作为低电压或失压保护。

电力故障除了短路之外还有过电压、低电压、缺相运行、系统振荡等。为了保障系统的安全运行，并在发生故障时尽快消除电力系统的不正常运行状态，在高压电力系统中，单一功能的过流保护已不能满足需求，需要一种装置能根据故障的状况自动、快速地做出正确的处理。能担此重任的就是继电保护。

（一）继电保护系统概述

继电保护装置是指能反映电力系统中的故障或不正常的运行状态，并能作用于断路器跳闸或发出信号的一种自动装置。

继电保护装置的任务是当电力系统发生故障时，能自动、迅速地将故障设备从电力系统中切除，将事故尽可能地限制在最小范围内，或发出信号由值班人员消除故障根源，以减轻或避免设备的损坏，保证电力系统的稳定运行；在正常供电的电源因故突然中断时，通过继电保护和自动化装置迅速投入备用电源，使重要设备、线路能继续获得供电。

为了能正确、无误、及时地处理故障，使电力系统能以最快速度恢复正常运行，要求继电保护系统具备选择性、快速性、灵敏性和可靠性。下面分别予以说明。

1. 选择性

当供配电系统发生故障时，离故障点最近的保护装置动作，切除故障，而系统的其他部分仍正常运行。继电保护选择性的示意图如图 6-1 所示。

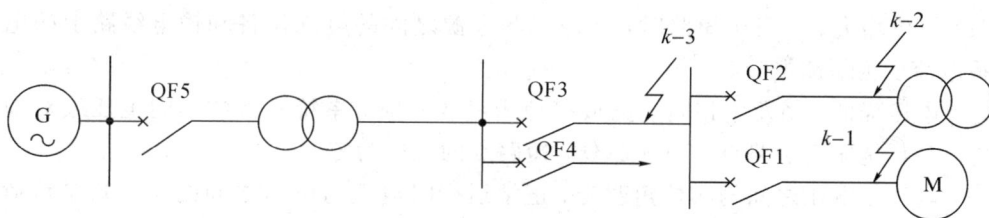

图 6-1　继电保护选择性的示意图

在图 6-1 中，当 $k-1$ 点短路时，应跳开断路器 QF1，切除电动机，而其他非故障线路仍继续运行，满足这一要求的动作，称为"选择性"动作。而不能因为 QF3 处也有短路涌流而将断路器 QF3 跳开。此时，如果 QF3 跳闸了，就称为"误动作"，将造成母线失压，扩大停电范围。但是，由于某种原因导致 QF1"拒动"时，再跳开断路器 QF3 切除故障是正确的，仍属于有选择性的。继电保护的这种功能称为后备保护。当后备保护动作时，停电范围虽有所扩大，但仍是必要的，否则当保护装置或断路器拒动时，故障无法消除，后果将极其严重。

继电保护装置的选择性，是依靠采用适当类型的继电保护装置和正确选择其整定值，使各级保护相互配合来实现的。

2. 快速性

为了保证电力系统运行的稳定性和对用户可靠供电，以及避免和减轻电气设备在事故时所遭受的损害，要求继电保护装置尽快地动作，尽快地切除故障部分。但是，并不是对所有的故障情况都要求快速切除故障。因为提高快速性会使继电保护装置较复杂，增加投资，有时也可能影响选择性。因此，应根据被保护对象在电力系统中的地位和作用，来确定其保护的动作速度。例如，对大容量的发电机和变压器，要求保护装置的动作时间在工频几个周期之内，对高压和超高压输电线路，要求保护装置的动作时间在工频 1～2 个周期之内；对于某些电压等级较低的线路，则允许 1～2 s，甚至更长些。对于后备保护的动作时间，要求大于主保护的动作时间。

3. 灵敏性

过电流保护装置的灵敏度用保护装置的保护区内在电力系统为最小运行方式(是指电力系统处于短路阻抗最大、短路电流最小的状态的运行方式)时的最小短路电流 $I_{k.min}$ 与保护装置一次动作电流(即保护装置动作电流换算到一次电路的值)$I_{op.1}$ 的比值来表示，这一比值就称为保护装置的灵敏系数或灵敏度，即

$$K_s = \frac{I_{k.min}}{I_{op.1}} \tag{6-1}$$

在 GB50062—2008《电力装置的继电保护和自动装置设计规范》中，对各级继电保护装置的灵敏度都有一个最小值的规定。

4. 可靠性

需要保护装置动作时不拒动，不需保护装置动作时不误动，确保保护装置正确动作。

(二) 继电保护系统的原理和构成

电气设备从正常工作到故障或不正常运行，其电气量往往会发生显著的变化，主要特征是：

(1) 电流增大。当发生短路时，故障点与电源之间的电气设备和输电线路上的电流将由负荷电流变为短路电流。

(2) 电压降低。当发生相间短路或接地短路故障时，系统各点的相间电压或对地电压值下降，并且越靠近短路点的电压越低，短路点的电压为零。

(3) 电流与电压之间的相位角改变。正常运行时电流与电压之间的相位角是负荷的功率因数角，一般为 20°～30°。在保护装置的正方向发生短路时，电压与电流之间的相位角一般为 60°～85°；而在保护的反方向短路时，电压与电流之间的相位角则为 180°＋(60°～85°)。

(4) 在不对称短路时，出现负序分量的电流和电压；在接地短路时，出现零序分量的电流和电压。在正常对称运行时，既无零序分量也无负序分量。

因此，利用短路时电气量的变化，便可构成各种原理的继电保护。例如，根据短路故障时电流的增大，可构成过电流保护；根据电压的降低，可构成低电压保护；根据电流与电压之间相位角的变化，可构成功率方向保护；根据电压与电流的比值，可构成距离保护；根据不对称时出现的零序和负序分量，可构成零序保护等。另外，还有一些根据非电量设计的保护，如变压器的瓦斯保护，过负荷保护等。

继电保护装置一般由测量部分、逻辑部分、执行部分、信号部分及操作电源等组成，如图 6-2 所示。

继电保护装置的组成部分分述如下：

(1) 测量部分是用来监测被保护对象(电气设备或输电线路)的运行状态，将被保护对象的运行状态信息(如电流、电压等)通过测量、变换、滤波等处理后送入逻辑部分。

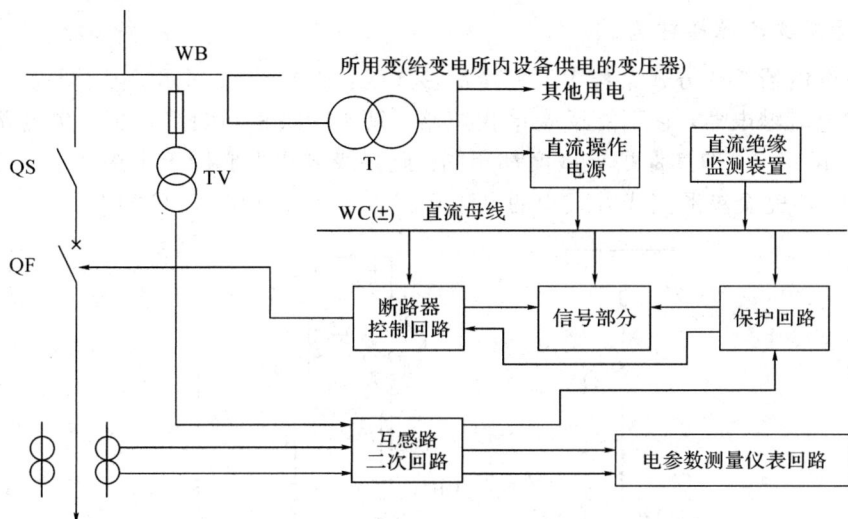

图 6 - 2　继电保护装置的基本组成

（2）逻辑部分将测量部分送来的信息与基准整定值进行比较，判断保护装置是否该动作于跳闸或信号、是否需要延时等，输出相应的信息。

（3）执行部分根据逻辑元件输出的信息，送出跳闸信息至断路器控制回路或发出报警信息至报警信号回路。

（4）继电保护装置的逻辑部分、执行部分和信号部分都需要操作电源。

（三）电流保护的接线方式和接线系数

电流保护的接线方式是指二次回路中的电流继电器与电流互感器二次绕组的连接方式。为了表达不同接线方式中继电器电流 I_{KA}，与电流互感器二次电流 I_2 的关系，特引入一个接线系数 K_w，即

$$K_w = \frac{I_{KA}}{I_2} \tag{6-2}$$

1．三相三继电器接线方式

三相三继电器接线方式又称为完全星形接线，如图 6 - 3 所示。它能反映各种短路故障，流入继电器的电流与电流互感器二次绕组电流相等，其接线系数在任何短路情况下均等于 1，即 $K_w = 1$。这种接线方式主要用于高压大接地电流系统，保护相间短路和单相短路。

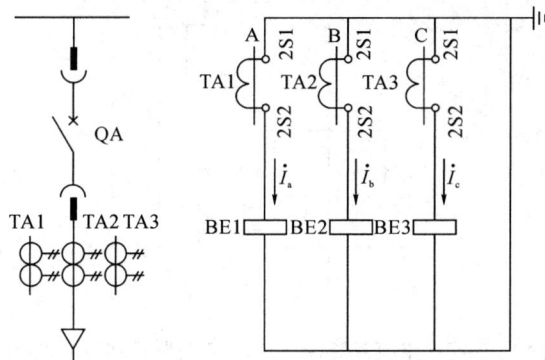

图 6 - 3　三相三继电器接线方式

2. 两相两继电器接线方式

两相两继电器接线方式又称为不完全星形接线，如图 6-4 所示。由于 B 相没有装设电流互感器和电流继电器，它不能反映单相短路，只能反映相间短路。在一次电路发生任意相间短路时 $K_w=1$，即其保护灵敏度都相同。此接线方式主要用于小接地电流系统作相间短路保护用。不完全星形接线方式中的电流互感器必须装设在 A、C 相。

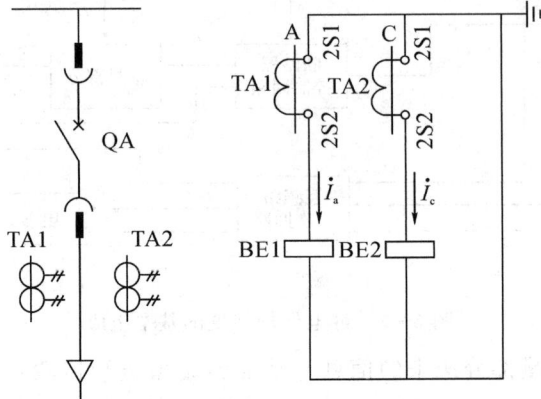

图 6-4　两相两继电器接线方式

（四）继电保护装置的操作方式

继电保护装置的操作电源，有直流操作电源和交流操作电源两大类。由于交流操作电源具有投资少、运行维护方便及二次回路简单可靠等优点，因此它在中小型工厂供电系统中应用广泛。交流操作电源供电的继电保护装置主要有以下三种操作方式。

1. 直接动作式

直接动作式过电流保护电路如图 6-5 所示。利用断路器手动操作机构内的过流脱扣器（跳闸线圈）YR 作为直动式过流继电器，接成两相一继电器式或两相两继电器式。在正常运行时，YR 通过的电流远小于其动作电流，因此不动作。而在一次电路发生相间短路时，YR 动作，使断路器 QF 跳闸。这种操作方式简单经济，但保护灵敏度低，实际上较少应用。

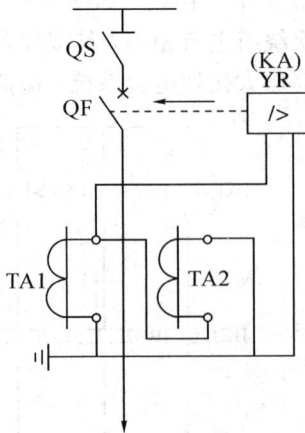

QF—断路器；TA1、TA2—电流互感器；YR—断路器跳闸线圈(即直动式继电器KA)

图 6-5　直接动作式过电流保护电路

2．中间电流互感器接线操作方式

采用中间电流互感器作为操作电源，接线复杂，使用的电器较多，并且灵敏度较低，现已被"去分流跳闸"跳闸的交流操作方式所取代。

3．"去分流跳闸"的操作方式

"去分流跳闸"的过电流保护电路如图6-6所示。在正常运行时，电流继电器KA的常闭触点将跳闸线圈YR短路分流，YR中无电流通过，所以断路器QF不会跳闸。当一次电路发生相间短路时，电流继电器KA动作，其常闭触点断开，使跳闸线圈YR的短路分流支路被去掉（即"去分流"），从而使电流互感器的二次电流全部通过YR，致使断路器QF跳闸，即"去分流跳闸"。这种操作方式的接线也比较简单，并且灵敏度高，但要求电流继电器KA触点的分断能力足够大才行。目前生产的GL—15、25、16、26等型电流继电器，其触点容量相当大，短时分断电流可达150A，完全能够满足短路时"去分流跳闸"的要求。因此，这种去分流跳闸的操作方式在现代工厂的供电系统中应用相当广泛。

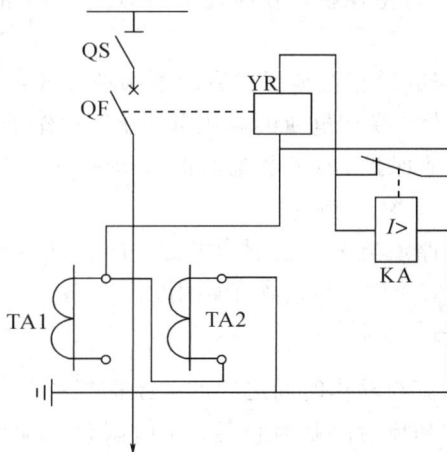

QF—断路器；TA1、TA2—电流互感器；KA—电流继电器(GL型)；YR—跳闸线圈

图6-6 "去分流跳闸"的过电流保护电路

二、供配电线路的继电保护

工厂供配电线路的特点是高压电力线路的电压等级一般为6～35 kV，线路短，通常为单端供电。在供电线路上发生短路故障时，其重要特征是电流增加和电压降低，根据这两个特征可以构成电流和电压保护。反映电流突然增大使继电器动作构成的保护装置，称为过电流保护。它主要包括带时限过电流保护和电流速断保护。电压保护主要是低电压保护，当发生短路时，保护装置安装处母线残余电压低于低电压保护的整定值，发生保护动作。电压保护一般很少单独采用，在多数情况下是与电流保护配合使用的，例如，低电压闭锁过电流保护。

带时限的过电流保护，按其动作时间特性划分，有定时限过电流保护和反时限过电流保护两种。定时限是指保护装置的动作时间是按整定的动作时间固定不变的，与故障电流大小无关；反时限是指保护装置的动作时间与故障电流大小成反比关系，故障电流越大，动作时间越短，所以反时限特性也称为反比延时特性。

（一）电力线路的故障形式与保护设置

按 GB/T50062－2008《电力装置的继电保护和自动装置设计规范》的规定：对 3～66 kV 电力线路，应装设相间短路保护、单相接地保护和过负荷保护。

3～10 kV 线路装设相间短路保护装置，应符合下列规定：

（1）对于单侧电源线路，可装设两段电流保护：第一段应为不带时限的电流速断保护；第二段应为带时限的电流速断保护。两段保护均可采用定时限或反时限特性的继电器。对单侧电源带电抗器的线路，当其断路器不能切断电抗器前的短路时，不应装设电流速断保护，此时，应由母线保护或其他保护切除电抗器前的故障。保护装置应仅在线路的电源侧装设。

（2）对于双侧电源线路，可装设带方向或不带方向的电流速断和过电流保护。当采用带方向或不带方向的电流速断和过电流保护不能满足选择性、灵敏性或速动性的要求时，应采用光纤纵联差动保护作为主保护，并应装设带方向或不带方向的电流保护作为后备保护。

3～10 kV 单侧电源线路的单相接地保护有以下两种方式：

（1）接地监视装置，装设在变配电所的高压母线上，动作于信号。

（2）有选择性的单相接地保护（零序电流保护），动作于信号，但当危及人身和设备安全时，则应动作于跳闸。

对可能过负荷的电缆线路或电缆架空混合线路，应装设过负荷保护。保护装置宜带时限动作于信号，当危及设备安全时，可动作于跳闸。

（二）带时限过电流保护

过流保护装置的短路电流与动作时间之间的关系曲线称为保护装置的延时特性。延时特性又分为定时限延时特性和反时限延时特性。定时限延时动作时间是固定的，与短路电流的大小无关。短路电流与动作时限成一定曲线关系，定时限过流保护的特性曲线如图 6-7 所示，t_{op} 为继电保护动作延时时间，I_{op} 为最小动作电流。

反时限延时动作时间与短路电流的大小有关，短路电流大，动作时间短，短路电流小，动作时间长，如图 6-8 所示。反时限保护特性在原理上与很多负载的故障特性接近，因此保护特性更优越。图中，速断电流 I_{qb} 是继电器线圈中的使定时限元件动作的最小电流。速断电流倍数 $N_{qb}＝I_{qb}/I_{op}$。

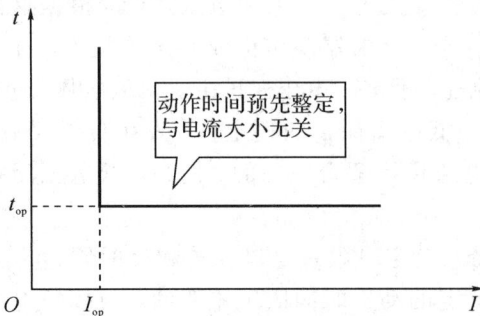

图 6-7　定时限过流保护特性曲线

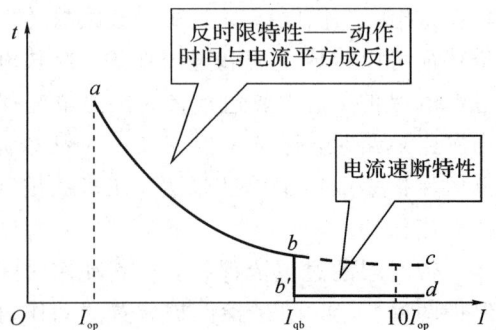

图 6-8　过电流保护的反时限特性曲线

1. 带时限（以定时限为例）过电流保护的组成与原理

定时限过电流保护的原理电路如图6-9所示。其中，图6-9(a)为按集中表示法绘制的原理电路图，通常称为接线图，这种电路图中的所有电器的组成部件是各按自归总在一起法绘制的，因此过去也称为归总式电路图。图6-9(b)为按分开表示法绘制的原理电路图，通常称为展开图，这种电路图中的所有电器的组成部件按各部件所属回路分开绘制。从原理分析的角度来说，展开图简明清晰，在二次回路（包括继电保护装置、自动装置、控制、测量等回路）中应用最为普遍。

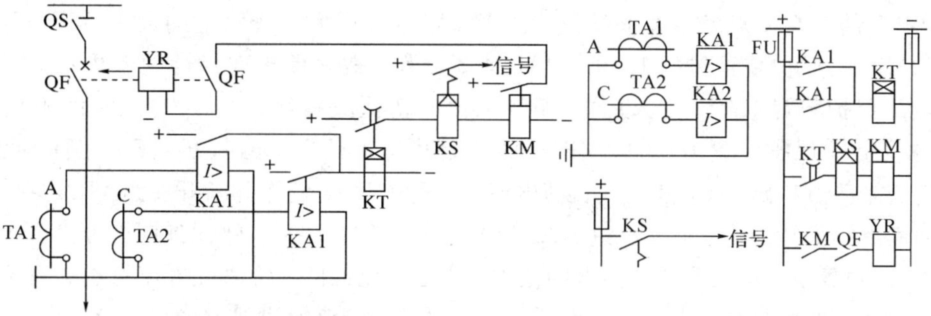

（a）接线图（按集中表示法绘制）　　　　（b）展开图（按分开表示法绘制）

QF—断路器；KT—时间继电器(DS型)；KA—电流继电器(DL型)；
KS—信号继电器(DX型)；KM—中间继电器(DZ型)；YR—跳闸线圈

图6-9　定时限过电流保护的原理电路

在图6-9中，当一次电路发生相间短路时，电流继电器KA1瞬时动作，闭合其触点，使时间继电器KT动作。KT经过整定的时限后，其延时触点闭合，使串联的信号继电器（电流型）KS和中间继电器KM动作。在KS动作后，其指示牌掉下，同时接通信号回路，给出灯光信号和音响信号。KM动作后，接通跳闸线圈YR回路，使断路器QF跳闸，切除短路故障。QF跳闸后，其辅助触点QF1-2随之切断跳闸回路。在短路故障被切除后，继电保护装置除KS外的其他所有继电器均自动返回起始状态，而KS则可手动复位。

2. 带时限过电流保护的时限整定

1）电流继电器的继电特性

电流继电器的动作电流I_{op}是流入电流继电器线圈中的使继电器从初始状态进入动作状态的最小电流。电流继电器的返回电流I_{re}是流入电流继电器线圈中的使继电器由动作状态返回到初始状态的最大电流。电流继电器的继电特性如图6-10所示。电流继电器的返回系数K_{re}是电流继电器的返回电流与动作电流的比值，即

$$K_{re}=\frac{I_{re}}{I_{op}} \tag{6-3}$$

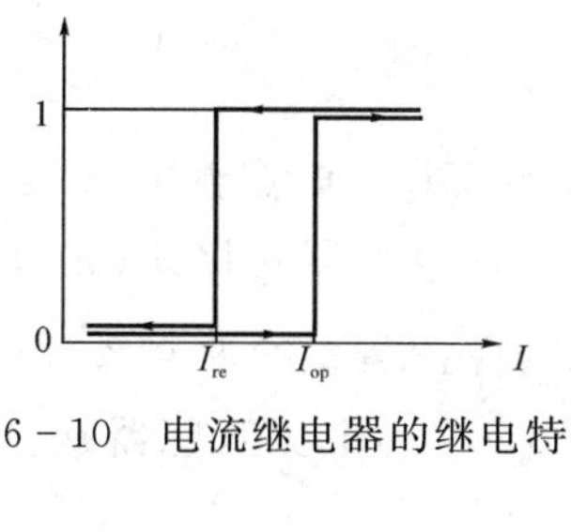

图6-10　电流继电器的继电特性

2）最小动作电流（I_{op}）的整定

最小动作电流整定的基本原则是：

（1）带时限（含定时限和反时限）过电流保护的动作电流 I_{op} 应躲过被保护线路的最大负荷电流（包括正常过负荷电流和尖峰电流）$I_{L.max}$，以免在最大负荷通过时，保护装置误动作。

（2）保护装置的返回电流 I_{re} 也应躲过被保护线路的最大负荷电流 $I_{L.max}$，以保证装置在外部故障切除后，能可靠的返回原始位置，避免发生误动作。

在带时限过电流保护的时限整定如图 6-11 所示。在如图 6-11(a)所示的电路中，假设线路 WL2 的首端 k 点发生相间短路，由于短路电流远大于线路上的最大负荷电流，所以沿线路的过负荷保护装置包括 KA1、KA2 均要动作。按照保护选择性的要求，应该是靠近故障 k 点的保护装置 KA2 首先动作，断开 QF2，切除故障线路 WL2。这时由于故障线路 WL2 已被切除，保护装置 KA1 应立即返回起始状态，不至于再断开 QF1。但是如果 KA1 的返回电流未躲过线路 WL1 的最大负荷电流时，则在 KA2 动作并断开线路 WL2 后，KA1 可能不返回而继续保持动作状态，经过 KA1 所整定的动作时限后，错误地断开断路器 QF1，造成线路 WL1 也停电，扩大了故障停电的范围，这是不允许的。所以过电流保护装置不仅动作电流应该躲过线路的最大负荷电流，而且其返回电流也应该躲过线路的最大负荷电流。

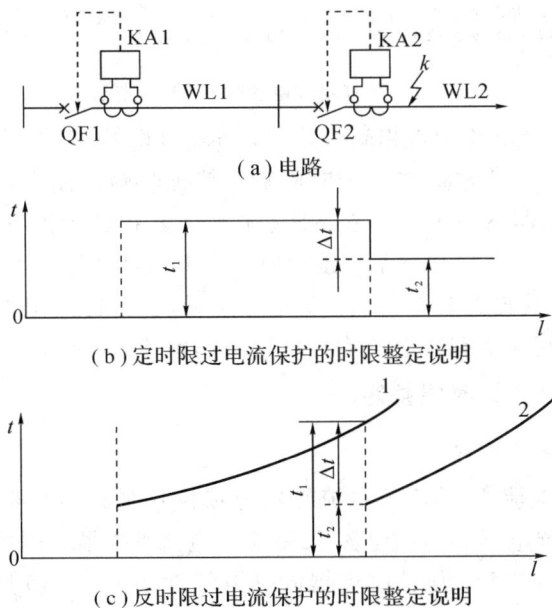

图 6-11　带时限过流保护的时限整定

过电流保护装置动作电流的整定计算公式为

$$I_{op}=\frac{K_{rel}K_W}{K_{re}K_i}I_{L.max} \tag{6-4}$$

式中，K_{rel} 为保护装置的可靠系数，对 DL 型电流继电器取 1.2，对 GL 型电流继电器取 1.3；K_W 为保护装置的接线系数，对两相两继电器式接线（相电流接线）为 1，对两相一继电器式接线（两相电流差接线）为 $\sqrt{3}$；K_{re} 为保护装置的返回系数，对 DL 型电流继电器可取 0.85～0.9，对 GL 型电流继电器可取 0.8；K_i 为电流互感器的变比；$I_{L.max}$ 为线路上的最大负荷电流，可取为 $(1.5\sim3)\,I_{30}$，I_{30} 为线路计算电流。

3）动作时间的整定

在图 6-11 中，过电流保护的动作时限，应按"阶梯原则"进行整定，以保证前后两级保护装置动作的选择性。也就是说，在后一级保护装置的线路首端(如图 6-11(a)所示电路中的 k 点)发生三相短路时，前一级保护的动作时间 t_1 应比后一级保护中最长的动作时间 t_2 大一个时间级差 Δt，如图 6-11(b)和(c)所示，即

$$t_1 \geqslant t_2 + \Delta t \tag{6-5}$$

Δt 不能取得太小，其值应保证电力网任一段线路在短路时，上一段线路的保护不应误动作；然而，为了降低整个电力网的时限水平，Δt 应尽量取小，否则靠近电源侧的保护动作时限太长。考虑上述两种因素，在一般情况下，$\Delta t=0.5\text{ s}$。定时限过流保护的动作时限在微机继保出现以前，是用时间继电器来整定的。

4）灵敏度校验及提高灵敏度的措施

根据式(6-1)，保护灵敏度 $K_s=I_{k.\min}/I_{op.1}$。对于线路过电流保护，$I_{k.\min}$ 应取被保护线路末端在系统最小运行方式下的两相短路电流 $I_{k.\min}^{(2)}$。而 $I_{op.1}=I_{op}K_i/K_W$，因此按规定过电流保护的灵敏度必须满足的条件为

$$K_s = \frac{K_W I_{k.\min}^{(2)}}{K_i I_{op}} \geqslant 1.5 \tag{6-6}$$

当过电流保护作为后备保护时，则其保护灵敏度 $K_s \geqslant 1.2$ 即可。

当过电流保护灵敏度达不到上述要求时，可采用低电压闭锁保护来提高其灵敏度。如图 6-12 所示保护电路，在过电流保护的电流继电器 KA 的常开触点回路中，串入低电压继电器 KV 的常闭触点，而 KV 经过电压互感器 TV 接在被保护线路的母线上。

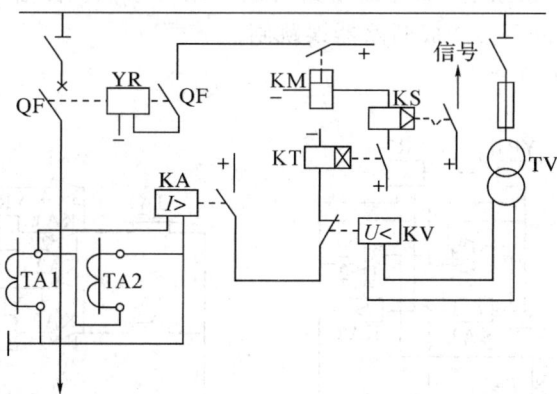

QF—高压断路器；TA—电流互感器；TV—电压互感器；KA—过电流继电器；
KT—时间继电器；KS—信号继电器；KM—中间继电器；KV—低电压继电器

图 6-12　低电压闭锁的过电流保护

在供电系统正常运行时，母线电压接近于额定电压，因此低电压继电器 KV 的常闭触点是断开的。这时的过电流继电器 KA 即使由于线路过负荷而误动作(即 KA 触点闭合)也不致造成断路器 QF 误跳闸。正因为如此，凡装有低电压闭锁的过电流保护装置的动作电流 I_{op}，不必按躲过线路的最大负荷电流 $I_{L.\max}$ 来整定，而只需按躲过线路的计算电流 I_{30} 来整定。当然保护装置的返回电流 I_{re} 也应躲过 I_{30}。因此，装有低电压闭锁的过电流保护的动

作电流整定计算公式为

$$I_{op} = \frac{K_{rel}K_w}{K_{re}K_i}I_{30} \qquad (6-7)$$

式(6-7)中各系数的含义和取值，与式(6-4)相同。由于 $I_{30} < I_{L.max}$，I_{op} 减小，而有效地提高了保护灵敏度。

上述低电压继电器 KV 的动作电压 U_{op}，按躲过母线正常最低工作电压 U_{min} 来整定，当然其返回电压也应躲过 U_{min}。因此低电压继电器动作电压的整定计算公式为

$$U_{op} = \frac{U_{min}}{K_{rel}K_{re}K_u} \approx 0.6\frac{U_N}{K_u} \qquad (6-8)$$

式中，U_{min} 为母线最低工作电压；U_N 为线路额定电压，取(0.85~0.95)；K_{rel} 为保护装置的可靠系数，可取 1.2；K_{re} 为低电压继电器的返回系数，一般取 1.25；K_u 为电压互感器的变比。

3. 反时限过电流保护

1) 反时限过电流保护的组成和原理

反时限过电流保护的原理电路如图 6-13 所示。当一次电路发生相间短路时，电流继电器 KA1 或 KA2 动作，经过一定延时(反时限特性)后，其常开触点闭合，紧接着其常闭触点断开，这时断路器 QF 因其跳闸线圈 YR 被"去分流"而跳闸，切除短路故障。在电流继电器去分流跳闸的同时，其信号牌掉下，指示保护装置已经动作。在短路故障被切除后，继电器返回，其信号牌可利用外壳上的旋钮手动复位。

比较图 6-13 与图 6-6 可以看出，图 6-13 中的电流继电器 KA 增加了一对常开触点，与跳闸线圈 YR 串联，其目的是防止电流继电器的常闭触点在一次电路正常运行时由于外界振动的偶然因素使之断开而导致断路器误跳闸的事故。在增加一对常开触点后，即使常闭触点偶然断开，也不会造成断路器误跳闸。

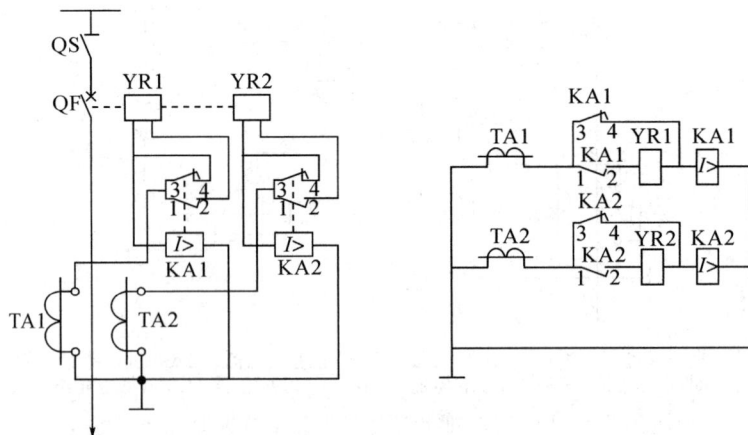

(a) 接线图(按集中表示法绘制)　　　(b) 展开图(按分开表示法绘制)

QF—断路器；TA—电流互感器；KA—电流继电器(GL-15、25型)；YR—跳闸线圈

图 6-13　反时限过电流保护的原理电路

2) 反时限过电流保护的整定

反时限过电流保护装置动作电流的整定和灵敏度校验方法与定时限过电流保护完全相

同。其动作时限的整定和配合如图 6-11(c)所示。为了保证各种保护装置的选择性，反时限过电流保护装置的动作时间也应按照阶梯形的原则来整定，但是由于它的动作时限与通过的保护装置的电流有关，因此它的动作时限实际是在某一短路电流下，或者说是在某一动作电流倍数下的动作时限。从图 6-11 中可以看出，前后级的配合点仍然在后一级的保护装置的线路首端，当 k 点短路时，$t_1 = t_2 + \Delta t$，Δt 一般取 0.7 s。

4. 定时限过电流保护与反时限过电流保护的比较

定时限过电流保护的优点是：动作时间比较精确，整定简单，而且不论短路电流大小，动作时间都是一定的，不会出现因短路电流小动作时间长而延长了故障时间的问题。但缺点是：所需继电器多，接线复杂，并且需要直流操作电源，投资较大。此外，靠近电源处的保护装置，其动作时间较长，这是带时限过流保护共有的缺点。

反时限过流保护的优点是：反时限保护特性在原理上与很多负载的故障特性接近，因此保护特性更优越，所用继电器数量大为减少，可以同时实现电流速断保护，加之可以采用交流电源操作，因此简单经济，投资大大降低。其缺点是：动作时间的整定比较麻烦，而且误差较大，当短路电流较小时，其动作时间可能相当长，延长了故障持续时间。

(三) 电流速断保护

上述带时限的过电流保护，有一个明显的缺点，就是越靠近电源的线路过电流保护，动作时间越长，而短路电流则是越靠近电源而越大，其危害也更加严重。因此 GB50062—2008 规定，在过电流保护动作时间超过 0.5~0.7 s 时，应该装设瞬时动作的电流速断保护装置。

1. 电流速断保护原理

电流速断保护就是一种瞬时动作的过电流保护。对于采用 DL 系列电流继电器的速断保护来说，就相当于定时限过电流保护中抽去时间继电器，即在启动用的电流继电器之后，直接接信号继电器和中间继电器，最后由中间继电器触点接通断路器的跳闸回路。图 6-14 是高压线路上同时装有定时限过电流保护和电流速断保护的电路图，其中，KA1、KA2、KT、KS1 和 KM 构成定时限过电流保护，KA3、KA4、KS2 和 KM 构成电流速断保护。

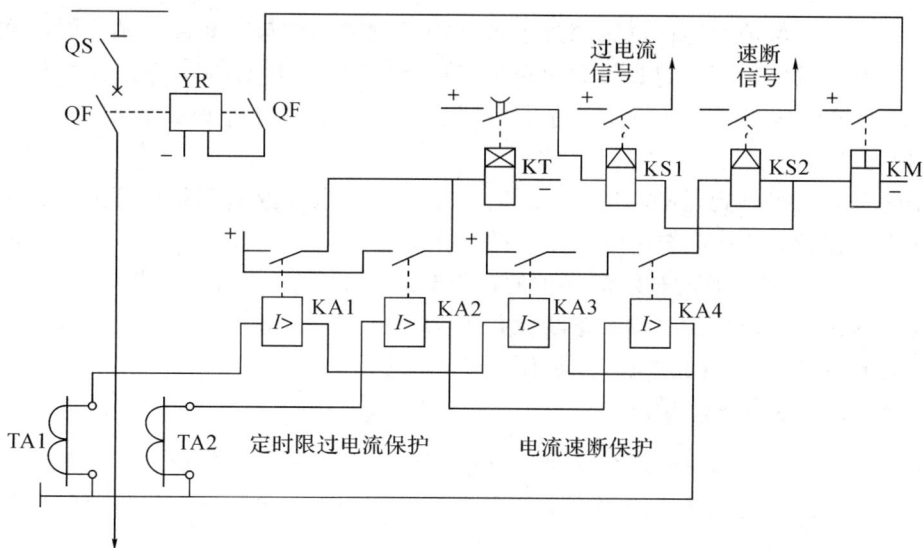

图 6-14　线路的定时限过电流保护和电流速断保护电路图

2. 速断电流的整定

为了保证前后两级瞬动的电流速断保护的选择性，电流速断保护的动作电流即速断电流，应按躲过它所保护线路末端的最大短路电流（三相短路电流）来整定。因为只有如此整定，才能在后一级速断保护所保护线路首端发生三相短路时，避免前一级速断保护误动作，以保证保护的选择性。

在如图 6-15 所示的线路中，设在线路 WL1 和 WL2 装有电流速断保护 1 和 2，当线路 WL2 的始端 $k-1$ 点发生短路时，应该由保护 2 动作于 QF2 跳闸，将故障线路 WL2 切除，而保护 1 不应该误动作。为此，必须使保护 1 的动作电流躲过线路 WL2 的始端 $k-1$ 点的短路电流 I_{k1}。实际上 I_{k1} 与前一段线路 WL1 末端 $k-2$ 点的短路电流 I_{k2} 几乎相等，因为 $k-1$ 点和 $k-2$ 点的距离很近，线路的阻抗很小。因此，电流速断保护装置 1 的动作电流为

$$I_{qb} = \frac{K_{rel} K_W}{K_{TA}} I_{k.max}^{(3)} \tag{6-9}$$

式中，I_{qb} 为电流速断保护装置的速断电流；K_{rel} 为可靠系数，对 DL 型继电器取 1.2～1.3；对 GL 型继电器取 1.4～1.5；$I_{k.max}^{(3)}$ 为被保护线路末端的最大三相短路电流。

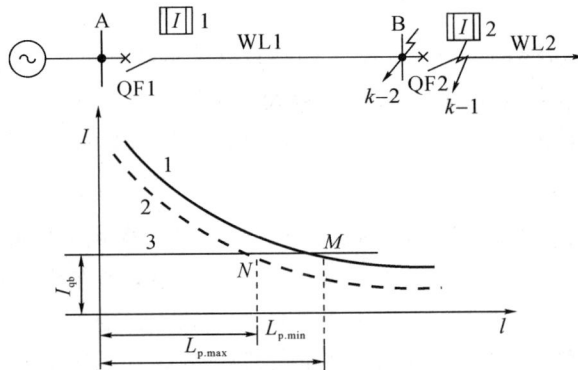

图 6-15　电流速断保护的整定

由于电流速断保护的动作电流躲过了被保护线路末端的最大短路电流，因此在靠近末端的一段线路上发生的不一定是最大短路电流（如两相短路电流）时，电流速断保护就不能动作，也就是电流速断保护实际上不能保护线路的全长。这种保护装置不能保护的区域，称为"保护死区"。

为了弥补死区得不到保护的缺陷，所以凡是装设有电流速断保护的线路，必须配备带时限的过电流保护。带时限的过电流保护的动作时间比电流速断保护至少长一个时间级差 $\Delta t = 0.5～0.7$ s，而且前后的过电流保护的动作时间又要符合"阶梯原则"，以保证选择性。

在电流速断保护的保护区内，速断保护作为主保护，过电流保护作为后备保护；而在电流速断保护的死区内，则过电流保护作为基本保护。

3. 电流速断保护的灵敏度

电流速断保护的灵敏度按其安装处（即线路首端）在系统最小运行方式下的两相短路电流 $I_k^{(2)}$ 作为最小短路电流 $I_{k.min}$ 来检验。因此电流速断保护的灵敏度必须满足的条件为

$$K_s = \frac{K_W I_k^{(2)}}{K_i I_{qb}} \geqslant 1.5（或 2） \tag{6-10}$$

按 GB50062-2008 规定，$K_s \geqslant 1.5$；按 JBJ6-1996 规定，$K_s \geqslant 2$。

【例 6-1】 某 10 kV 电力线路，如图 6-16 所示。TA1 的变比为 100A/5A，TA2 的变比为 50A/5A。WL1 和 WL2 的过电流保护均采用两相两继电器式接线，继电器均为 GL-15/10 型。KA1 已经整定，其动作电流为 7A，10 倍动作电流的动作时间为 1 s。WL2 的计算电流为 28 A，WL2 首端 $k-1$ 点的三相短路电流为 500A，其末端 $k-2$ 点的三相短路电流为 200 A。试整定 KA2 继电器的速断电流，并检验其灵敏度。

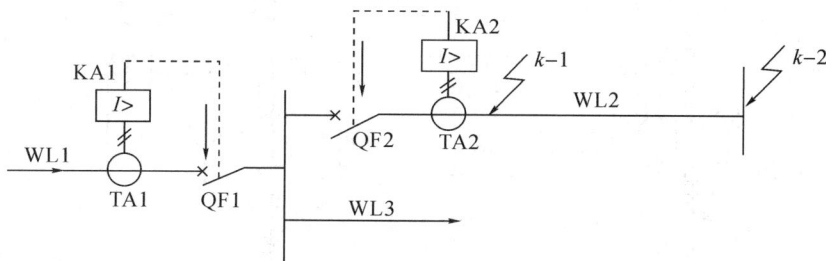

图 6-16　例 6-1 的电路图

解　(1) 整定 KA2 的速断电流。已知 WL2 末端的 $I_{k.max}=200$ A；又 $K_W=1$，$K_i=10$，取 $K_{rel}=1.4$。因此速断电流为

$$I_{qb}=\frac{K_{rel}K_W}{K_i}I_{k.max}=\frac{1.4 \times 1}{10} \times 200=28 \text{ (A)}$$

而 KA2 的 $I_{op}=9$ A，故速断电流倍数为

$$n_{qb}=\frac{I_{qb}}{I_{op}}=\frac{28}{9}=3.1$$

(2) 检验 KA2 的保护灵敏度。$I_{k.min}$ 取 WL2 首端 $k-1$ 点的两相短路电流，即

$$I_{k.min}=I_{k-1}^{(2)}=0.866I_k^{(3)}=0.866 \times 500=433 \text{ (A)}$$

故 KA2 的速断保护灵敏度为

$$S_p=\frac{K_W I_{k-1}^{(2)}}{K_i I_{qb}}=\frac{1 \times 433}{10 \times 28}=1.55>1.5$$

满足要求。

（四）有选择性的单相接地保护

在小接地电流的电力系统中，如果发生单相接地故障，则只有很小的接地电容电流，而相间电压不变，因此可暂时继续运行。但是这毕竟是一种故障，而且由于非故障相的对地电压要升高为原来对地电压的 $\sqrt{3}$ 倍，这对线路绝缘是一种威胁，如果长此下去，可能引起非故障相的对地绝缘击穿而导致两相接地短路，这将引起开关跳闸，线路停电。因此，在系统发生单相接地故障时，必须通过无选择性的绝缘监视装置（参看本项目任务二）或有选择性的单相接地保护装置，发出报警信号，以便运行值班人员及时发现和处理。

在小电流接地系统中，在正常情况下，系统三相基本对称，电流的相量和等于零，即 $I_a+I_b+I_c=0$。当系统发生单相接地故障时，系统三相电流的相量和不再等于零，即 $I_a+I_b+I_c=I$，I 即为零序电流。单相接地保护又称零序电流保护，它利用单相接地所产生的零序电流使保护装置动作，发出信号。当单相接地危及人身和设备安全时，则动作于跳闸。

零序电流保护的结构与原理如图6-17所示。单相接地保护必须通过零序电流互感器将一次电路发生单相接地时所产生的零序电流反映到它二次侧的电流继电器中去，如图6-17(a)所示。

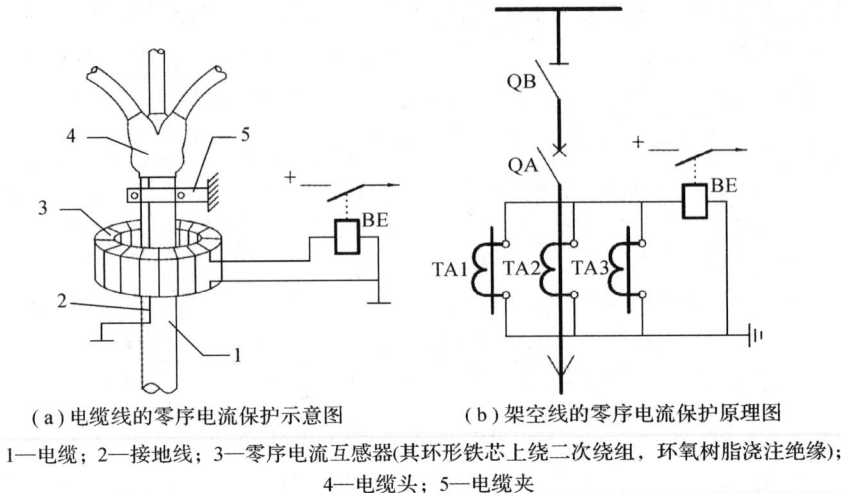

(a)电缆线的零序电流保护示意图　　　　(b)架空线的零序电流保护原理图

1—电缆；2—接地线；3—零序电流互感器(其环形铁芯上绕二次绕组，环氧树脂浇注绝缘)；
4—电缆头；5—电缆夹

图6-17　零序电流保护的结构与原理

单相接地保护装置能够相当灵敏地监视小接地电流系统的对地绝缘状况，而且能具体地判断发生单相接地故障的线路，因此GB50062—2008规定：对3～66 kV中性点非直接接地的线路上，宜装设有选择性的接地保护，并动作于信号；当危及人身和设备安全时，动作于跳闸。

这里必须强调的是，电缆头的接地线必须穿过零序电流互感器的铁芯，否则接地保护装置不起作用。关于架空线路的单相接地保护，可采用由三相分别装设的同型号规格的电流互感器同极性并联所组成的零序电流过滤器，如图6-17(b)所示。但一般工厂的高压架空线路不长，很少装设。

任务二　掌握电力系统的自动化装置

一、高压断路器的控制和信号回路识读

(一)概述

高压断路器的控制回路是指控制(操作)高压断路器分、合闸的回路。它取决于断路器操作机构的类型和操作电源的类别。电磁操作机构只能采用直流操作电源，弹簧操作机构和手动操作机构可交直流两用，不过一般采用交流操作电源。

信号回路是用来指示一次系统设备运行状态的二次回路。信号按用途划分，有断路器位置信号、事故信号和预告信号等。

断路器位置信号用来显示断路器正常工作的位置状态。一般是红灯亮，表示断路器处在合闸位置；绿灯亮，表示断路器处在分闸位置。

事故信号用来显示断路器在一次系统事故情况下的工作状态。一般是红灯闪光，表示断路器自动合闸；绿灯闪光，表示断路器自动跳闸。此外，还有事故音响信号和光字牌等。

预告信号是在一次系统出现不正常工作状态时或在故障初期发出的报警信号。例如，当变压器过负荷或者轻瓦斯动作时，就发出区别于上述事故音响信号的另一种预告音响信号，同时光字牌亮，指示出故障的性质和地点，值班员可根据预告信号及时处理。

对断路器的控制和信号回路有下列要求：

（1）应能监视控制回路的保护装置（如熔断器）及其分、合闸回路的完好性，以保证断路器的正常工作，通常采用灯光监视的方式。

（2）在合闸或分闸完成后，应能使命令脉冲解除，即能切断合闸或分闸的电源。

（3）应能指示断路器正常合闸和分闸的位置状态，并在自动合闸和自动跳闸时有明显的指示信号。如前所述，通常用红、绿灯的常亮光来指示断路器的正常合闸和分闸的位置状态，而用红、绿灯的闪光来指示断路器的自动合闸和跳闸。

（4）断路器的事故跳闸信号回路，应按"不对应原理"接线。当断路器采用手动操作机构时，利用操作机构的辅助触点与断路器的辅助触点构成"不对应"关系，即操作机构手柄在合闸位置而断路器已经跳闸时，发出事故跳闸信号。当断路器采用电磁操作机构或弹簧操作机构时，则利用控制开关的触点与断路器的辅助触点构成"不对应"关系，即控制开关手柄在合闸位置而断路器已经跳闸时，发出事故跳闸信号。

（5）对有可能出现不正常工作状态或故障的设备，应装设预告信号。预告信号应能使控制室或值班室的中央信号装置发出音响或灯光信号，并能指示故障地点和性质。通常预告音响信号用电铃，而事故音响信号用电笛，两者有所区别。

（二）采用手动操作的断路器控制和信号回路

图 6-18 是采用手动操作的断路器控制和信号回路的原理图。在合闸时，推上操作机构手柄使断路器合闸。这时断路器的辅助触点 QF3-4 闭合，红灯 RD 亮，指示断路器 QF 已经合闸。由于有限流电阻 R，跳闸线圈 YR 虽有电流通过，但电流很小，不会动作。红灯

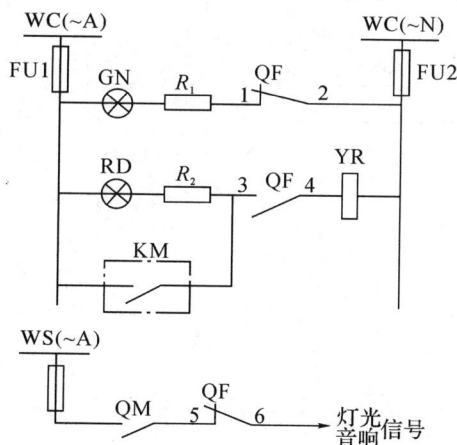

Wc—控制小母线；WS—信号小母线；GN—绿色指示灯；RD—红色指示灯；R—限流电阻；YR—跳闸线圈(脱扣器)；KM—继电保护出口继电器触点；QF1~6—断路器QF的辅助触点；QM—手动操作机构辅助触点

图 6-18　采用手动操作的断路器控制和信号回路的原理图

RD 亮,还表示跳闸线圈 YR 回路及控制回路的熔断器 FU1、FU2 是完好的,即红灯 RD 同时起着监视跳闸回路完好性的作用。

在分闸时,扳下操作机构手柄使断路器分闸。这时断路器的辅助触点 QF3-4 断开,切断跳闸回路,同时辅助触点 QF1-2 闭合,绿灯 GN 亮,指示断路器 QF 已经分闸。绿灯 GN 亮,还表示控制回路的熔断器 FU1、FU2 是完好的,即绿灯 GN 同时起着监视控制回路完好性的作用。

在正常操作断路器分、合闸时,由于操作机构辅助触点 QM 与断路器的辅助触点 QF5-6 是同时切换的,总是一开一合,所以事故信号回路总是不通的,因而不会错误地发出事故信号。

当一次电路发生短路故障时,继电保护装置动作,其出口继电器 KM 的触点闭合,接通跳闸线圈 YR 的回路(触点 QF3-4 原已闭合),使断路器 QF 跳闸。随后触点 QF3-4 断开,使红灯 RD 灭,并切断 YR 的跳闸电源。与此同时,触点 QF1-2 闭合,使绿灯 GN 亮。这时操作机构的操作手柄虽然仍在合闸位置,但其黄色指示牌掉下,表示断路器已自动跳闸。同时事故信号回路接通,发出音响和灯光信号。这事故信号回路正是按"不对应原理"来接线的:由于操作机构仍在合闸位置,其辅助触点 QM 闭合,而断路器因已跳闸,其辅助触点 QF5-6 也返回闭合,因此事故信号回路接通。当值班员得知事故跳闸信号后,可将操作手柄扳下至分闸位置,这时黄色指示牌随之返回,事故信号也随之解除。

控制回路中分别与指示灯 GN 和 RD 串联的电阻 R_1 和 R_2,主要用来防止指示灯的灯座短路时造成控制回路短路或断路器误跳闸。

(三)采用电磁操作机构的断路器控制和信号回路

图 6-19 是采用电磁操作机构的断路器控制和信号回路的原理图。其操作电源采用硅整流电容储能的直流系统。控制开关采用双向自复式并具有保持触点的 LW5 型万能转换开关,其手柄正常为垂直位置(0°)。顺时针扳转 45°,为合闸(ON)操作,手松开即自动返回

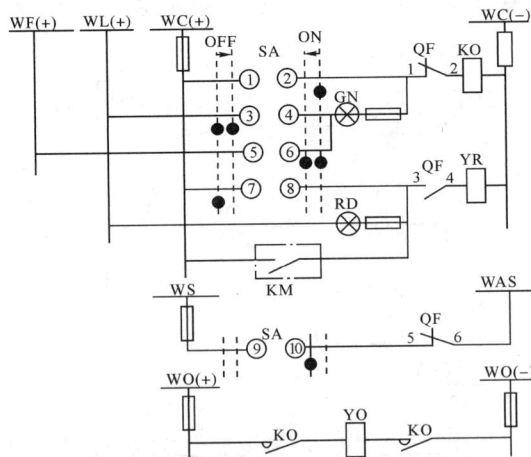

WC(±)—控制小母线;WL(+)—灯光信号(±)小母线;WF(+)—闪光信号小母线;WS—信号小母线;
WAS—事故音响信号小母线;WO—合闸小母线;SA—控制开关;KO—合闸接触器;
YO—电磁合闸线圈;YR—跳闸线圈;KM—继电保护出口继电器触点;QF1~6—断路器QF的辅助触点;
GN—绿色指示灯;RD—红色指示灯;ON—合闸操作方向;OFF—分闸操作方向

图 6-19 采用电磁操作机构的断路器控制和信号回路的原理图

（复位），保持合闸状态。逆时针扳转 45°，为分闸（OFF）操作，手松开也自动返回，保持分闸状态。图中虚线上打黑点（·）的触点，表示在此位置时触点接通；而虚线上标出的箭头（→），表示控制开关 SA 手柄自动返回的方向。

表 6-1　控制开关 SA 的触头图表

SA 触点编号			1-2	3-4	5-6	7-8	9-10
手柄位置	分闸后	↑		×			
	合闸操作	↗	×		×		
	合闸后	↑			×		×
	分闸操作	↖		×		×	

在合闸时，将控制开关 SA 手柄顺时针扳转 45°，这时其触点 SA1-2 接通，合闸接触器 KO 通电（回路中触点 QF1-2 原已闭合），其主触点闭合，使电磁合闸线圈 YO 通电，断路器 QF 合闸。在断路器合闸完成后，SA 自动返回，其触点 SA1-2 断开，QF1-2 也断开，切断合闸回路；同时 QF3-4 闭合，红灯 RD 亮，指示断路器已经合闸，并监视着跳闸线圈 YR 回路的完好性。

在分闸时，将控制开关 SA 手柄逆时针扳转 45°，这时其触点 SA7-8 接通，跳闸线圈 YR 通电（回路中触点 QF3-4 原已闭合），使断路器 QF 分闸。在断路器分闸完成后，SA 自动返回，其触点 SA7-8 断开，QF3-4 也断开，切断跳闸回路；同时 SA3-4 闭合，QF1-2 也闭合，绿灯 GN 亮，指示断路器已经分闸，并监视着合闸接触器 KO 回路的完好性。

由于红、绿指示灯兼起监视分、合闸回路完好性的作用，长时间运行，因此耗电较多。为了减少操作电源中储能电容器能量的过多消耗，因此另设灯光指示小母线 WL（+），专门用来接入红、绿指示灯，储能电容器的能量只用来供电给控制小母线 WC（+）。

当一次电路发生短路故障时，继电保护动作，其出口继电器触点 KM 闭合，接通跳闸线圈 YR 回路（回路中触点 QF3-4 原已闭合），使断路器 QF 跳闸。随后 QF3-4 断开，使红灯 RD 灭，并切断跳闸回路，同时 QF1-2 闭合，而 SA 在合闸位置，其触点 SA5-6 也闭合，从而接通闪光电源 WF（+），使绿灯闪光，表示断路器 QF 自动跳闸。由于 QF 自动跳闸，SA 在合闸位置，其触点 SA9-10 闭合，而 QF 已经跳闸，其触点 QF5-6 也闭合，因此事故音响信号回路接通，又发出音响信号。当值班员得知事故跳闸信号后，可将控制开关 SA 手柄扳向分闸位置（逆时针扳转 45° 后松开），使 SA 的触点与 QF 的辅助触点恢复对应关系，全部事故信号立即解除。

（四）采用弹簧操作机构的断路器控制和信号回路

图 6-20 是采用 CT7 型弹簧操作机构的断路器控制和信号回路的原理图。其控制开关 SA 采用 LW2 或 LW5 型万能转换开关。

在合闸时，先按下按钮 SB，使储能电动机 M 通电运转（位置开关 SQ2 原已闭合），从而使合闸弹簧储能。弹簧储能完成后，SQ2 自动断开，切断电动机 M 的回路，同时位置开关 SQ1 闭合，为合闸做好准备。然后将控制开关 SA 手柄扳向合闸（ON）位置，其触点 SA3-4 接通，合闸线圈 YO 通电，使弹簧释放，通过传动机构使断路器 QF 合闸。在合闸后，其辅助触点 QF1-2 断开，绿灯 GN 灭，并切断合闸回路；同时 QF3-4 闭合，红灯 RD 亮，指示断路器在合闸位置，并监视跳闸回路的完好性。

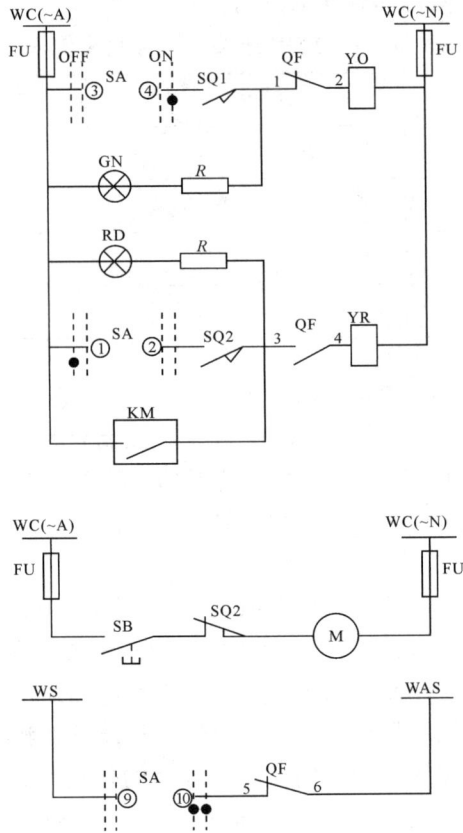

WC—控制小母线；WS—信号小母线；WAS—事故音响信号小母线；SA—控制开关；
SB—按钮；SQ—储能位置开关；YO—电磁合闸线圈；YR—跳闸线圈；QF1~6—断路器辅助触点；
M—储能电动机；GN—绿色指示灯；RD—红色指示灯；KM—继电保护出口继电器触点

图 6-20 采用弹簧操作机构的断路器控制和信号回路的原理图

在分闸时，将控制开关 SA 手柄扳向分闸（OFF）位置，其触点 SA1-2 接通，跳闸线圈 YR 通电（回路中触点 QF3-4 原已闭合），使断路器 QF 分闸。在分闸后，其辅助触点 QF3-4 断开，红灯 RD 灭，并切断跳闸回路；同时 QF1-2 闭合，绿灯 GN 亮，指示断路器在分闸位置，并监视合闸回路的完好性。

当一次电路发生短路故障时，保护装置动作，其出口继电器 KM 触点闭合，接通跳闸线圈 YR 回路（回路中触点 QF3-4 原已闭合），使断路器 QF 跳闸。随后 QF3-4 断开，红灯 RD 灭，并切断跳闸回路。由于断路器是自动跳闸，SA 手柄仍在合闸位置，其触点 SA9-10 闭合，而断路器 QF 已经跳闸，QF5-6 闭合，因此事故音响信号回路接通，发出事故跳闸音响信号。在值班员得知此信号后，可将控制开关 SA 手柄扳向分闸（OFF）位置，使 SA 触点与 QF 的辅助触点恢复对应关系，从而使事故跳闸信号解除。

储能电动机 M 由按钮 SB 控制，从而保证断路器合在发生短路故障的一次电路上时，断路器自动跳闸后不致重合闸，因而不需另设电气"防跳"装置。

二、电测量仪表与绝缘监视装置

（一）电测量仪表

电测量仪表是指对电力装置回路的运行参数作经常测量、选择测量和记录用的仪表以及作计费或技术经济分析考核管理用的计量仪表的总称。

为了监视供电系统一次设备（电力装置）的运行状态和计量一次系统消耗的电能，保证供电系统安全、可靠、优质和经济合理地运行，工厂供电系统的电力装置中必须装设一定数量的电测量仪表。

电测量仪表按其用途分为常用测量仪表和电能计量仪表两类。前者是对一次电路的电力运行参数进行经常测量、选择测量和记录用的仪表；后者是对一次电路进行供用电技术经济考核分析和对电力用户用电量进行测量、计量的仪表，即各种电能表（又称为电度表）。对常用测量仪表的一般要求如下：

（1）常用测量仪表应能正确地反映电力装置的运行参数，能随时监测电力装置回路的绝缘状况。

（2）交流回路仪表的精确度等级，除谐波测量仪表外，不应低于 2.5 级；直流回路仪表的精确度等级，不应低于 1.5 级。

（3）1.5 级和 2.5 级的常测仪表，应配用不低于 1.0 级的互感器。

（4）仪表的测量范围（量限）和电流互感器电流比的选择，宜满足电力装置回路以额定值运行时，仪表的指示在标度尺的 2/3 处。对有可能过负荷运行的电力装置回路，仪表的测量范围，宜留有适当的过负荷裕度。对重载启动的电动机及运行中有可能出现短时冲击电流的电力装置回路，宜采用具有过负荷标度尺的电流表。对有可能双向运行的电力装置回路，应采用具有双向标度尺的仪表。

（二）绝缘监视装置

绝缘监视装置用于非直接接地的电力系统中，以便及时发现单相接地故障，设法处理，以免故障发展为两相接地短路，造成停电事故。

6～35 kV 系统的绝缘监视装置，可采用三个单相双绕组的电压互感器和三个电压表，接成如图 3-7(c)所示的接线。也可采用三个单相三绕组电压互感器或一个三相五芯柱三绕组电压互感器，接成如图 3-7(d)所示的接线。还可采用如图 6-21 所示的接线，接成 Y。的二次绕组，其中，三只电压表均接各相的相电压。当一次电路某一相发生接地故障时，电压互感器二次侧的对应相的电压表读数指零，其他两相的电压表读数则升高到线电压。由指零电压表的所在相即可得知该相发生了单相接地故障。但是这种绝缘监视装置不能判明具体是哪一条线路发生了故障，所以它是无选择性的，只适于出线不多的系统及作为有选择性的单相接地保护（参看项目六任务一）的一种辅助指示装置。图 3-7(d)中电压互感器接成开口三角（△）的辅助二次绕组，构成零序电压过滤器，供电给一个过电压继电器。在系统正常运行时，开口三角的开口处电压接近于零，继电器不动作。当一次电路发生单相接地故障时，将在开口三角的开口处出现近 100 V 的零序电压，使电压继电器动作，发出报警的灯光信号和音响信号。

图 6-21 是 6～10 kV 母线的电压测量和绝缘监视电路图。图中的电压转换开关 SA 用

于转换测量三相母线的各个相间电压(线电压)。

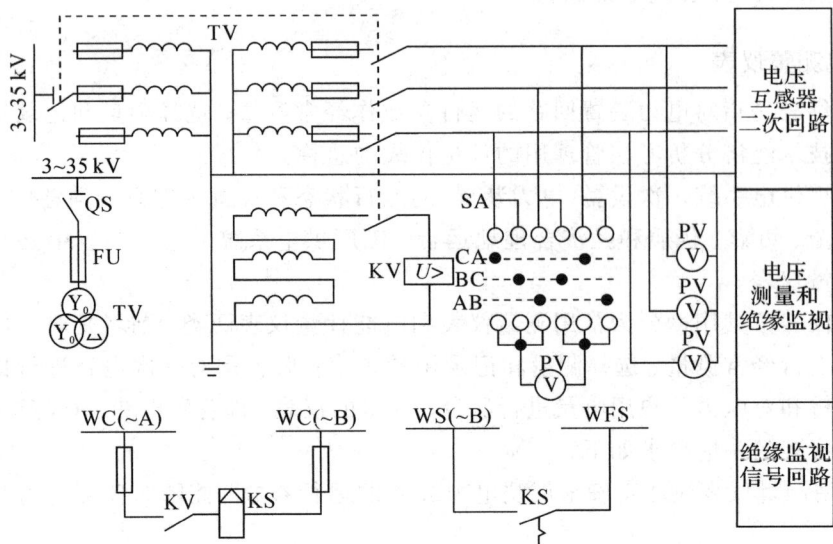

TV—电压互感器；QS—高压隔离开关及其辅助触点；SA—电压转换开关；
PV—电压表；KV—电压继电器；KS—信号继电器；WC—控制小母线；
WS—信号小母线；WFS—预告信号小母线

图 6-21　6～10 kV 母线的电压测量和绝缘监视电路图

需要注意的是，三相三芯柱的电压互感器不能用来作为绝缘监视装置。因为在一次电路发生单相接地时，电压互感器各相的一次绕组均将出现零序电压(其值等于相电压)，从而在互感器铁芯内产生零序磁通。如果互感器是三相三芯柱的，由于三相零序磁通是同相的，不可能在铁芯内闭合，只能经附近气隙或铁壳闭合，如图 6-22(a)所示，因此这些零序磁通不可能与互感器的二次绕组及辅助二次绕组交链，也就不能在二次绕组和辅助二次绕组内感应出零序电压，从而使它无法反映一次电路的单相接地故障。如果互感器采用如图 6-22(b)所示的三相五芯柱铁芯，则零序磁通可经两个边芯柱闭合，这样零序磁通就能与二次绕组和辅助二次绕组交链，并在其中感应出零序电压，从而可实现绝缘监视功能。

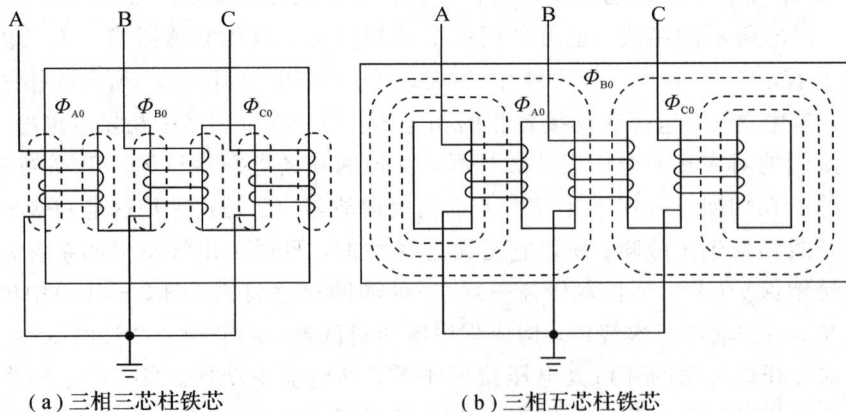

(a)三相三芯柱铁芯　　　　　　　　(b)三相五芯柱铁芯

图 6-22　电压互感器中的零序磁通分布(只画出互感器的一次绕组)

三、供配电系统的自动化装置

（一）电力线路的自动重合闸装置（ARD）

1. 自动重合闸的作用及应用

据统计，输电线路上有90%以上的故障是瞬时性的故障如雷击、鸟害等引起的故障。短路以后如果线路两侧的断路器没有跳闸，虽然引起故障的原因已消失，例如，雷击已过去、电击以后的鸟也已掉下，但由于有电源向短路点提供短路电流，因此故障不会自动消失。等继电保护动作将输电线路两侧的断路器跳开后，由于没有电源提供短路电流，电弧将熄灭。原先由电弧使空气电离造成的空气中大量的正、负离子开始中和，这个过程称之为去游离。等到足够的去游离时间后，空气可以恢复绝缘水平。这时如果有一个自动装置能将断路器重新合闸就可以立即恢复正常运行，显然这对保证系统安全稳定运行是十分有利的。将因故跳开的断路器按需要重新合闸的自动装置就称为自动重合闸装置。

自动重合闸装置将断路器重新合闸以后，如果继电保护没有再动作跳闸，系统马上恢复正常运行状态，这样重合闸成功了。如果是永久性的故障，例如，杆塔倒地、带地线合闸，或者是去游离时间不够等原因，断路器合闸以后故障依然存在，继电保护再次将断路器跳开。这样重合闸就没有成功。据统计，重合闸的成功率在80%以上。

当然应该看到，如果重合到永久性故障的线路上，系统将再一次受到故障的冲击，对系统的稳定运行是很不利的。但是由于输电线路上瞬时性故障的概率大得多，所以在中、高压输电线路上，除某些特殊情况外普遍都使用自动重合闸装置。

2. 电气一次自动重合闸装置的基本原理

图6-23为电气一次自动重合闸装置的基本原理电路图。

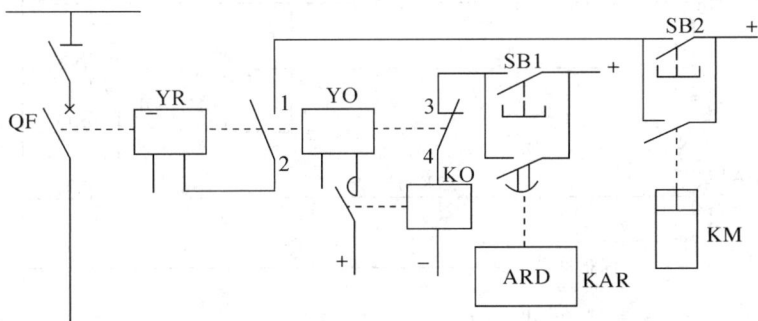

QF—断路器；YR—跳闸线圈；YO—合闸线圈；KO—合闸接触器；KAR—重合闸继电器；
KM—继电保护出口继电器触点；SB1—合闸按钮；SB2—跳闸按钮

图6-23　电气一次自动重合闸装置的基本原理电路图

在手动合闸时，按下合闸按钮SB1，使合闸接触器KO通电动作，从而使合闸线圈YO动作，使断路器QF合闸。

在手动跳闸时，按下跳闸按钮SB2，使跳闸线圈YR通电动作，使断路器QF跳闸。

当一次电路发生短路故障时，继电保护装置动作，其出口继电器触点KM闭合，接通跳闸线圈YR回路，使断路器QF自动跳闸。与此同时，断路器辅助触点QF3-4闭合，而且重合闸继电器KAR起动，经整定的时间后其延时闭合的常开触点闭合，使合闸接触器

KO 通电动作，从而使断路器 QF 重合闸。如果一次电路上的故障是瞬时性的，已经消除，则可重合成功。如果短路故障尚未消除，则保护装置又要动作，KM 的触点又使断路器 QF 再次跳闸。由于一次 ARD 采取了"防跳"措施（防止多次反复跳、合闸，图 6-23 中未表示），因此不会再次重合闸。

3. 电气一次自动重合闸装置示例

图 6-24 是 DH—2 型重合闸继电器的电气一次自动重合闸装置的展开式原理电路图（图中仅绘出与 ARD 有关的部分）。该电路的控制开关 SA1 采用 LW2 型万能转换开关，其合闸（ON）和分闸（OFF）操作各有三个位置：预备分、合闸，正在分、合闸，分、合闸后。SA1 两侧的箭头"→"指向就是这种操作程序。选择开关 SA2 采用 LW2-1.1/F4-X 型，只有合闸（ON）和分闸（OFF）两个位置，用来投入和解除 ARD。

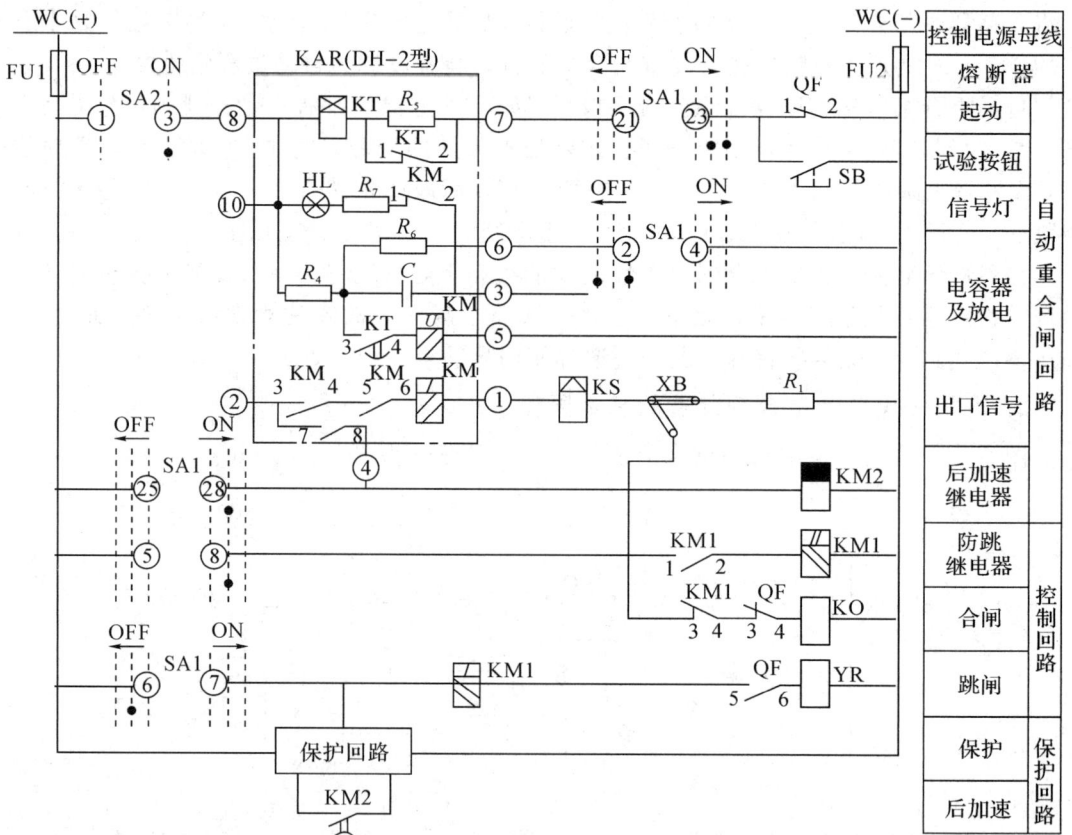

WC(±)—控制小母线；SA1—控制开关；SA2—选择开关；
KAR—DH-2型重合闸继电器(内含KT-时间继电器、KM-中间继电器、HL-指示灯及电阻R、电容器C等)；
KM1—防跳继电器(DZB-115型中间继电器)；KM2—后加速继电器(DZS-145型中间继电器)；
KS—DX-11型信号继电器；KO—合闸接触器；YR—跳闸线圈；XB—连接片；QF—断路器辅助触点

图 6-24　电气一次自动重合闸装置的展开式原理电路图

1）ARD 的工作原理

系统在正常运行时，控制开关 SA1 和选择开关 SA2 都扳到合闸（ON）位置，ARD 投入工作。这时重合闸继电器 KAR 中的电容器 C 经 R_4 充电，同时指示灯 HL 亮，表示控制小母线 WC(+)的电压正常，电容器 C 处于充电状态。

当断路器 QF 因一次电路故障而自动跳闸时，断路器辅助触点 QF1-2 闭合，而控制开关 SA1 仍处在合闸位置，从而接通 KAR 的启动回路，使 KAR 中的时间继电器 KT 经它本身的常闭触点 KT1-2 而动作。KT 动作后，其常闭触点 KT1-2 断开，串入电阻 R_5，使 KT 保持动作状态。串入 R_5 的目的，是限制通过 KT 线圈的电流，防止线圈过热烧毁，因为 KT 线圈不是按长期接上额定电压设计的。

在时间继电器 KT 动作后，经一定延时，其延时闭合的常开触点 KT3-4 闭合。这时电容器 C 对 KAR 中的中间继电器 KM 的电压线圈放电，使 KM 动作。

在中间继电器 KM 动作后，其常闭触点 KM1-2 断开，使指示灯 HL 熄灭，表示 KAR 已经动作，其出口回路已经接通。合闸接触器 KO 由控制小母线 WC（＋）经 SA2、KAR 中的 KM3-4、KM5-6 两对触点及 KM 的电流线圈、KS 线圈、连接片 XB、触点 KM1 3-4 和断路器辅助触点 QF3-4 而获得电源，从而使断路器 QF 重合闸。

由于中间继电器 KM 是由电容器 C 放电而动作的，但电容器 C 的放电时间不长，因此为了使 KM 能够自保持，在 KAR 的出口回路中串入了 KM 的电流线圈，借 KM 本身的常开触点 KM3-4 和 KM5-6 闭合使之接通，以保持 KM 的动作状态。在断路器 QF 合闸后，其辅助触点 QF3-4 断开而使 KM 的自保持解除。

在 KAR 的出口回路中串联信号继电器 KS，是为了记录 KAR 的动作，并为 KAR 动作发出灯光信号和音响信号。

在断路器重合成功以后，所有继电器自动返回，电容器 C 又恢复充电。要使 ARD 退出工作，可将 SA2 扳到分闸（OFF）位置，同时将出口回路中的连接片 XB 断开。

2）一次自动重合闸装置的基本要求

(1) 一次 ARD 只重合一次。如果一次电路故障是永久性的，断路器在 KAR 作用下重合闸后，继电保护又要动作，使断路器再次自动跳闸。断路器第二次跳闸后，KAR 又要起动，使时间继电器 KT 动作。但由于电容器 C 还来不及充好电（充电时间需要 15～25 s），所以电容器 C 的放电电流很小，不能使中间继电器 KM 动作，从而 KAR 的出口回路不会接通，这就保证了 ARD 只重合一次。

(2) 在用控制开关操作断路器分闸时，ARD 不应动作。在图 6-24 中，通常在分闸操作时，先将选择开关 SA2 扳至分闸（OFF）位置，其 SA2 1-3 断开，使 KAR 退出工作。同时将控制开关 SA1 扳到"预备分闸"及"分闸后"位置时，其触点 SA1 2-4 闭合，使电容器 C 先对 R6 放电，从而使中间继电器 KM 失去动作电源。因此即使 SA2 没有扳到分闸位置（使 KAR 退出的位置），在采用 SA1 操作分闸时，断路器也不会自行重合闸。

(3) ARD 的"防跳"措施。当 KAR 出口回路中的中间继电器 KM 的触点被粘住时，应防止断路器多次重合于发生永久性短路故障的一次电路上。

在如图 6-24 所示的 ARD 电路中，采用了两项"防跳"措施：

① 在 KAR 的中间继电器 KM 的电流线圈回路（即其自保持回路）中，串联了它自身的两对常开触点 KM3-4 和 KM5-6。这样，万一其中一对常开触点被粘住，另一对常开触点仍能正常工作，不致发生断路器"跳动"即反复跳、合闸现象。

② 为了防止万一 KM 的两对触点 KM3-4 和 KM5-6 同时被粘住时断路器仍可能"跳动"，故在断路器的跳闸线圈 YR 回路中，又串联了防跳继电器 KM1 的电流线圈。在断路器分闸时，KM1 的电流线圈同时通电，使 KM1 动作。当 KM3-4 和 KM5-6 同时被粘住

时，KM1 的电压线圈经它自身的常开触点 KM1 1-2、XB、KS 线圈、KM 电流线圈及其两对触点 KM3-4、KM5-6 而带电自保持，使 KM1 在合闸接触器 KO 回路中的常闭触点 KM1 3-4 也同时保持断开，使合闸接触器 KO 不致接通，从而达到"防跳"的目的。因此这种防跳继电器 KM1 实际是一种分闸保持继电器。

在采用了防跳继电器 KM1 后，即使用控制开关 SA1 操作断路器合闸，只要一次电路存在着故障，继电保护使断路器跳闸后，断路器也不会再次合闸。当 SA1 的手柄扳到"合闸"位置时，其触点 SA1 5-8 闭合，合闸接触器 KO 通电，使断路器合闸。如果一次电路存在着故障，继电保护将使断路器自动跳闸。在跳闸回路接通时，防跳继电器 KM1 启动。这时即使 SA1 手柄扳在"合闸"位置，但由于 KO 回路中 KM1 的常闭触点 KM1 3-4 断开，SA1 的触点 SA1 5-8 闭合，也不会再次接通 KO，而是接通 KM1 的电压线圈使 KM1 自保持，从而避免断路器再次合闸，达到"防跳"的要求。当 SA1 回到"合闸后"位置时，其触点 SA1 5-8 断开，使 KM1 的自保持随之解除。

3）ARD 与继电保护装置的配合

假设线路上装有带时限的过电流保护和电流速断保护，则在线路末端发生短路时，电流速断保护不动作，只过电流保护动作，使断路器跳闸。断路器跳闸后，由于 KAR 动作，将使断路器重新合闸。如果短路故障是永久性的，则过电流保护又要动作，使断路器再次跳闸。但由于过电流保护带有时限，因而将使故障延续时间延长，危害加剧。为了减小危害，缩短故障时间，因此一般采取重合闸后加速保护装置动作的措施。

由图 6-24 可知，在 KAR 动作后，KM 的常开触点 KM7-8 闭合，使加速继电器 KM2 动作，其延时断开的常开触点立即闭合。如果一次电路的短路故障是永久性的，则由于 KM2 触点的闭合，使保护装置在起动后，不经时限元件，而只经 KM2 触点直接接通保护装置出口元件，使断路器快速跳闸。ARD 与保护装置的这种配合方式，称为 ARD"后加速"。

由图 6-24 还可看出，控制开关 SA1 还有一对触点 SA1 25-28，它在 SA1 手柄在"合闸"位置时接通。因此当一次电路存在着故障，而 SA1 手柄在"合闸"位置时，直接接通加速继电器 KM2，也能加速故障电路的切除。

（二）备用电源自动投入装置

备用电源自动投入装置用于多电源点的变电站，当主供电源断开时自动将备用电源投入，保证供电的持续性。备用电源自动投入装置的一次接线方案形式多样，按照备用方式可以分为明备用和暗备用。明备用是指在正常情况下有明显断开的备用电源或备用设备或备用线路；暗备用是指在正常情况下没有断开的备用电源或备用设备，而是工作在分段母线状态，靠分段断路器取得相互备用。有进线备投、分段（母联）备投、桥备投、变压器备投四种方式。

1. 备用电源自动投入装置的作用

备用电源自动投入装置是指当工作电源因故障自动跳闸后，自动迅速将备用电源投入的一种自动装置，简称备自投装置（APD）。在工作电源线路突然断电时，利用失压保护装置使该线路的断路器跳闸，而备用电源线路的断路器则在 APD 作用下迅速合闸，使备用电源投入运行，从而大大提高供电可靠性，保证对用户的不间断供电。

在变电站，备用电源自动投入装置保证在工作电压故障退出后能够继续获得电源，使变电站的所用电正常供电，显然有效地提高了供电的可靠性。

2. 对备用电源自动投入装置的基本要求

针对一次系统的接线，APD的一次接线方案不同，但都必须满足一些基本要求，归纳如下：

（1）备用电源的电压必须正常，并且只有在工作电源断开后，备用电源才能投入。

（2）工作母线不论任何原因电压消失，备用电源均应投入。

工作母线失压的原因包括供电电源故障、供电变压器故障、母线故障、出线故障没有断开、断路器误跳闸等，这些情况造成工作母线失压时，备自投装置均应动作。

（3）备用电源只能投入一次。备自投装置动作，如果合闸于永久性故障，则备用电源或备用设备的继电保护会加速将备用电源或备用设备断开。此时若再投入备用电源，不但不会成功，而且会使备用电源或备用设备、系统再次遭受故障冲击，可能造成扩大事故、损坏设备等严重事故。

（4）备自投装置的动作时间应该以负荷停电时间尽可能短为原则，以减少电动机的自启动时间。但故障点应有一定的恢复绝缘时间，以保证装置动作成功。

（5）电压互感器二次断线时装置不应动作。

3. 备用电源自动投入装置的基本原理

图6-25是说明备用电源自动投入基本原理的电气简图。假设工作电源进线WL1在工作，WL2为备用，其断路器QF2断开，但其两侧隔离开关（图上未画）是闭合的。当工作电源进线WL1断电引起失压保护动作而使QF1跳闸时，其常开触点QF1 3-4断开，使原已通电动作的时间继电器KT断电，但其延时断开触点尚未及断开。这时QF1的另一对常闭触点QF1 1-2闭合，而使合闸接触器KO通电动作，使断路器QF2合闸，从而使备用电源WL2投入运行，恢复对变配电所的供电。备用电源WL2投入后，KT的延时断开触点断开，切断KO回路，同时QF2的联锁触点QF2 1-2断开，切断YO回路，避免YO长期通电（YO是按短时大功率设计的）。由此可见，当双电源进线配备APD时，供电可靠性大大提高。

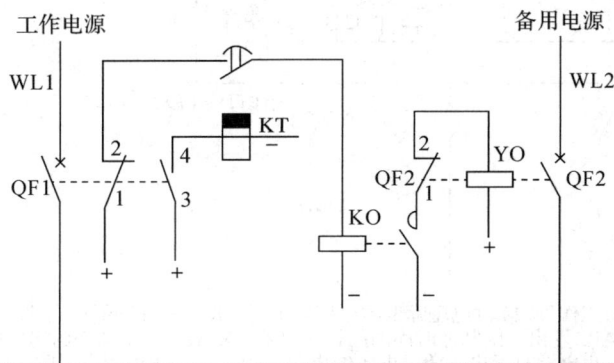

QF1—工作电源进线WL1上的断路器；QF2—备用电源进线WL2上的断路器；
KT—时间继电器；KO—合闸接触器；YO—断路器QF2的合闸线圈

图6-25 备用电源自动投入装置基本原理的电气简图

4. 备用电源自动投入装置的起动方式和典型接线

APD的接线可分为起动和自动合闸两个部分。这里主要讨论APD的起动方式和接线。

1) APD的起动方式

从对APD起动条件的基本要求出发,采用不对应起动方式起动。APD的切换开关处于投入位置而供电元件受电侧断路器处于跳闸位置,即两者位置不对应时,起动APD。

然而,当系统侧故障使工作电源失去电压,不对应起动方式不能使APD起动时,应考虑其他起动方式辅助不对应起动方式。在实际应用中,使用最多的辅助起动方式是采用低电压继电器来检测工作母线是否失去电压。显然,这种辅助起动方式能反映工作母线失去电压的所有情况,但这种辅助起动方式的主要问题是如何克服电压互感器二次回路断线的影响;另外,电动机的残压对此辅助起动方式也有一定的影响。

2) 备用变压器自动投入装置的接线

图6-26为发电厂厂用备用变压器自动投入装置的归总式原理接线图。它适用于变电所的备用变压器。其他场合备用电源自动投入装置的接线与之相似。

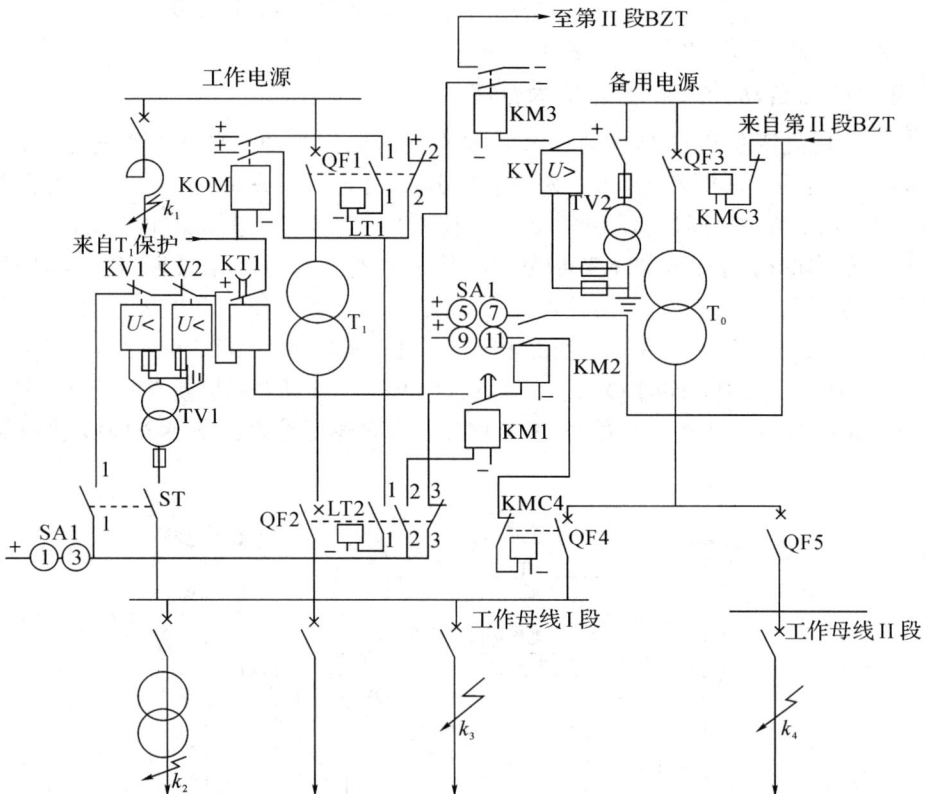

KV1、KV2—反映工作母线I段电压降低的电压继电器;KT1—辅助低压启动APD的时间继电器;
KM1—控制APD发出合闸脉冲时间的闭锁继电器;KM2—APD动作的出口中间继电器;
KV—反映备用电源有无电压的过电压继电器;KM3—备用电源电压监视中间继电器;
SA1—APD切换开关(状态见表6-2);KOM—QF1、QF2出后跳闸中间继电器

图6-26　发电厂厂用备用变压器自动投入装置的归总式原理接线图

在图6-26中,T_1为工作变压器,T_0为备用变压器,T_0对工作段母线起备用作用。

KV1、KV2、KT1、KV 及 KM3 组成 APD 的辅助低电压起动部分；KM1、KM2 组成 APD 的自动合闸部分。工作过程如下：

（1）在正常情况下，工作母线 I 段和备用电源进线均有电压，KV1、KV2 动断触点断开，KV 动合触头闭合，KM3 处于励磁动作状态；操作 SA1 将 I 母线的 APD 投入运行，其相应奇数对触点接通（如表 6-2 所示）。同时 QF2 处于合闸状态，QF2 辅助触点 2-2 闭合，KM1 处于励磁动作状态。

表 6-2 SA1 切换开关触点通断情况

SA1 触点	①—③	⑤—⑦	⑨—⑪
APD 投入（SA1 接通）	闭合	闭合	闭合
APD 退出（SA1 断开）	断开	断开	断开

（2）当变压器 T_1 的继电保护装置（主保护或后备保护）动作时，KOM 动作使跳闸线圈 LT1、LT2 通电，令断路器 QF1、QF2 跳闸。QF2 跳闸后，QF2 辅助触点 2-2 使 KM1 立即失磁，因 KM1 动合触点延时打开，QF2 辅助触点 3-3 闭合，KM2 立即得电动作（+→KM1 延时打开的动合触点→KM2→—）。在 KM2 动作后，通过闭合 KM2 动合触点使 QF3、QF4 的合闸接触器 KMC3、KMC4 通电，QF3 和 QF4 合闸。合闸后，由于 KM1 延时断开的动合触点已打开，于是 2KM 失磁，3QF、4QF 的合闸接触器 3KMC、KMC4 断电，从而保证了 APD 只动作一次。

（3）当 QF1 误断开时，通过其辅助触点 2-2 使 QF2 联动跳闸，QF2 跳闸后，APD 的动作情况如上所述。显然 QF2 误断开时也有类似的动作过程，这就说明 APD 能弥补断路器误动作时的供电可靠性。

（4）当系统侧故障使工作母线 I 段失去电压时，显然变压器 T_1 的继电保护不动作。而在此情况下，工作母线 I 段失去电压，KV1、KV2 动断触点闭合；若备用电源进线有电压，KM3 处于动作状态，起动时间继电器 KT1。KT1 预定延时后，KOM 通电使 QF1 和 QF2 跳闸，然后将备用电源投入。若备用电源进线无电压，KM3 处于失磁状态，KT1 不动作，QF1 和 QF2 不跳闸，备用电源不能投入。

若备用电源自动投入到永久性故障上时，则由设置在备用变压器 T_0 的继电保护加速切除（图 6-26 中 T_0 继电保护未示出）。

由上述分析可看出，图 6-26 所示的 APD 的接线是满足基本要求的。工作母线 II 段的 APD 的接线（图 6-26 中未画出）与上述类似。

图 6-26 所示的接线图的接线特点总结如下：

（1）不对应起动。它是 APD 的起动方式。其采用了供电元件受电侧断路器与 APD 切换开关位置的不对应方式起动（在图 6-26 中，SA1 处于 APD 投入位置而 QF2 处于跳闸后位置）。该起动方式简单明了、动作可靠，并且可弥补断路器误动作时的供电可靠性。

（2）辅助低电压起动。它是反映系统侧故障时的起动方式，弥补不对应起动方式的不足。该起动方式采用两个低压继电器 KV1、KV2 接在不同的相别上，其触点串联，可防止电压互感器二次侧断线时 APD 的误动作，所以，辅助低电压起动的部分动作是可靠的。

（3）一次合闸脉冲。它采用 KM1 继电器的延时打开动合触点控制一次合闸脉冲，电路简单、控制可靠。

★ 问题与思考

1. 电力系统系统二次回路的作用是什么？主要需要什么设备？
2. 简述二次回路直流操作电源的供电方式。
3. 断路器的控制与信号回路与主回路怎样建立联系？
4. 电测仪表的功能与应用中的精度要求是什么？
5. 绝缘监视装置的功能与保护原理分别是什么？
6. 自动重合闸装置的作用是什么？
7. 备用电源自动投入装置的作用是什么？

单 元 测 试

一、填空题

1. 二次设备是对一次设备进行监测、控制、调节和保护的电气设备。包括_____、
_____、_____等。

2. 为了能正确、无误、迅速地切断故障，使电力系统能以最快的速度恢复正常运行，
要求继电保护系统要具备_____、_____、_____和_____。

3. 从原理上讲，继电保护装置一般由_____、_____、_____、_____及操作
电源等组成。

4. 线路过电流保护是通过反映被保护线路_____，超过设定值而使_____跳
闸的保护。按动作时限特性分_____和_____保护。

5. 反时限保护就是保护装置的动作时间与故障电流大小成_____，故障电流越大，
动作时间越_____，所以反时限特性也称为_____特性。

6. 变压器内部故障点的电弧不仅会损坏绕组绝缘与铁芯，而且会使绝缘物质和变压器
油箱中的油剧烈汽化，因此变压器需要装设_____保护，来监测内部故障。

7. 电力系统交流监测回路仪表的精确度等级，除谐波测量仪表外，不应低于_____
级；直流回路仪表的精确度等级，不应低于_____级。

8. 自动重合闸的起动方式有两种：_____起动方式和_____起动方式。

9. 在工作电源线路突然断电时，利用_____使该线路的断路器跳闸，
而备用电源线路的断路器则在_____作用下迅速合闸，使备用电源投入装
置运行。

二、选择题

1. 工厂供配电系统通常配备的过负荷和短路保护设备不包括（   ）。

   A. 防雷保护　　　　　　　　　　　　B. 继电保护

   C. 低压断路器保护　　　　　　　　　D. 熔断器保护

2. 电气设备从正常工作到故障或不正常运行，其电气量往往会发生显著的变化，主要
特征不包括（   ）。

A. 电流增大
B. 电压降低
C. 电流与电压之间的相位角改变
D. 频率降低

3. 交流操作电源供电的继电保护装置的操作方式不包括(　　)。

A. 直接动作式
B. 中间电流互感器接线操作方式
C. 中间电压互感器接线操作方式
D. "去分流跳闸"的操作方式

4. 对备用电源自动投入装置的基本要求,不包括(　　)。

A. 只有在工作电源断开后,备用电源才能投入
B. 工作母线不论任何原因电压消失,备用电源均应投入
C. 一旦工作电源失压,备自投装置越快投入越好
D. 电压互感器二次断线时装置不应动作

三、判断题

1. 两相一继电器式接线系数为1。　　　　　　　　　　　　　　　　　(　　)
2. 反时限保护有保护死区。　　　　　　　　　　　　　　　　　　　(　　)
3. 低压闭锁可以提高电流保护的灵敏度。　　　　　　　　　　　　　(　　)
4. 安装有零序电流保护的电缆头的接地线必须穿过零序电流互感器的铁芯,否则接地保护装置不起作用。　　　　　　　　　　　　　　　　　　　　　　　(　　)
5. 事故信号用来显示断路器在一次系统事故情况下的工作状态。一般是红灯闪光,表示断路器自动跳闸;绿灯闪光,表示断路器自动合闸。　　　　　　　　　　(　　)

四、简答题

1. 继电保护的选择性是如何实现的?
2. 为什么绝缘监视装置不能采用三相三芯柱的电压互感器?
3. 绝缘监视装置与零序电流保护(单相接地保护)的应用有什么不同?
4. 什么是断路器事故跳闸信号回路的"不对应原理"接线?
5. 解释过电流继电器的动作电流、返回电流和返回系数,如果继电器返回系数过低有什么不好?
6. 自动重合闸的作用是什么?什么是重合闸的前加速和后加速?它们各自有什么优缺点。
7. 备用电源自动投入装置的功能是什么?

五、计算题

某10 kV电力线路,采用两相两继电器接线的去分流跳闸原理的反时限过电流保护,电流互感器的变比为150A/5A,线路最大负荷电流(含自起动电流)为85 A,线路末端三相短路电流 $I_{k2}^{(3)}=1.2$ kA,试整定该装置GL—15型感应式过电流继电器的动作电流和速断电流倍数。

项目七　熟悉防雷、接地及电气安全

学习目标

1. 了解雷电产生的原因和危害。
2. 了解雷电的有关名词概念。
3. 熟悉常见的防雷设备，包括避雷针、避雷线、避雷带、避雷网和避雷器。
4. 了解常见避雷器的种类和工作原理。
5. 熟悉电气装置的防雷措施。
6. 熟悉接地装置、工作接地和保护接地。
7. 熟悉电气安全措施、电气安全工具的使用。
8. 学会触电的紧急救护方法。

任务一　了解雷电及防雷设备

一、过电压

过电压是指在电气线路上或电气设备上出现的超过正常工作电压的，对绝缘有很大危害的异常电压。过电压的出现会对供电系统的正常运行带来一定损害，所以必须了解过电压的产生并对其进行有效防护。在电力系统中，过电压按其产生的原因可分为内部过电压和雷电过电压。

1. 内部过电压

内部过电压是指由于电力系统本身的开关操作、负荷剧变或发生故障等原因，使系统的工作状态突然改变，从而在系统内部出现电磁能量转换、振荡而引起的过电压。内部过电压又分为操作过电压和谐振过电压等形式。操作过电压是由于系统中的开关操作或负荷剧变而引起的过电压。谐振过电压是由于系统中的电路参数（R、L、C）在不利的组合下发生谐振或由于故障而出现断续性接地电弧所引起的过电压。运行经验证明，内部过电压一般不会超过系统正常运行时额定电压的 3～4 倍，电气设备和线路在设计时，其绝缘强度留有一定的余量，因此对电力系统和电气设备绝缘的威胁不是很大。

2. 雷电过电压

雷电过电压又称为大气过电压，它是一种外部过电压，由于电力系统中的线路、设备或建筑物遭受来自大气中的雷击或雷电感应而引起。雷电过电压产生的雷电冲击波，其电压幅值可高达一亿伏，电流幅值可高达几十万安，因此对供电系统的危害极大，必须采取措施加以防护。雷电过电压有两种基本形式，分别是直接雷击和间接雷击。直接雷击是指雷电直接击中电气线路、设备或建筑物，过电压引起的强大雷电流通过这些物体放电入地，从而产生破坏性极大的热效应和机械效应的雷电过电压。这种雷电过电压简称为直击雷。间接雷击是指雷电没有直接击中电力系统中的任何部分，而是由雷电对线路、设备或其他物体的静电感应或电磁感应所产生的过电压。其数值在高压线路上至少也有几百千伏，在低压线路上也有几十千伏，危害很大。这种雷电过电压简称为感应雷。

雷电过电压除上述两种雷击形式外，还有一种是由于架空线路或金属管道遭受直接雷击或间接雷击而引起的过电压波，它沿着架空线路或金属管道侵入变配电所或其他建筑物。这种雷电过电压形式称为高电位侵入或雷电波侵入。据我国几个大城市统计，供电系统中由于雷电波侵入而造成的雷害事故，占整个雷害事故的50%～70%，因此对雷电波侵入的防护应予以足够的重视。

二、雷电的形成及危害

1. 直击雷的形成原理

雷电是带有电荷的"雷云"之间或"雷云"对大地或物体之间产生急剧放电的一种自然现象。地面上的水汽蒸发上升，在高空低温影响下水汽凝结成冰晶。冰晶受到上升气流的冲击而破碎分裂。气流挟带一部分带正电的小冰晶上升，形成"正雷云"，而另一部分较大的带负电的冰晶则下降，形成"负雷云"。由于高空气流的流动，所以正、负雷云均在天空中飘浮不定。据观测，在地面上产生雷击的雷云多为负雷云。当空中的雷云靠近大地时，雷云与大地之间形成一个很大的雷电场。由于静电感应作用，使地面上出现与雷云的电荷极性相反的电荷，如图7-1所示。

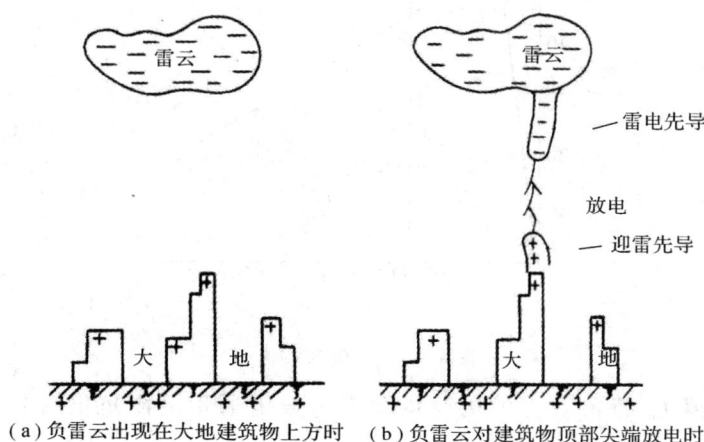

(a)负雷云出现在大地建筑物上方时　(b)负雷云对建筑物顶部尖端放电时

图7-1　雷云对大地放电示意图

当雷云与大地之间在某一方位的电场强度足够大，雷云就开始向这一方位放电，形成一个导电的空气通道，称为雷电先导。大地感应出的异性电荷集中在上述方位尖端上方，如图7-1(b)所示。当上、下雷电先导相互接近时，正、负电荷强烈吸引中和而产生强大的雷电流，并伴有雷鸣电闪。这就是直击雷的主放电阶段。在主放电阶段之后，雷云中的剩余电荷继续沿着主放电通道向大地放电，形成断续的隆隆雷声。

2. 感应雷的形成原理

在架空线路附近出现对地雷击时，自身极易产生感应过电压。当雷云出现在架空线路上方时，线路上由于静电感应而积聚大量异性电荷，如图7-2(a)所示。当雷云对地放电或与其他异性雷云中和放电后，线路上的电荷被释放而形成自由电荷，向线路两端泄放，形成很高的感应过电压，如图7-2(b)所示，这就是"感应雷"。当然，雷云也有可能直接向架空线放电，如图7-2(c)所示。

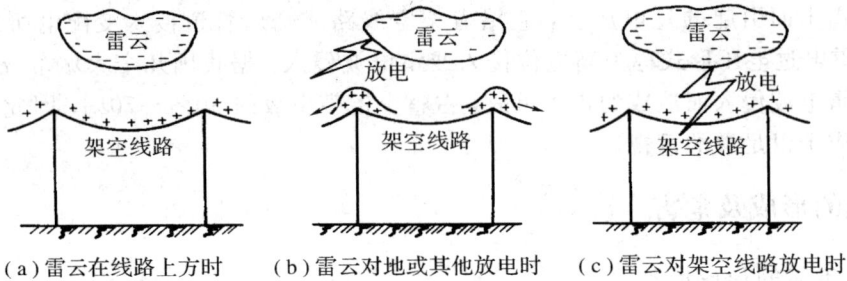

(a) 雷云在线路上方时　　(b) 雷云对地或其他放电时　　(c) 雷云对架空线路放电时

图7-2　架空线路上的感应过电压

3. 雷电的有关概念

雷电流是指流入雷击点的电流，它是一个幅值很大、陡度很高的冲击波电流，如图7-3所示。

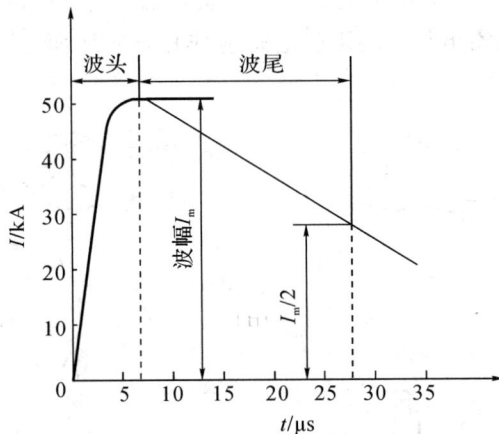

图7-3　雷电流的波形

雷电流的峰值 I_m 与雷云中的电荷量及雷电放电通道的阻抗值有关。雷电流一般在 $1\sim4\ \mu s$ 内增长到峰值 I_m。雷电流在峰值以前的一段波形称为波头，而从峰值衰减到 $\frac{I_m}{2}$ 的一段波形称为波尾。雷电流的陡度 α 用雷电流波头部分增长的速率来表示，即 $\alpha=\frac{\mathrm{d}i}{\mathrm{d}t}$。雷电流的陡度，据测定可达 $50\ \mathrm{kA/\mu s}$ 以上。对电气设备绝缘来说，雷电流的陡度越大，由 $u_L=L\frac{\mathrm{d}i}{\mathrm{d}t}$ 可知，产生的过电压越高，对设备绝缘的破坏性也越严重。因此，如何降低雷电流的幅值和陡度是防雷保护的一个重要课题。

凡有雷电活动的日子，包括人们当天看到闪电和听见雷声，都称为雷暴日。由当地气象台或者气象站统计的多年雷暴日的平均值，称为年平均雷暴日数。年平均雷暴日数不超过 15 天的地区，称为少雷区。年平均雷暴日数超过 40 天的地区，称为多雷区。年平均雷暴日数超过 90 天的地区及雷害特别严重的地区，称为雷电活动特别强烈地区。年平均雷暴日数越多，说明该地区的雷电活动越频繁，因此防雷要求越高，防雷措施越需加强。表 7-1 列出了我国各地区的年平均雷暴日。

表 7-1　我国各地区的年平均雷暴日

地　区	年平均雷暴日	地　区	年平均雷暴日
西北地区	20 天以下	长江以南北纬 23°线以北	40~80 天左右
东北地区	30 天左右	长江以南北纬 23°线以南	80 天以上
华北和中部地区	40~45 天左右	海南岛、雷州半岛	120~130 天左右

4. 雷电的危害

雷电伴有巨大的电流和极高的电压，具有很大的破坏力。雷电放电时产生的巨大热量会使金属熔化，烧毁导线和用电设备，甚至引起火灾和爆炸；雷电会产生强大的电动力，对电力系统、建筑物、人体产生机械性破坏；雷电的闪络放电会引起绝缘子烧毁，断路器跳闸，导致供电线路停电，电气设备的绝缘破坏还会导致高压窜入低压引起触电事故；巨大的雷电流流入大地会造成跨步电压或接触电压触电，造成人身伤亡事故。

雷电电磁脉冲又称为浪涌电压。它是雷电直接击在建筑物的防雷装置上或击在建筑物附近所引起的一种电磁感应效应，绝大多数是通过连接导体使相关联设备的电位升高而产生电流冲击或电磁辐射，使电子信息系统受到干扰。所以雷电电磁脉冲对电子信息系统是一种干扰源，必须加以防护。

三、建筑物的防雷等级划分及要求

1. 防雷等级划分

建筑物的防雷等级是根据其重要性、使用性质以及发生雷击事故的可能性和造成后果来划分的，共分为三级：

（1）一级防雷建筑物：指具有特别重要用途的建筑物，如国家级会堂、办公建筑、档案馆、大型博展建筑、大型铁路客运站、国际型航空港、国宾馆、国际港口客运站、国家级重点文物保护建筑物以及高度超过 100 m 的建筑物等。

（2）二级防雷建筑物，是指重要的或人员密集的大型建筑物，如省部级办公楼、会堂、博展、体育、交通、通信、广播等建筑物；省级重点文物保护建筑物；高度超过 50 m 的建筑物以及大型计算中心和装有重要电子设备的建筑物。

（3）三级防雷建筑物，是指预计年雷击次数大于或等于 0.05，或经过调查确认需要防雷的建筑物；建筑群中最高或位于建筑群边缘高度超过 20 m 的建筑物；高度为 15 m 及以上的烟囱、水塔等孤立建筑物等。

2. 防雷要求

一级防雷建筑物应有防直接雷、感应雷和雷电侵入波措施。二级防雷建筑物应有防直接雷和雷电侵入波措施,有爆炸危险的也应有防感应雷措施。三级防雷建筑物应有防直接雷和雷电侵入波措施。

四、防雷措施及设备

要保护设备和建筑物等不受雷击损害,应有防御直击雷、感应雷和雷电侵入波的不同措施和防雷设备。

1. 直击雷防护

直击雷的防御主要是采取措施把雷电流迅速引到大地中去。防雷装置由接闪器、引下线和接地装置三部分组成。

接闪器(受雷装置):是指接受雷电流的金属导体,常用的有避雷针、避雷线和避雷网(带)三种类型。

引下线:应保证雷电流通过时不致熔化,一般用直径不小于 10 mm 的圆钢或截面不小于 80 mm² 的扁钢制成。

接地装置:埋在地下的接地导线和接地体的总称。

1)避雷针

避雷针的功能是引雷,它能对雷电场产生一个附加电场,这个附加电场是由于雷云对避雷针产生静电感应引起的,它使雷电场畸变,从而将雷云放电的通道由原来可能向被保护物体发展的方向,吸引到避雷针本身,然后经与避雷针相连的引下线和接地装置,将雷电流泄放到大地中去,使被保护物体免受雷击。所以,避雷针实质是把雷电流引入地下,从而保护了线路、设备和建筑物等。

避雷针一般采用镀锌圆钢(针长 1 m 以下时直径不小于 12 mm、针长 1～2 m 时直径不小于 16 mm)或镀锌钢管(针长 1 m 以下时内径不小于 20 mm、针长 1～2 m 时内径不小于 25 mm)制成,头部成尖形,通常安装在电杆或构架、建筑物上,它的下端经引下线与接地装置相连。

单支避雷针的保护范围是在它的下方有一区域基本不会遭受雷击,现行国家标准《建筑物防雷设计规范》参照 IEC 标准,采用"滚球法"来确定。我国过去是按"折线法"来确定。所谓"滚球法",就是选择一个半径为 h_r(滚球半径)的球体,按需要防护直击雷的部位滚动,如果球体只接触到避雷针(线)或避雷针(线)与地面,而不触及需要保护的部位,则该部位就在避雷针(线)的保护范围之内。滚球半径 h_r 按建筑物的防雷类别不同而取不同值,如表 7-2 所示。

表 7-2 按建筑物防雷类别确定滚球半径和避雷网格尺寸

建筑物防雷类别	滚球半径 h_r/m	避雷网格尺寸 /m
第一类防雷建筑物	30	≤5×5 或≤6×4
第二类防雷建筑物	45	≤10×10 或≤12×8
第三类防雷建筑物	60	≤20×20 或≤24×16

单支避雷针的保护范围,如图 7-4 所示,应按下列方法确定:

当避雷针高度 $h < h_r$ 时,在距地面 h_r 处作一平行于地面的平行线。以避雷针的针尖为圆心,h_r 为半径,作弧线交于平行线 A、B 两点。以 A、B 为圆心,h_r 为半径作弧线,该弧线与针

尖相交并与地面相切。从此弧线起到地面上的整个锥形空间,就是避雷针的保护范围。避雷针在被保护物高度 h_r 的 XX' 平面上的保护半径,按 $r_x = \sqrt{h(2h_r - h)} - \sqrt{h_x(2h_r - h_x)}$ 计算,式中,h_r 为滚球半径,按表 7-2 确定。避雷针在地面上的保护半径,按 $r_0 = \sqrt{h(2h_r - h)}$ 计算。

当避雷针高度 $h \geq h_r$ 时,在避雷针上取高度 h_r 的一点代替单支避雷针的针尖作为圆心,其余的作法与上述 $h \leq h_r$ 时的作法相同。

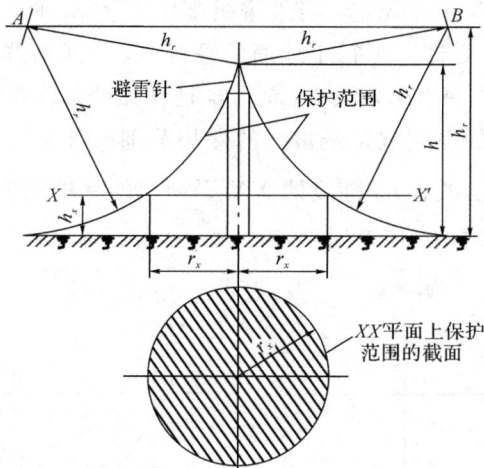

图 7-4　单支避雷针的保护范围

【例 7-1】 某厂一座高 30 m 的水塔旁边,建有一锅炉房(属第三类防雷建筑物),尺寸如图 7-5 所示。水塔上安装有一支高 2 m 的避雷针。试问此避雷针能否保护这一锅炉房。

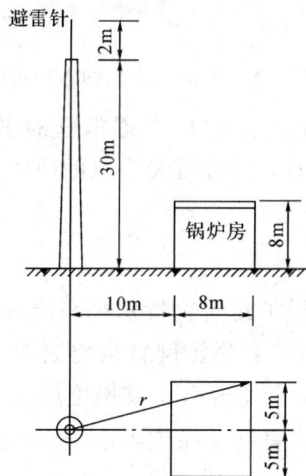

图 7-5　避雷针的保护范围计算

解 查表 7-2 得滚球半径 $h_r = 60$ m,而 $h = 30$ m $+ 2$ m $= 32$ m,$h_x = 8$m。避雷针在锅炉房顶部高度上的水平保护半径为

$$r_x = \sqrt{32 \times (2 \times 60 - 32)} - \sqrt{8 \times (2 \times 60 - 8)} = 23.1 \text{ m}$$

而锅炉房顶部最远一角距离避雷针的水平距离为

$$r = \sqrt{(10+8)^2 + 5^2} = 18.7 \text{ m} < r_x$$

由此可见，水塔上的避雷针完全能够保护这一锅炉房。

2）避雷线

避雷线的功能和原理与避雷针基本相同。避雷线一般采用截面不小于 35 mm² 的镀锌钢绞线，架设在架空线路的上方以保护架空线路或其他物体（包括建筑物）免遭直接雷击。由于避雷线既要架空，又要接地，因此又称为架空地线。

单根避雷线的保护范围，按规定：当避雷线高度 $h \geqslant 2h_r$ 时，无保护范围。当避雷线的高度 $h < 2h_r$ 时，距地面 h 处作一平行于地面的平行线，以避雷线为圆心，h_r 为半径作弧线交于平行线 A、B 两点。以 A、B 为圆心，h 为半径作弧线，该两弧线相交或相切并与地面相切。从该弧线起到地面的空间就是避雷线的保护范围。当 $2h_r > h > h_r$ 时，保护范围最高点的高度 $h_0 = 2h_r - h$。避雷线在 h_0 高度的 XX' 平面上的保护宽度 b_x 按 $b_x = \sqrt{h(2h_r - h)} - \sqrt{h_x(2h_r - h_x)}$ 计算，如图 7-6 所示。

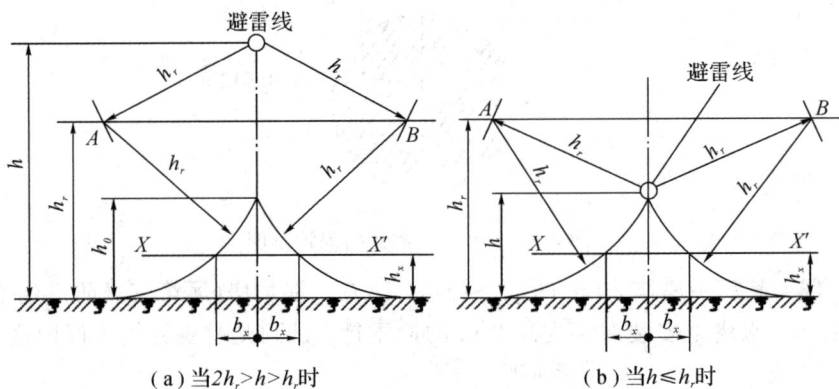

（a）当 $2h_r > h > h_r$ 时　　　（b）当 $h \leqslant h_r$ 时

图 7-6　单根避雷线的保护范围

但要注意，确定架空避雷线的高度时应考虑弧垂的影响。在无法确定弧垂的情况下，当等高支柱间的档距小于 120 m 时，其避雷线中点的弧垂宜取 2 m；当档距为 120～150 m 时，弧垂宜取 3 m。

3）避雷带和避雷网

避雷带和避雷网主要是用来保护建筑物特别是高层建筑物，使之免遭直接雷击和雷电感应，一般沿屋顶周围装设。避雷带和避雷网宜采用圆钢或扁钢，优先采用圆钢。圆钢直径应不小于 8 mm；扁钢截面应不小于 48 mm²，其厚度应不小于 4 mm。当烟囱上安装避雷环时，其圆钢直径应不小于 12 mm；扁钢截面应不小于 100 mm²，其厚度应不小于 4 mm。避雷网格尺寸的要求如表 7-2 所示。

避雷针、避雷线、避雷带和避雷网都属于接闪器，以上接闪器均应经引下线与接地装置连接。引下线宜采用圆钢或扁钢，优先采用圆钢，其尺寸要求与避雷带、网采用的相同。引下线应沿建筑物外墙明敷，并经最短路径接地，建筑艺术要求较高者可暗敷，但其圆钢直径应不小于 10 mm，扁钢截面应不小于 80 mm²。

2. 感应雷防护

第一类和第二类防雷建筑物应考虑防雷电感应的措施。

（1）防静电感应雷的措施。建筑物内所有较大的金属物体和构件，以及突出屋面的金属物体，均应可靠接地。通常，金属屋面周边每隔 18～24 m 应使用引下线接地一次。浇制的或由预制构件组成的钢筋混凝土屋面，其钢筋需绑扎或焊接成电气闭合回路，并且有一处引下线接地。

（2）防电磁感应雷的措施。平行管道相距不到 100 mm 时，每隔 20～30 m 需用金属线跨接；交叉管道相距不到 100 mm 时，交叉处也应使用金属线跨接。此外，管道接头、弯头等接触不可靠的部位也应使用金属线跨接。

（3）防感应雷的接地装置的接地电阻不应大于 10 Ω，一般应与电气设备接地共用接地装置。室内接地干线与防感应雷的接地装置的连接不应少于两处。

3. 雷电侵入波防护

雷电侵入波的防护一般采用避雷器。避雷器装设在输电线路进线处或 10 kV 母线上，如有条件可采用 30～50 m 的电缆段埋地引入，在架空线终端杆上也可装设避雷器。避雷器的接地线应与电缆金属外壳相连后直接接地，并接入公共地网。

避雷器用来防止雷电过电压波沿线路侵入变配电所或建筑物内，以免危及被保护设备的绝缘，或用来防止雷电电磁脉冲对电子信息系统的电磁干扰。避雷器应与被保护设备并联且安装在被保护设备的电源侧，如图 7-7 所示。当线路上出现危及设备绝缘的雷电过电压时，避雷器就被击穿或由高阻抗变为低阻抗，使雷电过电压通过接地引下线对大地放电，从而保护了设备的绝缘或消除雷电电磁干扰。避雷器的类型有阀式避雷器、排气式避雷器、保护间隙、金属氧化物避雷器和电涌保护器等类型。

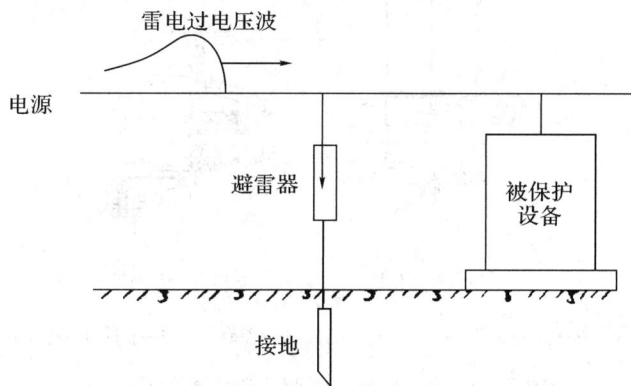

图 7-7 避雷器的连接

1）阀式避雷器

阀式避雷器又称为阀型避雷器，其主要由火花间隙和阀片电阻组成，装在密封的瓷套管内。火花间隙由铜片冲制而成，每对间隙用厚 0.5～1 mm 的云母垫圈隔开，如图 7-8(a)所示。在正常情况下，火花间隙能阻断工频电流通过，但在雷电过电压作用下，火花间隙被击穿放电。阀片电阻如图 7-8(b)所示，这种阀片电阻具有非线性电阻特性。在正常电压下，阀片电阻很大，而当发生过电压时，阀片电阻则变得很小，其特性曲线如图 7-8(c)所示。因此当阀式避雷器在线路上出现雷电过电压时，其火花间隙被击穿，阀片电阻变得很小，使雷电流顺畅地向大地泄放。当雷电过电压消失、线路上恢复工频电压时，阀片电阻又变得很大，使火花间隙的电弧熄灭、绝缘恢复从而恢复线路的正常运行。阀式避雷器中火花间隙和阀片的多少与其工作电压高低成比例。高压阀式避雷器串联很多单元火花间隙，目的是将长弧分割成多段短弧，以加速电弧的熄灭。图 7-9(a)、(b)分别是 FS4—10 型高压阀式避雷器和 FS—0.38 型低压阀式避雷器的结构图。

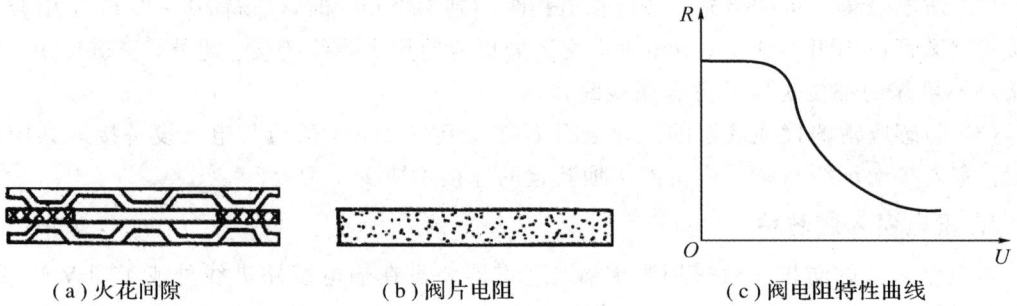

（a）火花间隙　　　（b）阀片电阻　　　（c）阀电阻特性曲线

图 7-8　阀式避雷器的组成部件及其特性曲线

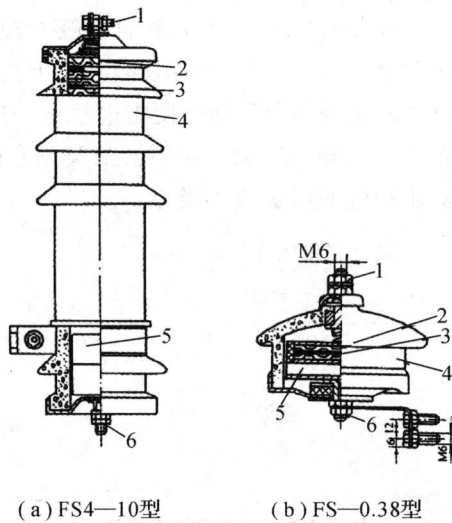

（a）FS4—10型　　　（b）FS—0.38型

1—上接线端子；2—火花间隙；3—云母垫圈；4—瓷套管；5—阀片电阻；6—下接线端子

图 7-9　高、低压普通阀式避雷器的结构图

　　普通阀式避雷器除上述 FS 型外，还有一种 FZ 型。FZ 型阀式避雷器内的火花间隙旁边并联有一串分流电阻。这些并联电阻主要起均压作用，使与之并联的火花间隙上的电压分布比较均匀，从而大大改善了阀式避雷器的保护特性。FS 型阀式避雷器主要用于中小型变配电所，FZ 型阀式避雷器则用于发电厂和大型变配电站。

　　阀式避雷器除上述两种普通型外，还有一种磁吹型阀式避雷器，即 FC 型阀式避雷器，其内部附加有磁吹装置来加速火花间隙中电弧的熄灭，从而进一步改善其保护性能，降低残压。它专门用来保护重要的而绝缘又比较薄弱的旋转电机等。

　　2）排气式避雷器

　　排气式避雷器又称为管型避雷器，它由产气管、内部间隙和外部间隙等组成，如图 7-10

所示。其产气管由纤维、有机玻璃或塑料制成，在高温下能产生大量气体用于加速灭弧。内部间隙装在产气管内，一个电极为棒形；另一个电极为环形。

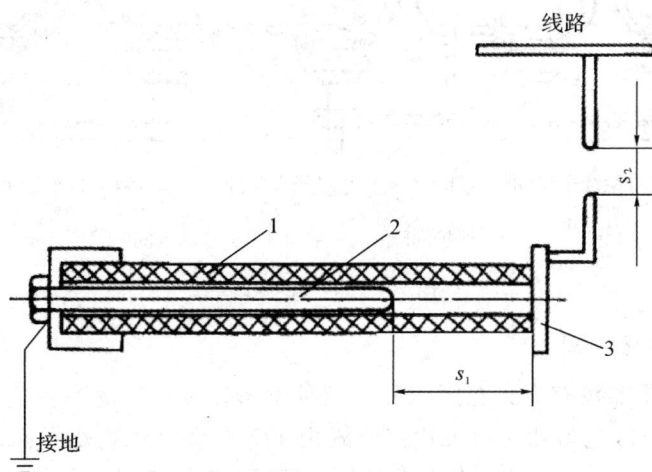

1—产气管；2—内部棒形电极；3—环形电极；
s_1—内部间隙；s_2—外部间隙

图 7 - 10　排气式避雷器

当线路上遭到雷击或雷电感应时，雷电过电压使排气式避雷器的内、外间隙击穿，强大的雷电流通过接地装置入地。由于避雷器放电时内阻接近于零，所以其残压极小，工频续流极大。雷电流和工频续流使产气管内部间隙发生强烈的电弧，使管内壁材料烧灼产生大量灭弧气体，由管口喷出，强烈吹弧，使电弧迅速熄灭，全部灭弧时间最多为 0.01 s。这时外部间隙的空气迅速恢复绝缘，使避雷器与系统隔离，恢复系统的正常运行。

为了保证避雷器可靠地工作，在选择排气式（管型）避雷器时，其开断电流的上限应不小于安装处短路电流的最大有效值；而其开断电流的下限，应不大于安装处短路电流可能的最小值。在排气式（管型）避雷器的全型号中就表示出了开断电流的上、下限。

排气式避雷器具有简单经济、残压很小的优点，但它在动作时有电弧和气体从管中喷出，因此只能用在室外架空场所，主要用在架空线路上。此外，它在动作时的工频续流很大，相当于相间短路，往往要引起线路开关跳闸，因此对于装有排气式避雷器的线路，宜装设一次自动重合闸装置，以便排气式避雷器动作引起开关跳闸后能制动重合闸，迅速恢复供电。

3）保护间隙

保护间隙又称为角型避雷器，其结构如图 7 - 11 所示。它简单经济，维护方便，但保护性能差，灭弧能力小，容易造成接地或短路故障，使线路停电。因此对于装有保护间隙的线路，一般也宜装设自动重合闸装置，以提高供电可靠性。

保护间隙的安装是一个电极接线路，另一个电极接地。但为了防止间隙被外物（如鼠、鸟、树枝等）偶然短接而造成接地或短路故障，没有辅助间隙的保护间隙（如图 7 - 11(a)、(b)所示）必须在其公共接地引下线中间串入一个辅助间隙（如图 7 - 11(c)所示）。这样即使主间隙被外物短接，也不致造成接地或短路。保护间隙只用于室外不重要的架空线路上。

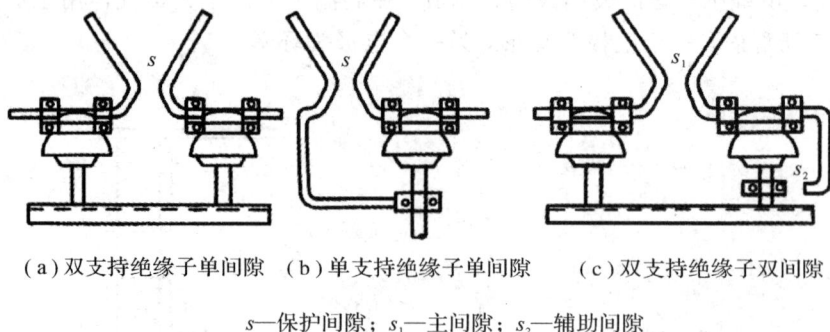

(a) 双支持绝缘子单间隙　(b) 单支持绝缘子单间隙　(c) 双支持绝缘子双间隙

s—保护间隙；s_1—主间隙；s_2—辅助间隙

图 7-11　保护间隙

4）金属氧化物避雷器

金属氧化物避雷器按有无火花间隙分为两种类型。最常见的一种是无火花间隙的，它只有压敏电阻片，压敏电阻片是由氧化锌或氧化铋等金属氧化物烧结而成的多晶半导体陶瓷元件，具有理想的阀电阻特性。在正常工频电压下，它呈现极大的电阻，能迅速有效地阻断工频续流，因此无需火花间隙来熄灭由工频续流引起的电弧。而在雷电过电压作用下，其电阻又变得很小，能很好地泄放雷电流。

另一种是有火花间隙且有金属氧化物电阻片的避雷器，其结构与前面讲的普通阀式避雷器类似，只是普通阀式避雷器采用的是碳化硅电阻片，而有火花间隙金属氧化物避雷器采用的是性能更优异的金属氧化物电阻片，具有比普通阀式避雷器更优异的保护性能，且运行更加安全可靠，所以它是普通阀式避雷器的更新换代产品。

5）电涌保护器

电涌保护器又称为浪涌保护器，它是用于低压配电系统中电子信号设备上的一种雷电电磁脉冲保护设备。它的连接与一般避雷器一样，也与被保护设备并联，接于被保护设备的电源侧。电涌保护器按应用性质分为电源线路电涌保护器和信号线路电涌保护器两种。这两种的原理结构基本相同，只是信号线路电涌保护器的结构较简单，工作电压较低，放电电流也小得多，但它对传输速度的要求高，要求响应时间极短。

电涌保护器按工作原理分为电压开关型、限压型和复合型。电压开关型电涌保护器是在没有浪涌电压时具有高阻抗，一旦出现浪涌电压即变为低阻抗，其常用元件有放电间隙或晶闸管、气体放电管等。限压型电涌保护器是在没有浪涌电压时为高阻抗，出现浪涌电压时，则随着浪涌电压的持续升高，其阻抗也持续降低，以抑制加在被保护设备上的电压，其常用元件为压敏电阻。复合型电涌保护器是开关型和限压型两类元件的组合，因此兼有两种电涌保护器的性能。电涌保护器的实物图如图 7-12 所示。

图 7-12　电涌保护器的实物图

★ 问题与思考

1. 过电压分为哪两类？
2. 直击雷和感应雷的产生过程是什么？
3. 常见的避雷设备有哪些？
4. 避雷针的保护范围如何确定？
5. 避雷器的工作原理是什么？
6. 避雷器有哪些分类？

任务二　熟悉电气装置的防雷与接地

一、电气装置的防雷

1. 架空线路的防雷措施

（1）架设避雷线，这是防雷的有效措施，但造价高，因此只在 66 kV 及以上的架空线路上才全线架设。35 kV 的架空线路上，一般只在进出变配电所的一段线路上装设，而 10 kV 及以下的架空线路上一般不装设。

（2）提高线路本身的绝缘水平，在架空线路上可采用木横担、瓷横担或高一级电压等级的绝缘子以提高线路的防雷水平。这是 10 kV 及以下架空线路防雷的基本措施之一。

（3）利用三角形排列的顶线兼作防雷保护线。对于中性点不接地系统的 3～10 kV 架空线路，可在其三角形排列的顶线绝缘子上装设保护间隙，如图 7-13 所示。在出现雷电过电压时，顶线绝缘子上的保护间隙被击穿，通过其接地引下线对地泄放雷电流，从而保护了下边两根导线。由于线路为中性点不接地系统，一般也不会引起线路断路器跳闸。

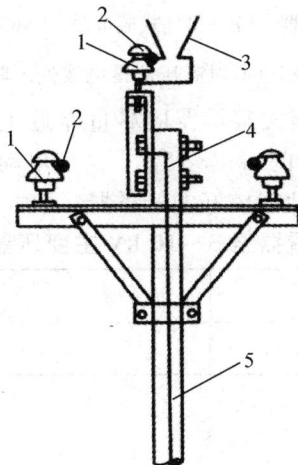

1—绝缘子；2—架空导线；3—保护间隙；4—接地引下线；5—电杆

图 7-13　顶线绝缘子附加保护间隙

（4）装设自动重合闸装置。线路上因雷击放电造成线路电弧短路时，会引起线路断路器跳闸，但断路器跳闸后电弧会自行熄灭。如果线路上装设自动重合闸，使断路器自动重合闸，电弧通常不会复燃，从而能恢复供电，这对一般用户不会有很大影响。

（5）个别绝缘薄弱地点加装避雷器。对架空线路中个别绝缘薄弱点，如跨越杆、转角杆、分支杆、带拉线杆以及木杆线路中个别金属杆等处，可装设排气式避雷器或保护间隙。

2. 变配电所的防雷措施

（1）装设避雷针，室外配电装置应装设避雷针来防护直击雷。如果变配电所处在附近更高的建筑物上防雷设施的保护范围之内则可不必再考虑直击雷的防护。

（2）装设避雷线，处于峡谷地区的变配电所，可利用避雷线来防护直击雷。在35 kV及以上的变配电所架空进线上，架设1～2 km的避雷线，以消除一段进线上的雷击闪络，避免其引起的雷电侵入波对变配电所电气装置的危害。

（3）装设避雷器用来防止雷电侵入波对变配电所电气装置特别是对主变压器的危害。变配电所对高压侧雷电波侵入防护的接线图如图7-14所示。在每路进线终端和每段母线上均装设阀式避雷器或金属氧化物避雷器。如果进线是具有一段引入电缆的架空线路，则在架空线路终端的电缆头处装设阀式避雷器或排气式避雷器，其接地端与电缆头相连后接地。

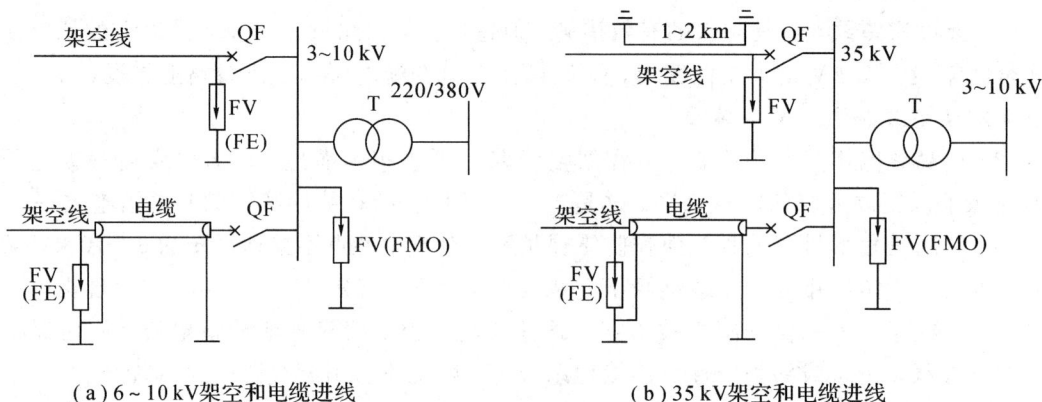

（a）6～10 kV架空和电缆进线　　　　　　（b）35 kV架空和电缆进线

FV—阀式避雷器；FE—排气式避雷器；FMO—金属氧化物避雷器

图7-14　变配电所对高压侧雷电波侵入防护的接线图

为了有效地保护主变压器，阀式避雷器应尽量靠近主变压器安装。阀式避雷器至3～10 kV主变压器的最大电气距离如表7-3所示。高压电动机的绝缘水平较变压器低，因此高压电动机对雷电的防护应使用性能较好的避雷器，并尽可能靠近电机处安装。

表7-3　阀式避雷器至3～10 kV主变压器的最大电气距离

雷雨季节经常运行的进线线路数	1	2	3	≥4
避雷器至变压器的最大电气距离／m	15	23	27	30

二、电气装置的接地

1. 接地和接地装置

电气装置的某部分与大地之间做良好的电气连接称为接地。埋入地中并直接与大地接触的金属导体，称为接地体或接地极。专门为接地而人为装设的接地体称为人工接地体。兼作接地体用的直接与大地接触的各种金属构件、金属管道及建筑物的钢筋混凝土基础等称为自然接地体。连接接地体与设备、装置接地部分的金属导体，称为接地线。接地线在设备、装置正常运行情况下是不载流的，但在故障情况下要通过接地故障电流。接地线与接地体合称为接地装置。由若干接地体在大地中相互用接地线连接起来的一个整体称为接地网。

2. 接地电流和对地电压

当电气设备发生接地故障时，电流就通过接地体向大地呈半球形散开，这一电流称为接地电流，用 I_E 表示。由于是半球形的球面，距离接地体越远，球面越大，其散流电阻越小，相对于接地点的电位来说，其电位越低，所以接地电流的电位分布曲线如图 7-15 所示。在图 7-15 中，在距离接地故障点约 20 m 的地方，散流电阻实际上已接近于零。这电位为零的地方，称为电气上的"地"或"大地"。电气设备的接地部分，如接地的外壳和接地体等，与零电位的"地"之间的电位差，就称为接地部分的对地电压 U_E。

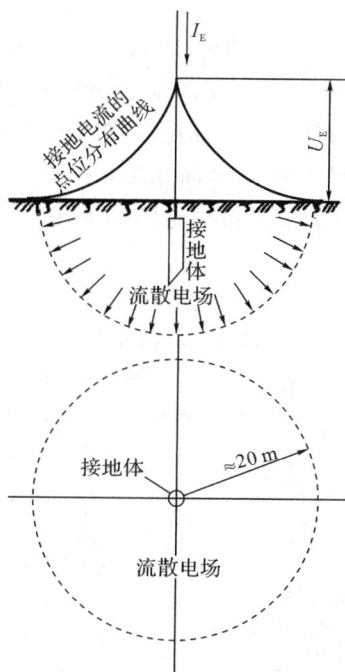

图 7-15　接地电流的电位分布曲线

3. 接触电压和跨步电压

1）接触电压

接触电压是指设备的绝缘损坏时在身体可触及的两部分之间出现的电位差。例如，人站在发生接地故障的设备旁边，手触及设备的金属外壳，则人手与脚之间所呈现的电位差，即为接触电压，如图 7-16 中的 U_{tou}。

2）跨步电压

跨步电压是指在接地故障点附近行走时，两脚之间所出现的电位差，如图 7-16 中的 U_{step}。在带电的断线落地点附近及雷击时防雷装置泄放雷电流的接地体附近行走时，同样也有跨步电压。越靠近接地点及跨步越长，跨步电压越大。当离接地故障点达 20 m 时，跨步电压为零。

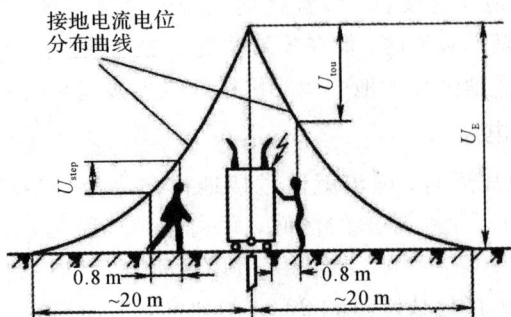

图 7-16　接触电压和跨步电压说明图

4. 电气装置的接地

电气装置的接地可分为工作接地、保护接地和防雷接地三种，如图 7-17 所示。工作接地是为保证电力系统和设备达到正常工作要求而进行的一种接地，如电源中性点的接地、屏蔽接地等。各种工作接地有各自的功能，如电源中性点直接接地能在运行中维持三相系统中相线对地电压不变。为了传导泄雷电流而接地，称为防雷接地，也称为过电压保护接地。防雷接地是一种特殊的工作接地，其接地电阻的大小，直接影响过电压保护的效果。下面重点介绍保护接地。

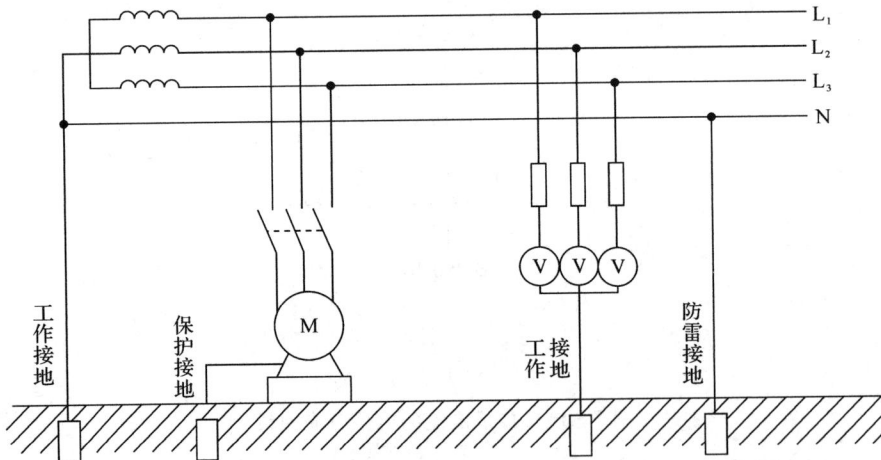

图 7-17　工作接地、保护接地、防雷接地的示意图

为了防止电气设备的绝缘受到损坏，将电气设备在正常情况下不带电的金属部分与大地连接，可以更确切地保证人身安全，这种接地称为保护接地。保护接地作用的说明如图 7-18 所示。当设备外露可导电部分未接地时，一旦电气设备漏电，漏电电流可能较小，不足以使保护装置动作，设备外壳存在危险的相电压，人体碰触将有触电危险。当设备外露可导电部分接地时，若此时设备外壳漏电，故障电流通常足以使电路中的过电流保护装置动作，迅速切除故障设备，从而大大减少了人体触电的危险，即使故障未切除，给人体并联一个小电阻，以保证发生故障时，减小通过人体的电流和承受的电压。

（a）电动机没有保护接地时　　　　　（b）电动机有保护接地时

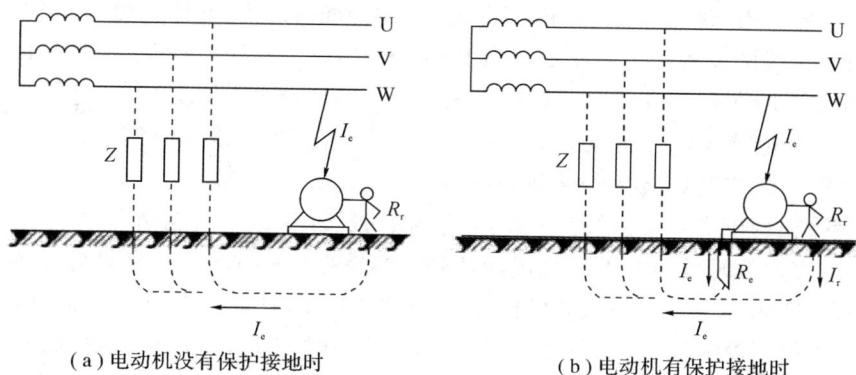

图 7-18　保护接地作用的说明

低压接地系统按照接地形式可以分为 IT、TT 和 TN 三种类型，第一个字母说明电源与大地的关系，T 代表电源的中性点与大地直接相连，I 表示电源与大地隔离或者经高阻抗与大地连接。第二个字母说明电气装置的外露可导电部分与大地的关系，T 表示外露可导电部分直接接大地，与电源的接地无联系，N 表示外露可导电部分通过与接地的电源中性点连接而接地。与接地有关的各引出线的作用如下：

中性线（N 线）的作用：一是用来提供相电压；二是用来传导不平衡电流；三是减少中性点电压偏移。

保护线（PE 线）的作用：为了保障人身安全，防止触电事故用的接地线。系统中所有设备的外露可导电部分（指正常不带电压，但故障情况下能带电压的易被触及的导电部分，如金属外壳、金属架构等）通过保护线接地，可在设备发生接地故障时减小触电危险。

保护中性线（PEN 线）兼有中性线（N 线）和保护线（PE 线）的功能。

1）TN 系统

在建筑电气中应用较多的是 TN 系统。TN 系统分为 TN-C 系统、TN-S 系统和 TN-C-S 系统，如图 7-19 所示。

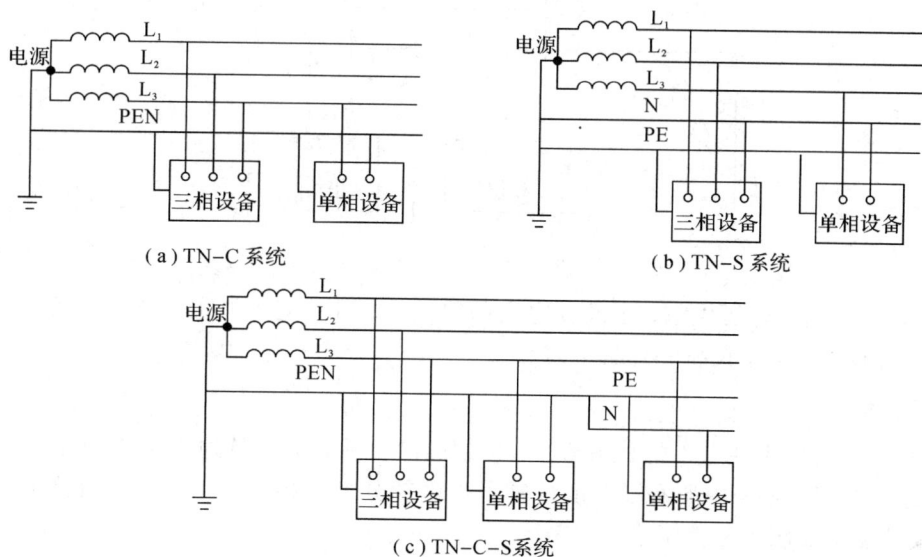

（a）TN-C 系统　　　　　　　　　（b）TN-S 系统

（c）TN-C-S系统

图 7-19　各种 TN 系统

TN-S 系统的 PE 线与 N 线分开，PE 线中无电流流过，设备外露可导电部分均接 PE 线。因此对接 PE 线的设备无电磁干扰。当 PE 线断线时，正常情况不会使 PE 的设备外露可导电部分带电，但在有设备发生一相接壳故障时，将会带电，危及人身安全。在一相接壳或接地故障时，过电流保护装置动作，将切除故障线路。因为是五线制系统，所以投资较高，适用于对安全或抗电磁干扰要求高的场所，常用于民用建筑供电。

TN-C 系统的 PE 线（保护线）与 N 线合为一根 PEN 线。设备外露可导电部分均接 PEN 线。PEN 线正常时可能有不平衡电流流过，容易打火，引起火灾和爆炸及对电子设备产生电磁干扰。例如，PEN 线断线，可使接 PEN 线的设备外露可导电部分带电，造成人身触电危险；可使单相设备烧坏。在一相接壳或接地故障时，过电流保护装置动作，将切除故障线路。这种系统一般能够满足供电可靠性的要求，而且投资较省，在我国低压配电系统中应用较普遍。但不适于安全要求高及抗电磁干扰要求高的场所。

TN-C-S 系统的前部分全为 TN-C 系统，而后边有一部分为 TN-C 系统，有一部分为 TN-S 系统。设备外露可导电部分接 PEN 或 PE 线。PE 与 N 线一旦分开，两者不能再相连。对安全或抗电磁干扰要求高的场所采用 TN-S 系统，而其他情况则采用 TN-C 系统。该系统广泛地应用于分散的民用建筑中，特别适合一台变压器供好几栋建筑物用电的情况。

2）TT 系统

TT 系统的电源中性点直接接地，也引出 N 线，属于三相四线制系统。该系统中所有设备的外露可导电部分均各自经 PE 线单独接地，如图 7-20 所示。TT 系统各设备的 PE 线之间无电磁联系，因此互相之间无电磁干扰。当发生一相接地故障时，则形成单相短路，但短路电流不大，影响保护装置动作，此时设备外壳对地电压近 1/2 相电压（110 V），危及人身安全。

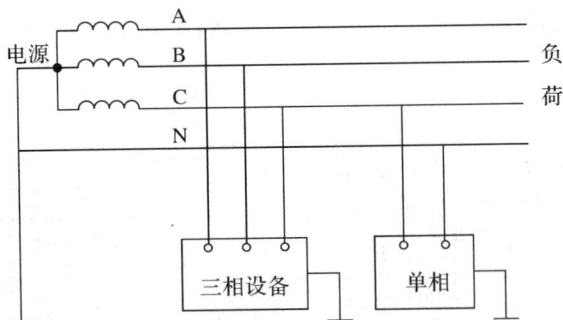

图 7-20　TT 系统

TT 系统适用于低压供电，远离变电所的建筑物，对环境要求防火防爆的场所，以及对接地要求高的精密电子设备和数据处理设备。

3）IT 系统

IT 系统的电源中性点不接地或经 1000 Ω 的阻抗接地，并且通常不引出中性线，是三相三线制系统。IT 系统中所有设备的外露可导电部分也都各自经 PE 线单独接地，互相之间无电磁干扰，如图 7-21 所示。

在 IT 系统中，当电气设备发生单相接地故障时，流过人体的电流主要是电容电流。在一般情况下，此电流是不大的，但是，如果电网绝缘强度显著下降，这个电流可能达到危险程度。

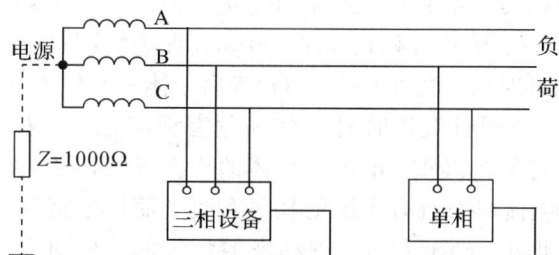

图 7-21　IT 系统

在 IT 系统中，如果一相导体已经接地而未被发现（此时三相设备仍可继续运行），人体又误接触另一相正常运行导体，这时人体将承受线电压，其危险程度不言而喻。因此，为确保安全必须在全系统内安装绝缘监察装置，当发生单相接地故障时，及时发出灯光或音响信号，提醒工作人员迅速清除故障以绝后患。IT 系统应用于对连续供电要求高的易燃易爆的危险场所。

★ 问题与思考

1. 架空线路的防雷措施有哪些？
2. 变配电所的防雷措施有哪些？
3. 什么是接地？工作接地和保护接地有什么区别？
4. 对抗电磁干扰高的场，应使用哪种接地保护系统？

任务三　了解电气安全与触电急救

一、电流对人体的作用

当电流通过人体时，人体内部组织将产生复杂的变化。人体触电可分两种情况：一种是雷击及高压触电。较大的电流通过人体所产生的热效应、化学效应和机械效应，将使人的肌体遭受严重的电灼伤、组织炭化坏死及其他难以恢复的永久性伤害。由于高压触电多发生在人体尚未接触到带电体时，在肢体受到电弧灼伤的同时，强烈的触电刺激肢体痉挛收缩而脱离电源，所以高压触电以电灼伤者居多。但在特殊场合，人触及高压电后，由于不能自主地脱离电源，将导致迅速死亡的严重后果。另一种是低压触电。在数十至数百毫安电流作用下，使人的肌体产生病理生理性反应，轻则有针刺痛感，出现痉挛、血压升高、心律不齐以致昏迷等暂时性的功能失常，重则可引起呼吸停止、心脏骤停、心室纤维性颤动，严重时可导致死亡。

二、安全电流及其有关因素

安全电流是人体触电后的最大摆脱电流。安全电流值各国规定并不完全一致。我国一般取 30 mA(交流 50 Hz)为安全电流，但是触电时间按不超过 1 s 计，因此这一安全电流也称为 30 mA·s。如果通过人体的电流不超过 30 mA·s 时，对人身肌体不会有损伤，不致引起心室颤动或器质性损伤。如果通过人体的电流达到 50 mA·s 时，对人就有致命危险。而达到 100 mA·s 时，一般要致人死亡。这 100 mA 即为"致命电流"。

安全电流主要与触电时间、电流性质、电流路径、体重和健康状况等因素有关。试验表明，直流、交流和高频电流通过人体时对人体的危害程度是不一样的，通常以 50～60 Hz 的工频电流对人体的危害最为严重。电流对人体的伤害程度，主要取决于心脏的受损程度。试验表明，不同路径的电流对心脏有不同的伤害程度，而以电流从手到脚特别是从一手到另一手对人最为危险。此外，健康人的心脏和虚弱病人的心脏对电流伤害的抵抗能力是大不一样的。人的心理状态、情绪好坏以及人的体重等，也使电流对人体的危害程度有所差异。

三、安全电压和人体电阻

安全电压是指不致使人直接致死或致残的电压。我国国家标准规定的安全电压等级如表 7-4 所示。表中所列空载上限值主要是考虑到某些重载的电气设备，其额定电压虽然符合规定，但空载电压往往很高，如果超过规定的上限值仍不能认为符合安全电压标准。一般情况下，42 V 用于危险环境中的手持电动工具，36 V 和 24 V 用于有触电危险的环境中使用的行灯和局部照明灯，12 V 用于金属容器内等特别危险环境中使用的行灯，6 V 用于水下作业场所。

表 7-4　安全电压等级

安全电压(交流有效值)/ V		选 用 举 例
额定值	空载上限值	
42	50	在有触电危险的场所使用的手持式电动工具等
36	43	在矿井、多导电粉尘等场所使用的行灯等
24	29	可供某些具有人体可能偶然触及的带电体设备选用
12	15	
6	8	

实际上，从电气安全的角度来说，安全电压与人体电阻是有关系的。人体电阻由体内电阻和皮肤电阻两部分组成。体内电阻约为 500 Ω，与接触电压无关。皮肤电阻随皮肤表面的干、湿、洁、污状况及接触面积而变，约为 1700～2000 Ω。从人身安全的角度考虑，人体电阻一般取下限值 1700 Ω。由于安全电流取 30 mA，而人体电阻取 1700 Ω，因此人体允许持续接触的安全电压为 $U_{safe}=30\times10^{-3}\times1700=50$ V，这 50 V(50 Hz 交流有效值)称为一般正常环境条件下允许持续接触的"安全特低电压"。现行国标也明确表述了设备所在环境为正常环境，人身电击安全电压限值为 50 V。

四、触电事故分类

按人体触及带电体的方式和电流通过人体的途径，触电可分为三种情况：一是单相触电，在低压电力系统中，若人站在地上接触到一根火线，即为单相触电（或称为单线触电）。人体接触漏电的设备外壳，也属于单相触电。中性点接地的单相触电和中性点不接地的单相触电分别如图7-22和图7-23所示。二是两相触电，人体不同部位同时接触两相电源带电体而引起的触电叫做两相触电。三是跨步电压触电，当外壳接地的电气设备绝缘损坏而使外壳带电，或导线断落发生单相接地故障时，电流由设备外壳经接地线、接地体（或由断落导线经接地点）流入大地，向四周扩散，在导线接地点及周围形成强电场。

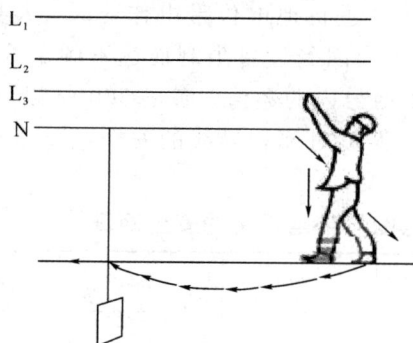

图7-22　中性点接地的单相触电　　　　图7-23　中性点不接地的单相触电

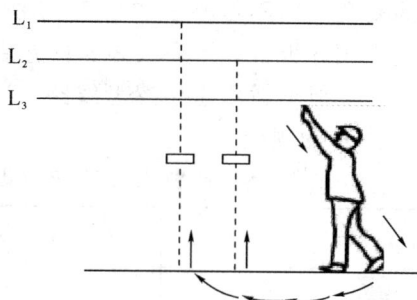

五、直接和间接触电防护

根据人体触电的情况将触电防护分为直接触电防护和间接触电防护两种。直接触电防护是指对直接接触正常时带电部分的防护，绝缘、屏护、电气间隙、安全距离、漏电保护等都是防止直接接触电击的防护措施。间接触电防护是指对故障时可带危险电压而正常时不带电的电气装置外露可导电部分的防护，例如，将正常不带电的设备金属外壳和框架等接地，并装设接地故障保护等。

在供用电工作中必须特别注意电气安全。如果稍有麻痹或疏忽就可能造成严重的人身触电事故或者引起火灾或爆炸，给国家和人民带来极大的损失。保证电气安全的一般措施包括：

1. 加强电气安全教育

电能够造福于人，但如果使用不当，也能给人以极大危害，甚至致人死亡。因此必须加强电气安全教育，人人树立"以人为本，安全第一"的观点，加强安全教育工作，力争供电系统无事故运行，防患于未然，消灭人身伤亡事故。

2. 严格执行安全工作规程

国家颁布的和现场制定的安全工作规程是确保工作安全的基本依据。只有严格执行安全工作规程，才能确保工作安全。供电系统中的很多事故都是由制度不健全或者违反操作规程造成的。

电气作业人员必须具备的条件包括经医师鉴定，无妨碍工作的病症（体检每两年至少一次）；具备必要的电气知识和业务技能，按其工作性质，熟悉《电力安全工作规程》的有关部分，并经考试合格；具备必要的安全生产知识，学会紧急救护法，特别要学会触电急救。

定期对电气操作人员进行安全技术培训和考核，宣传国家、地方、行业的最新安全技术要求和规定。不断提高安全生产意识和安全操作技能，杜绝违章指挥和违章操作。

建全管理体系，企业动力部门（设备部门）或安技部门应有专职或兼职技术人员负责电气安全级技术管理、电气资料管理和定期的电气安全检查。用电部门要经常开展隐患自检，对查出的问题要制订整改计划。

作业人员工作中正常活动范围与带电设备的安全距离不得小于如表7-5所示的规定。表中未列电压按高一级电压等级的安全距离。在进行地电位带电作业时，人身与带电体间的安全距离不得小于如表7-6所示的规定。当因受设备限制而达不到1.8 m时，经主管生产领导批准，并采取必要措施后，可采用括号内的数值。海拔500 m以下，500 kV取3.2 m，但不适用于紧凑型线路。等电位作业人员对邻相导线的安全距离不得小于如表7-7所示的规定。

表 7-5　作业人员工作中正常活动范围与带电设备的安全距离

电压等级/kV	≤10(13.8)	20、35	66、110	220	330	500
安全距离/m	0.7	1	1.5	3	4	5

表 7-6　进行地电位带电作业时人身与带电体间的安全距离

电压等级/kV	10	35	66	110	220	330	500
安全距离/m	0.4	0.6	0.7	1	1.8 (1.6)	2.2	3.4 (3.2)

表 7-7　等电位作业人员对邻相导线的安全距离

电压等级/kV	10	35	66	110	220	330	500
安全距离/m	0.6	0.8	0.9	1.4	2.5	3.5	5

3. 严格遵循设计、安装规范

国家制定的设计、安装规范是确保设计、安装质量的基本依据。例如，在进行工厂供电设计，就必须遵循国家标准《供配电系统设计规范》、《10 kV及以下变电所设计规范》、《低压配电设计规范》等一系列设计规范；而进行供电工程的安装，则必须遵循国家标准《电气装置安装工程·高压电器施工及验收规范》、《电气装置安装工程·电力变压器、油浸电抗器、互感器施工及验收规范》、《电气装置安装工程·电缆线路施工及验收规范》、《电气装置安装工程·35 kV及以下架空电力线路施工及验收规范》、《建筑电气工程施工质量验收规范》等一系列施工及验收规范。

4. 加强运行维护和检修试验工作

加强供用电设备的运行维护和检修试验工作，对于供用电系统的安全运行也具有很重要的作用。这方面也应遵循有关的规程、标准。例如，电气设备的交接试验，应遵循《电气装置安装工程·电气设备交接试验标准》的规定。

5. 采用安全电压及符合安全要求的电器

对于容易触电及有触电危险的场所应按规定采用相应的安全电压值。对于在有爆炸和火灾危险的环境中使用的电气设备和导线、电缆，应符合《爆炸和火灾危险环境电力装置设计规范》的规定。

6. 按规定使用电气安全用具

为防止电气人员在工作中发生触电事故，必须使用电气安全用具。电气安全用具分基本安全用具和辅助安全用具两类。基本安全用具的绝缘足以承受电气设备的工作电压，操作人员必须使用它才允许操作带电设备。例如，操作高压隔离开关和跌开式熔断器的绝缘操作棒，它俗称令克棒。

绝缘棒主要用来操作高压隔离开关、低压户外刀闸和跌落式熔断器，以及安装和拆除临时接地线等工作。绝缘手套、绝缘靴和绝缘垫都是用特种橡胶制成，使用时要定期检查。高压验电器分为发光型、声光型和风车型，它是用于检测对地电压 250 V 以上的电气线路和设备的安全用具，低压试电笔除了可以判断是否带电外，还可以区分相线还是零线，区分交流电还是直流电，判断电压高低。临时接地线是将三相短路并接地，以防止错误操作带来的突然来电，消除感应电压和放尽残存的静电。标示牌用于警告和提示工作人员不要靠近或者禁止操作等。

使用电气安全用具必须遵循国家电网公司颁布的《国家电网公司电力安全工作规程》的规定。例如，在用绝缘操作棒拉合高压隔离开关时，应戴绝缘手套。雨天在室外操作时，绝缘棒应有防雨罩，还应穿绝缘靴。所有绝缘用具应定期进行试验，例如，高压绝缘操作棒每年应进行一次耐压试验，合格的才能继续使用。

此外，还有安全帽和登高用具在需要的时候必须使用。在进入施工和生产现场后，工作人员都应该佩戴安全帽，用于防护高空落物，减轻头部冲击。凡在坠落高度基准面 2 m 或 2 m 以上，有可能坠落的作业称为高处作业。常见的登高用具包括安全带、脚扣、梯子和高凳等。安全带是防止高处作业时跌落的主要安全用具，一般由皮革或者尼龙材料制成。脚扣是电杆攀登工具，呈环形，其环形直径按照电杆直径制造。

7. 正确处理电气失火事故

电气失火和爆炸事故对国民经济和人民生活危害很大，它不仅会直接造成电气设备的损坏和人身伤亡，而且还会造成大规模长时间的停电，带来不可估量的间接损失。因此，电气防火和防爆也是电气安全的一项重要工作。一旦发生电气失火，要采取合理的灭火措施，减少损失。

电气火灾直接原因包括电气设备过热、电火花和电弧等。短路、过载、接触不良、铁芯发热、散热不良都会导致电气设备过热。电气防火安全要求包括：电气设备的额定功率要大于负载的功率；电线的截面积允许电流要大于负载电流；电气设备的绝缘要符合安全要求；电气设备的安装要符合一定的安全距离；不可卸的接头及活动触头要接触良好；加强电气设备的维护工作；灯具完整、无损伤，附件齐全；不同极性的带电部件之间有合理的电气间隙；开关、插座、接线盒及其面板等绝缘材料要有阻燃性；电线、电缆绝缘层厚度要符合有关规定。

失火的电气线路或设备可能带电，因此在灭火时要防止触电，最好是尽快切断电源。失火的电气设备内可能充有大量的可燃油，因此要防止充油设备爆炸并引起火势蔓延。电气失火时会产生大量浓烟和有毒气体，不仅对人体有害，而且会对电气设备产生二次污染，影响电气设备今后的安全运行。因此在扑灭电气火灾后，必须仔细清除这种二次污染。

带电灭火时应使用二氧化碳(CO_2)灭火器、干粉灭火器或1211(二氟一氯一溴甲烷)灭火器。这些灭火器的灭火剂不导电，可直接用来扑灭带电设备的失火。在使用二氧化碳灭火器时，要防止冻伤和窒息。因为其中的二氧化碳是液态的，在它喷射出来后，强烈扩散，大量吸热，形成温度很低(可低至$-78\ ℃$)的雪花状干冰，降温灭火并隔绝氧气。因此在使用二氧化碳灭火器时，要打开门窗，并要离开火区$2\sim3\ m$。不能使用一般泡沫灭火器，因为该灭火剂(水溶液)具有一定的导电性，而且对电气设备的绝缘有一定的腐蚀性。一般也不能用水来处理电气失火，因为水中多少含有导电杂质，用水进行灭火，容易发生触电事故。可使用干沙来覆盖进行带电灭火，但只能是小面积的。在带电灭火时，应采取防触电的可靠措施。如有人触电，应按下述方法进行急救处理。

六、触电的急救处理

触电者的现场急救，是急救过程中关键的一步。如果处理及时和正确，因触电而呈假死的人就有可能获救，反之则会带来不可弥补的后果。

1. 脱离电源

触电急救，首先要使触电者迅速脱离电源，越快越好，因为触电时间越长，伤害越重。脱离电源就是要将触电者接触的那一部分带电设备的电源开关断开，或者设法使触电者与带电设备脱离。在脱离电源时，救护人员既要救人，又要注意保护自己，防止触电。触电者未脱离电源前，救护人员不得用手触及触电者。

如果触电者触及低压带电设备，救护人员应设法迅速切断电源，例如，拉开电源开关或拔下电源插头，或者用绝缘完好的钢丝钳或断线钳剪断电线，或者使用绝缘工具、干燥木棒等不导电物体解脱触电者，救护人员也可站在绝缘垫上或干木板上，并戴绝缘手套或将手用干燥衣物等包起绝缘后解脱触电者。这一拉、二切、三挑、四拽，即触电者触及低压带电设备的急救处理方法如图7-24(a)～(d)所示。

(a) 拉下开关或拔掉电源插头　　　　　　　　(b) 切断电线

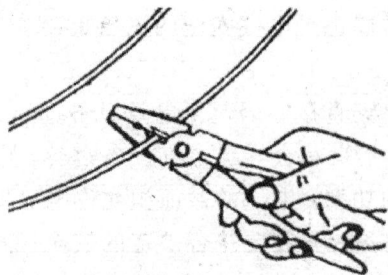

（c）挑开电线　　　　　（d）将触电者拖拽开

图 7-24　触电者触及低压带电设备的急救处理方法

如果触电者触及高压带电设备，救护人员应立即通知有关供电单位或用户停电或迅速用相应电压等级的绝缘工具按规定要求拉开电源开关或熔断器。也可抛掷先接好地的裸金属线，使高压线路短路接地，迫使线路的保护装置动作，断开电源。但抛掷短接线时一定要注意安全。抛出短接线后，要迅速离开短接线接地点 8 m 以外或双脚并拢，以防跨步电压伤人。

如果触电者处于高处，解脱电源后触电者可能从高处掉下，因此要采取相应的安全措施，以防触电者摔伤或致死。如果触电事故发生在夜间，在切断电源救护触电者时，应考虑到救护所必需的应急照明，但也不能因此而延误切断电源、进行抢救的时间。

2. 急救处理

当触电者脱离电源后，应立即根据具体情况对症救治，同时通知医生前来抢救。如果触电者神志尚清醒，则应使之就地平躺，或抬至空气新鲜、通风良好的地方让其躺下，严密观察，暂时不要让他站立或走动。观察触电者的瞳孔是否放大。当人处于假死状态时，人体大脑细胞严重缺氧，处于死亡边缘，瞳孔自行放大。观察触电者有无呼吸存在，摸一摸颈部的颈动脉有无搏动。如果触电者已神志不清，则应使之就地仰面平躺且确保空气通畅，并用 5 s 左右的时间，呼叫伤员或轻拍其肩部，以判定其是否意识丧失。禁止摇动伤员头部呼叫伤员。如果触电者已失去知觉，停止呼吸，但心脏微有跳动，应在通畅气道后，立即施行口对口或口对鼻的人工呼吸。

如果触电者伤害相当严重，心跳和呼吸均已停止，在其完全失去知觉时，则在通畅气道后，立即同时进行口对口（鼻）的人工呼吸和胸外按压心脏的人工循环。如果现场仅有一人抢救时，可交替进行人工呼吸和人工循环。每按压 15 次后吹起 2 次，如此循环反复进行。如果是两人急救，每 5 s 吹气一次，每 1 s 挤压一次，两人同时进行，如图 7-25 所示。注意打肾上腺素等强心针应持慎重态度，更不能泼冷水。

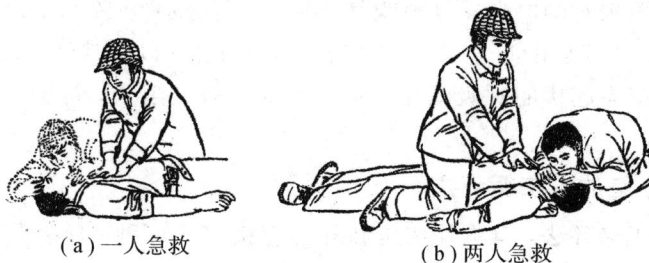

（a）一人急救　　　　　（b）两人急救

图 7-25　一人急救和两人急救

由于人的生命的维持，主要是靠心脏跳动而造成的血液循环和呼吸而形成的氧气与废气的交换，因此采取胸外按压心脏的人工循环和口对口（鼻）吹气的人工呼吸的方法，能对处于因触电而暂时停止了心跳和呼吸的"假死"状态的人起暂时弥补的作用，促使其血液循环和正常呼吸，因此这两种急救方法统称为心肺复苏法。

在急救过程中，人工呼吸和胸外按压心脏的措施必须坚持进行。在医务人员未来接替救治前，不应放弃现场抢救，更不能只根据没有呼吸和脉搏就擅自判定伤员死亡，放弃抢救。只有医生有权做出伤员死亡的论断。在运送伤员的途中，要继续在车上对伤员施行心肺复苏法。

3. 人工呼吸法

人工呼吸法有仰卧压胸法、俯卧压背法和口对口（鼻）吹气法等，这里只介绍现在公认简便易行且效果较好的口对口（鼻）吹气法。

首先迅速解开触电者衣服、裤带，松开上身的紧身衣、胸罩、围巾等，使其胸部能自由扩张，不致妨碍呼吸。应使触电者仰卧，不垫枕头，头先侧向一边，清除其口腔内的血块、假牙及其他异物。如果舌根下陷，应将舌根拉出，使气道畅通。如果触电者牙关紧闭，救护人员应以双手托住其下颌骨的后角处，大拇指放在下颌角边缘，用手将下颌骨慢慢向前推移，使下牙移到上牙之前；也可用开口钳、小木片、金属片等，小心地从口角伸入牙缝撬开牙齿，清除口腔内异物。然后将其头扳正，使之尽量后仰，鼻孔朝天，使气道畅通。救护人位于触电者一侧，用一只手捏紧鼻孔，不使漏气；用另一只手将下颌拉向前下方，使嘴巴张开。可在其嘴上盖一层纱布，准备进行吹气。救护人做深呼吸后，紧贴触电者嘴巴，向他大口吹气，如图 7-26(a)所示。如果掰不开嘴，也可捏紧嘴巴，紧贴鼻孔吹气。在吹气时，要使其胸部膨胀。救护人在吹完气换气时，应立即离开触电者的嘴巴（或鼻孔）并放松紧捏的鼻孔（或嘴巴），让其自由排气，如图 7-26(b)所示。

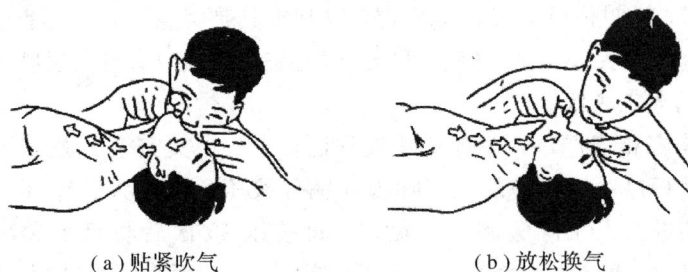

(a)贴紧吹气   (b)放松换气

图 7-26 口对口吹气的人工呼吸法

按照上述操作要求对触电者反复地吹气、换气，每分钟约 12 次。对幼小儿童施行此法时，鼻子不必捏紧，任其自由漏气，而且吹气也不能过猛，以免其肺泡胀破。吹气和放松时要注意被救人胸部应有起伏的呼吸动作，吹气时如有较大阻力，可能是头部后仰不够，应及时纠正。

4. 胸外按压心脏的人工循环法

按压心脏的人工循环法，有胸外按压和开胸直接挤压两种。后者是在胸外按压心脏效果不大的情况下，由胸外科医生进行的一种手术。这里只介绍胸外按压心脏的人工循环法。

与上述人工呼吸法的要求一样，首先要解开触电者的衣服、裤带、胸罩、围巾等，并清除口腔内异物，使气道畅通。使触电者仰卧，姿势与上述口对口吹气法一样，但后背着地处的地面必须平整牢固，为硬地或木板之类。救护人位于触电者一侧，最好是跨腰跪在触电者腰部，两手相叠（对儿童可只用一只手），手掌根部放在心窝稍高一点的地方，如图 7 - 27 所示。

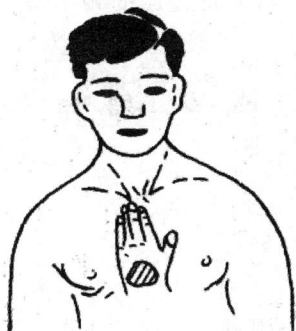

图 7 - 27　胸外按压心脏的正确压点

救护人找到触电者的正确压点后，自上而下、垂直均衡地用力向下按压，压出心脏里面的血液，如图 7 - 28(a)所示。对儿童，用力应适当小一些。按压后，掌根迅速放松（但手掌不要离开胸部），使触电者胸部自动复原，心脏扩张，血液又回流到心脏里来，如图 7 - 28 (b)所示。

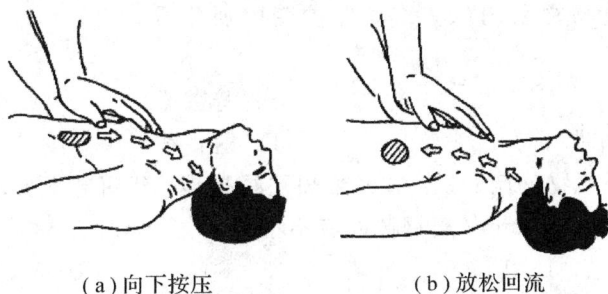

（a）向下按压　　　　　（b）放松回流

图 7 - 28　人工胸外按压心脏法

按照上述操作要求对触电者的心脏反复地进行按压和放松，每分钟约 60 次。在按压时，定位要准确，用力要适当，有效的按压特征是按压过程中可以触摸到颈动脉搏动。在进行人工呼吸和心脏按压时，救护人应密切观察触电者的反应。只要发现触电者有苏醒征象，如眼皮闪动或嘴唇微动，就应终止操作几秒钟，以让触电者自行呼吸和心跳。

对触电者施行心肺复苏法——人工呼吸和心脏按压，对于救护人员来说是非常劳累的，但为了救治触电者，还必须坚持不懈，直到医务人员前来救治为止。事实说明，只要正确地坚持施行人工救治，触电"假死"的人被抢救成活的可能性非常大。

★ 问题与思考

1. 安全电流是多少？致命电流是多少？

2. 人体的安全电压是多少？

3. 触电的方式有几种？

4. 常见的电气安全用具有哪些？

5. 当发生电气失火事故时，哪些灭火方式是不可取的？

6. 当触电者触及低压带电设备时，有哪些方法可以帮助触电者脱离电源？

7. 如果是两人急救，人工呼吸和胸部按压的频率是多少比较好？

单 元 测 试

一、填空题

1. 防雷装置所有接闪器都必须经过_____与_____相连。

2. 雷电过电压的基本形式有_____、_____和_____。

3. _____是指在接地故障点附近行走时，两脚之间所出现的电位差。

4. 电气装置的接地分为_____、_____和_____三种。

5. 避雷器的类型有_____、_____、_____、_____和_____等。

6. 装有保护间隙的线路，一般宜装设_____，以提高供电可靠性。

7. 设备所在环境为正常环境，人身电击安全电压限值为_____。

8. 对触电者的心脏反复地进行按压和放松，每分钟约为_____次。

二、选择题

1. 保护高层建筑物常采用（   ），保护变电所常采用（   ），保护输电线常采用（   ）。

   A. 避雷针   B. 避雷器

   C. 避雷网或避雷带   D. 避雷线

2. 引下线应沿建筑物外墙明敷，并经最短路径接地，建筑艺术要求较高者可暗敷，但其圆钢直径应不小于（   ）mm，扁钢截面应不小于（   ）mm^2。

   A. 10 80   B. 10 90   C. 5 80   D. 5 90

3. 下列陈述错误的是（   ）。

   A. 在 TN 系统中，为确保公共 PE 线或 PEN 线安全可靠，除在电源中性点进行工作接地外，还应在 PE 线或 PEN 线进行重复接地

   B. 保护间隙又称角型避雷器简单经济，维护方便，但保护性能差，灭弧能力小，容易造成接地或短路故障，使线路停电

   C. 安全电流我国一般取 50 mA

   D. 国家颁布的和现场制定的安全工作规程是确保工作安全的基本依据

4. 高压绝缘操作棒（   ）应进行一次耐压试验，合格的才能继续使用。

   A. 六个月   B. 一年   C. 两年   D. 三年

5. 常见的登高用具不包括（   ）。

   A. 安全带   B. 脚扣   C. 梯子   D. 接地线

三、判断题

1. 当使用阀型避雷器时，应与被保护的设备串联。   （   ）

2. 滚球法是指将一个半径为 h_r 的球，沿地面向避雷针滚动，当球面碰到针尖时即停止滚动。此时，球面与针尖有一个接点，球面与地面有一个切点。接点与切点之间有一段圆弧。把该圆弧绕避雷针旋转 360°，得到一个曲锥，该曲锥就是避雷针的保护范围。　（　　）

3. 避雷器功能是防护雷电冲击波。　（　　）

4. 埋入大地与土壤直接接触的金属物体称为接地体或接地极。　（　　）

5. 在触电时，电源开关在附近应迅速地切断有关电源开关，使触电者迅速地脱离电源。　（　　）

四、简答题

1. 什么是过电压？

2. 什么是工作接地和保护接地？

3. 紧急救护法的注意事项有哪些？

项目八　了解分布式发电与智能电网

学习目标

1. 了解分布式电源和分布式发电的概念。
2. 了解常见的分布式电源和储能方式。
3. 掌握分布式发电的特点和应用。
4. 了解发展分布式发电的意义。
5. 了解智能电网的概念。
6. 了解智能电网的主要新技术。
7. 了解智能电网能解决的问题。

任务一　了解分布式发电及应用现状

随着电网规模的不断扩大,超大规模电力系统的运行难度也不断加大,投入成本高,运行效率低等弊端也日益凸显。与此同时,全球范围内的能源危机和环境危机,使得新兴能源的开发成为一种迫切的需求。于是,以太阳能、风能等新能源为代表的分布式电源的兴起成为一种必然。这些分散的能源可以弥补和完善大规模集中式电力系统的不足,直接安装在用户近旁,投资省、效率高,近年来在各国发展迅速。目前,大电网与分布式电源相结合被世界许多能源、电力专家公认为是能够节省投资、降低能耗、提高电力系统可靠性和灵活性的主要方式,是电力工业的发展方向。

分布式发电直接接入配电系统(380 V 或 10 kV 配电系统,一般低于 66 kV 电压等级)并网运行较为多见,但也有直接向负荷供电而不与电力系统相连,形成独立供电系统(或形成孤岛运行方式(Islanding Operation Mode))的。采用并网方式运行,一般不需要储能系统,但在采取独立(无电网孤岛)运行方式时,为保持小型供电系统的频率和电压稳定,储能系统往往是必不可少的。

一、分布式能源系统的内涵和特点

(一) 分布式发电的概念和特点

根据国家发展改革委 2013 年发布的《分布式发电管理暂行办法》,分布式发电系统是指靠近用电现场,运行方式以用户端自发自用为主、多余电量上网。以在配电网系统进行平衡调节为特征的发电设施或有电力输出的能量综合梯级利用多联供设施。技术类型上,分布式发电技术种类较多,主要包括天然气多联供,工业余热余压、煤矿瓦斯等资源综合利用发电，生物发电(含垃圾发电)，小水电、太阳能发电(含光伏及光热)，风力发电等。

与远离负荷中心依靠远距离输配的传统电源相比，分布式发电具有如下特点：

(1)建设容易，投资少。单机容量和发电规模都不大，不需要建设大电厂和变电站、配电站，土建和安装成本低，工期短，投资少。

(2)靠近用户，输配电简单，损耗小。靠近电力用户，一般可直接就近向负荷供电，而不需要长距离的高压输电线，输配电损耗小，建设简单廉价。

(3)污染少，环境相容性好。可充分利用可再生清洁能源。

(4)能源利用效率高。可结合冷热电联产，将发电的废热回收用于供热和制冷，科学合理地实现能源的梯级利用。

(5)运行灵活，安全可靠性有保障。小机组的起动和停运快速、灵活。可作为备用电源。

(6)联网运行，有提供辅助性服务的能力。夏季和冬季用电高峰期，冷、热、电三联供可满足季节供热或制冷需要，并节省电力，从而减轻供电压力。

在实际应用中，不同类型的分布式发电以较高密度接入电网，可以在能源利用效率、节能减排和提高供电可靠性等方面体现明显优势，但也会使配电网成为有源化网络，对配电网运行提出更高要求。

(二)发展分布式发电的意义

具体而言发展分布式能源的重要意义有以下几方面：

(1)经济性。由于分布式能源可用发电的余热来制热、制冷，因此能源得以合理地梯级利用，从而可提高能源的利用效率(达70%~90%)。由于分布式电源的并网，减少或缓建了大型发电厂和高压输电网，缓建了电网从而节约投资。同时，使得输配电的潮流减少，相应地降低了网损。分布式发电的装机容量一般较小，建设周期短，因此可避免类似大型发电站建设周期带来的投资风险。

(2)环保性。由于采用天然气作为燃料或以氢气、太阳能、风能为能源，故可减少有害物的排放总量，减轻环保的压力。大量的就近供电减少了大容量远距离高电压输电线的建设，由此不但减少了设备投资，还降低了高压输电线的电磁污染，也减少了高压输电线的征地面积和线路走廊，减少了对线路下树木的砍伐，有利于环保。

(3)能源利用的多样性。分布式发电可利用多种能源，如清洁能源(天然气)、新能源(氢)和可再生能源(如风能和太阳能等)，并同时为用户提供冷、热、电等多种能源应用方式，因此是解决能源危机、提高能源利用效率和能源安全问题的一种很好的途径。

(4)调峰作用。夏季和冬季往往是负荷的高峰时期，此时如采用以天然气为燃料的燃气轮机等冷、热、电三联供系统，不但可解决夏季的供冷与冬季的供热需要，同时也提供了一部分电力，由此可对电网起到"削峰填谷"的作用。此外，也部分解决了天然气供应时的峰谷差过大问题，发挥了天然气与电力的互补作用。

(5)安全性和可靠性高。当大电网出现大面积停电事故时，具有特殊设计的分布式发电系统仍能保持正常运行，由此可提高供电的安全性和可靠性。

(6)优化电力市场。分布式发电可以适应电力市场发展的需要，由多家集资办电，发挥电力建设市场、电力供应市场的竞争机制。

（7）解决边远地区的供电问题。我国许多边远及农村地区远离大电网，因此难以从大电网向其供电。采用太阳能光伏发电、风力发电和生物质能发电的独立发电系统不失为一种优选的方法。

二、分布式电源及储能系统

（一）分布式电源

分布式发电系统通常包括能量转换装置（即分布式电源）及控制系统，并通过电气接口与外部电网相连，其组成如图8-1所示。

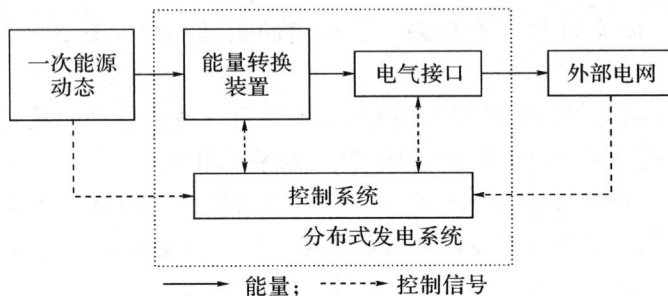

图8-1　分布式发电系统的组成

分布式电源主要有太阳能光伏发电、风力发电、燃料电池、微型燃气轮机、生物质能发电、垃圾发电、氢能发电、小水电等。分布式电源的种类众多，导致电源系统动态特性差异很大，而动态特性的差异不仅仅体现在电源本身，除了少数直接并网的分布式电源外，其他电源大多通过电力电子装置并网。另外，分布式发电系统的动态特性还包括电力电子变流器及其控制系统的特性。

为了电网安全稳定和经济可靠运行，新能源发电应具有适应电网不同工况的能力，能够根据电网运行条件的变化自动调整运行状态，满足智能电网对新能源并网提出的可测、可控、可调的要求。具体要求如下：

（1）能够按照电网调度机构的启动指令发电。

（2）能够按照电网调度机构的停机指令或发生电气故障时自动停机。

（3）应具有有功功率调节能力，并能根据电网调度机构指令控制有功功率输出。

（4）应具有无功调节能力，可参与电网电压调节。

（5）风电场、光伏电站等新能源电站应具备一定的低电压穿越能力。

下面对几种典型的新能源发电原理及并网电路进行介绍。

1. 风力发电及风电机组并网特性

风电机组是将风能转化为电能的设备，其特点之一就是出力受风速波动影响比较大。风电行业经过近十几年的高速发展在并网问题上的解决方案已得到成熟的应用。所有的风电机组都具备低电压穿越（LVRT）功能，即在电网电压跌落2 s以内，机组可以保持不脱网，在此期间还要向电网发无功（发出无功功率），支持电压的快速回升。大规模并网的风电场都要求安装直接可以接受电网调度指令的能量管理平台，电网公司可以根据电网电量供求状况直接控制风电场的输出；所有风电场都要安装功率预测系统，实时向电网公司发送未来半个小时内、24 小时内预测的风电场可以达到的最大出力。这使得风电机组的电网友好性大大增强。

目前，我国大规模集中式并网的风电机组有两类：一种是双馈式风电机组（如图 8 - 2 所示）；另一种是永磁直驱式风电机组（如图 8 - 3 所示）。

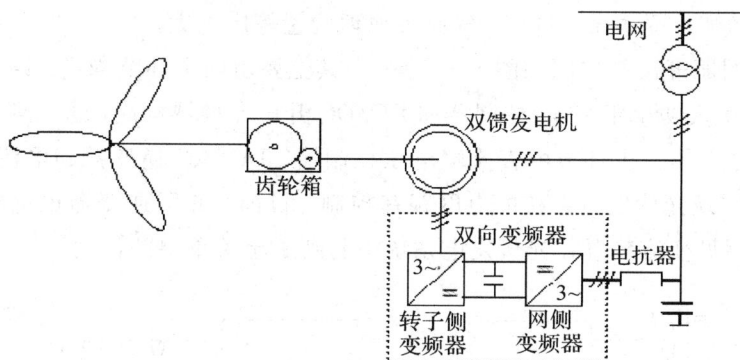

图 8 - 2　双馈式风电机组的原理图

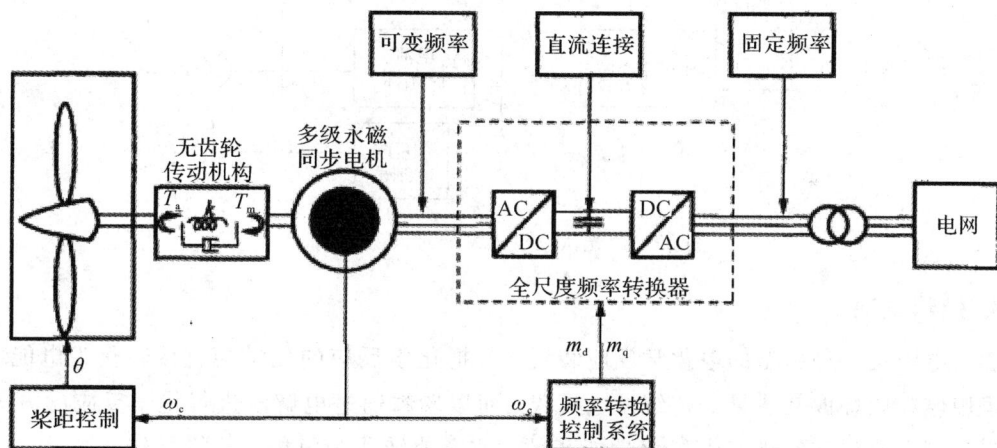

图 8 - 3　永磁直驱式风电机组的原理图

风电机组的叶轮转速一般在 8～18 r/min 之间，而双馈发电机的转速相对较高，所以叶轮不能直接驱动电机，中间要经过齿轮箱增速。由图 8 - 2 可以看出，双馈式风电机组采用部分功率变流器，只有转子部分通过变频器与联网连接，转子部分的功率通常占总功率的 1/3 左右，另外 2/3 左右的电能由定子发出，定子通过并网开关直接与电网连接。由于是采用的部分功率变频器，所以双馈式风电机组的功率因数调节范围没有永磁直驱式风电机组宽。

永磁直驱式发电机的电机极对数比较多，其电机转速较低，可以由叶轮直接驱动，省去了增速齿轮箱，但发电机的外径相应就比较大。由图 8 - 3 可以看出，永磁直驱式发电机发出的电能全部经过变频器，经过交-直、直-交变换后并网，并由此实现了发电机侧和电网侧的解耦。因此，对永磁直驱式发电机组来讲，不仅低电压穿越功能可以轻松实现，而且机组的功率因数还可以大范围调节，理论上可以全部向电网发无功功率。所以，并网特性好是使用全功率变频器机组的先天优势。其缺点是变频器的体积较大，成本较高。

2. 光伏发电及并网特性

光伏发电是利用太阳能电池将太阳能转化为电能的一种发电方式。光伏发电所利用的太阳能的能量密度低，受季节、昼夜、气候及地理位置等影响大。

光伏发电入网原理及其控制如图 8-4 所示。其主要由两个环节构成：第一个环节由光伏阵列、MPPT（最大功率跟踪点）控制器和 DC/DC 升压变换器构成，这一环节的功能是找到系统最大功率点；第二个环节由直流端电压控制器、DC/AC 逆变器和电流控制器组成，这一环节的作用实现光伏发电系统的电网跟踪控制。目前，并网逆变器也都实现了低电压穿越功能，由此可见变流装置在光伏发电系统中起到了至关重要的作用。

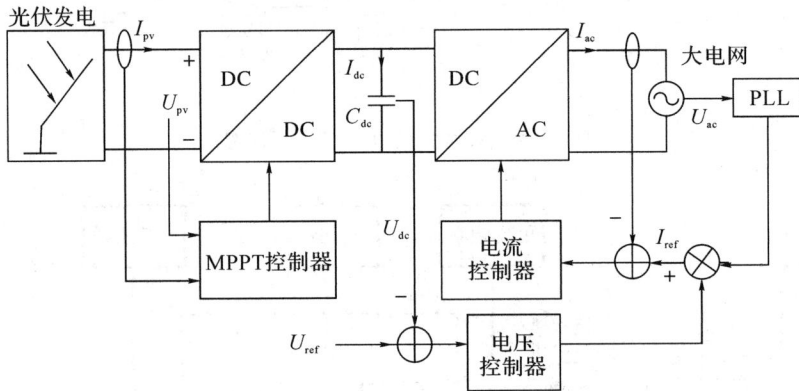

图 8-4　光伏发电入网原理及其控制

3. 燃料电池

燃料电池是一种新型的电化学反应装置，其把化学反应的化学能直接转化为电能。它打破了用燃料燃烧取其热量的传统发电模式，而以燃料通过电解质进行化学反应的方式直接地将储存在燃料和氧化剂中的化学能高效、洁净地转化为电能。其能量转化方式为：化学能（燃料）→电能，与传统的火力发电能量转化方式：化学能→热能→机械能→电能相比，转换环节大大简化，效率明显提高。

燃料电池的应用领域十分广泛，它既可适合用于集中发电，也可作为各种规格的分散电源和可移动电源。燃料电池的结构与一般蓄电池不同，它由燃料电极、氧化剂和电解质等基本原件构成。当然它还需要一套相应的辅助系统，包括燃料、氧化剂供给系统、排热系统、排水系统、控制系统和安全系统等。在实用的燃料电池中因电解质不同，参与反应的离子也不同。燃料电池和普通电池一样，是通过电化学反应产生电流的。其区别是，一旦工作，电流稳定，无需充电，因为它不像普通电池那样反应物和产物封存在电池之内。而是反应物不断补充进电池，产物则不停地排出电池。燃料电池的种类很多，但由燃料电池构成的分布式发电系统的电路原理基本一致，如图 8-5 所示。

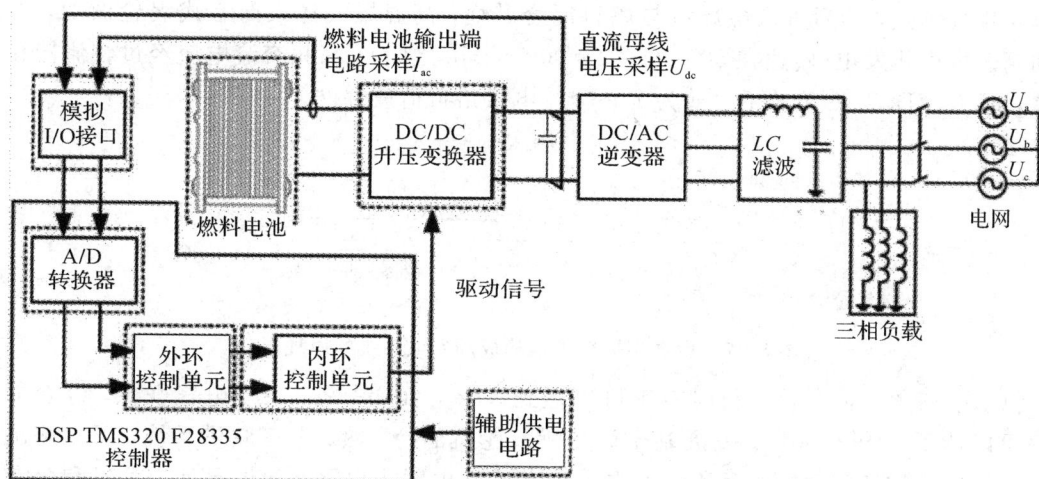

图 8-5　由燃料电池构成的分布式发电系统

4. 微型燃气轮机

微型燃气轮机是指功率为数百千瓦以下的以天然气、甲烷、汽油、柴油为燃料的超小型燃气轮机。微型燃气轮机的内部结构非常复杂，按功能可以分为八个部分，分别为空气压缩机、燃烧室、涡轮机、发电机、回热器、燃料喷嘴、传动轴和电力调节系统。

微型燃气轮机的工作原理图如图 8-6 所示。燃气经气体压缩泵后由燃料喷嘴喷入燃烧室，与来自空气压缩机并经回热器回热的空气混合进行燃烧，将燃料的化学能转为烟气的热能；产生的高温高压烟气进入涡轮机膨胀做功，推动涡轮机叶片高速转动，把烟气的热能转变为叶片的机械能；涡轮机通过传动轴（气浮轴承）带动永磁发电机发电，将转轴的机械能转换为电能，产生变频变压的交流电。

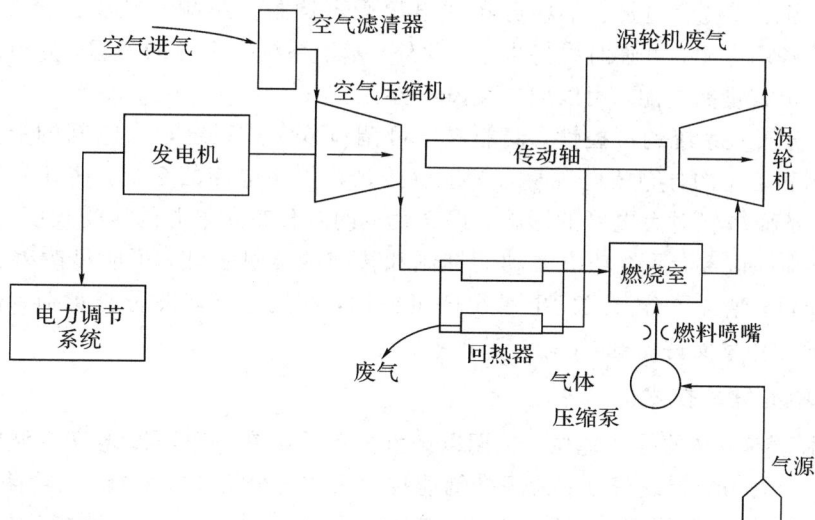

图 8-6　微型燃气轮机的工作原理图

由微型燃气轮机构成的发电系统的原理图如图 8-7 所示。它主要由微型燃气轮机、永磁发电机、整流器、逆变器、滤波器等构成。从离心式压气机出来的高压空气先在回热器内由涡轮排气预热，然后进入燃烧室与燃料混合燃烧，高温燃气送入向心式涡轮做功，直接带动高速发电机发电（转速在 50 000～120 000 r/min 之间）。高频交流电流经过整流器和逆变器，即 AC/DC/AC 变换后，转为工频交流电供给负荷或并网。

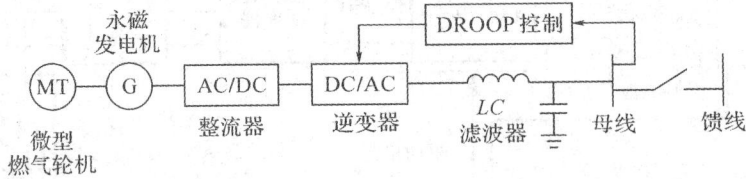

图 8-7　由微型燃气轮机构成的发电系统的原理图

微型燃气轮机满负荷运行时效率可以达到 30%，而实行冷、热、电三联供，综合能源效率可以达到 70%～90%。发展基于微型燃气轮机的冷、热、电三联供系统，可以解决我国电力发展不均衡的问题。而且机组作为分布式发电并入电网，起停灵活，可以和分布式的风电配合使用，提高新能源在能源消费中的比例，改善能源消费结构。丹麦在这方面已经积累了丰富的经验。

（二）分布式发电中的储能系统

一般来说，分布式电源是集成或单独使用的、靠近用户的小型模块化发电设备。由于自然资源的特性，可再生能源用于发电时其功率输出具有明显的间歇性和波动性，其变化甚至可能是随机的，容易对电网产生冲击，严重时会引发电网事故。为充分利用可再生能源并保障其供电可靠性，就要对这种难以准确预测的能量变化进行及时的控制和抑制。储能装置就是用来解决这一问题的。

1. 储能系统在分布式系统中的作用

（1）平衡发电量和用电量。

（2）充当备用或应急电源。某些分布式电源受自然条件影响而减少甚至不能供电时，储能系统就像备用电源，可临时维持供电。此外，基于系统安全性的考虑，分布式发电系统也可以保存一定数量的电能，用以应付突发事件。

（3）改善分布式系统的可控性。储能系统可调节分布式系统与大电网的能量交换，将难以准确预测和控制的分布式电源整合为能够按计划输出电能的系统，使其成为可以调度的发电单元，从而减轻对大电网的影响，提高大电网对分布式电源的接受程度。

（4）提供辅助服务。通过功率波动的抑制和快速的能量吞吐，可明显改善分布式发电系统的电能质量；增强了分布式发电系统的可控性，在用电高峰时分担负荷，在发生局部故障时提供紧急功率支持。

2. 电网中的储能技术

储能技术具有极高的战略地位，长期以来世界各国都在一直不断地支持储能技术研究和应用，并给予大力的财政资助。大规模储能技术大致可分为机械储能（飞轮储能、抽水蓄能和压缩空气储能）、电能直接存储（超级电容和超导电磁储能）、化学储能（氢和其他化学物质储能）和电化学储能（二次电池和液流电池）等四类。各种不同储能方式的储能特性均不相同，表 8-1 为几种典型储能技术经济指标的对比。其中，电化学储能具有能量密度高、响应时间快、维护成本低、灵活方便等优点，成为目前大规模储能技术的发展方向。

表 8-1　几种典型储能技术经济指标的对比

储能技术	技术经济指标						
	能量密度 /W·h·kg^{-1}	功率密度 /W·kg^{-1}	持续发电时间	循环次数	响应速度	功率成本 /元·(kW)$^{-1}$	能量成本 /元·(kW·h)$^{-1}$
超临界压缩空气储能	3~6 W·h/L	6~30 W·L^{-1}	1~24 h 以上	上万次	约 1 分钟级	6500~7500	2000~2500
高速飞轮储能	32	4500	毫秒~分钟	百万次	<2 ms	1700~2000	44 000~45 000
铅炭电池	25~50	150~500	秒~小时	1000~3000	<10 ms	6400~10 400	800~1300
锂离子电池	110~220	1500~3000	秒~小时	1000~25000	毫秒级	3000~9000	1500~4500
全钒液流电池	7~15	10~40	秒~小时	>10000	毫秒级	17 500~19 500	3500~3900
钠硫电池	88	16.6	毫秒~小时	4500	毫秒级	13 200~13 800	2200~2300
超级电容器	1.5~2.5	1000~10000	毫秒~分钟	1 000 000	毫秒级	400~500	9500~13 500
超导储能	1.1	5000	秒级	>1 000 000	毫秒级	6500~7000	900000

数据来源：CNESA 专家委员会，压缩空气储能为 4 h 系统；铅炭电池为 8 h 系统，循环次数为 DOD 60% 时的次数，适用的充放电倍率范围为 0.2~1 C；锂离子电池包含磷酸铁锂电池、钛酸锂电池和镍钴锰酸锂电池，为 2 h 系统，循环次数为 DOD 80% 时的次数，适用的充放电倍率范围为 0.5~5 C；液流电池为 5 h 系统；钠硫电池为 6 h 系统，循环次数为满充满放时的次数。

根据各种储能技术的特点，飞轮储能、超导电磁储能和超级电容器储能适合于需要提供短时较大的脉冲功率的场合，如应对电压暂降和瞬时停电、提高用户的用电质量，抑制电力系统低频振荡、提高系统稳定性等；而抽水储能、压缩空气储能和电化学电池储能适合于系统调峰、大型应急电源、可再生能源并入等大规模、大容量的应用场合。

目前，铅酸电池和锂离子电池等多类电池已实现了大规模产业化，特别是高比能锂离子电池在电动汽车领域被认为具有较好的发展前景。然而，从面向电网大规模储能的角度来看，储能价格和电池寿命是电化学储能技术的关键参数。一般认为，储能投资成本低于250 美元/kW·h、储能寿命达 15 年(循环 4000 周期以上)、储能效率高于 80% 的电化学储能体系能满足大规模储能市场的要求。然而，现有电化学储能技术还不能在价格和性能上全面满足上述要求。因此，在进一步提高现有电化学储能装置性能、降低储能价格的基础上，发展下一代性能优异的电化学储能新体系显得尤为重要。下面介绍常见的几类储能电池。

1) 铅酸电池

铅酸电池是指以铅及其氧化物为电极、硫酸溶液为电解液的一种二次电池，发展至今已有 150 多年历史，是最早规模化使用的二次电池。铅酸电池的储能成本低(150~600 美元/kW·h)，可靠性好，效率较高(70%~90%)，目前已经成为交通运输、国防、通信、电力等各个部门最为成熟和应用最为广泛的电源技术之一。但是铅酸电池的循环寿命短(500~1000 周期)，能量密度低(30~50(W·h)/kg)，使用温度范围窄，充电速度慢，过充电容易放出气体，加之铅为重金属，对环境影响大，使其后期的应用和发展受到了很大的限制。

近年来，全球很多企业致力于开发性能更加优良、能满足各种使用要求的改进性铅酸电池，其中值得强调的是铅炭超电池(Lead-carbon Ultra Battery)。铅炭超电池由澳大利亚联邦科学与工业研究组织(CSRIO)发明,以常用的超级电容器碳素电极材料部分或全部取代铅阳极,是铅酸电池和超级电容器的结合体,具有充放电速度较快、能量密度较高、使用寿命较长等特点,可用于混合动力电动车、不间断电源(UPS)供电系统等。对此,国内相关的研究机构也相继开展了研究。由于铅酸电池相对成熟的电池技术及较低的投资成本,使其成为早期大规模电化学储能的主导技术。目前最大的铅酸电池储能电站于1988年在美国加州建造,其装机功率可达10 MW,容量可达40 MW·h,主要用于负荷调整。但是铅酸电池的有限循环寿命在很大程度上提高了其单周储能价格,使其在实际储能价格上处于劣势,从而严重阻碍了铅酸电池的大规模储能应用。

2)锂离子电池

锂离子电池技术的发展始于Goodenough提出的Li_xCoO_2等嵌锂材料,这种材料已沿用至今,其电化学能量存储取决于锂离子在正负极电极材料中的嵌入和脱嵌。1991年Sony公司开始了锂离子电池的商业化进程,其开路电压约为3.7 V(25℃),能量密度约为150 Ah/kg,功率密度超过200(W·h)/kg。其工作电压高,体积小,储能密度高(300~400 kW·h/m³),无污染,循环寿命长。但是锂离子电池要想大规模生产还有一定难度,因为它特殊的包装和内部的过充电保护电路造成了锂离子电池的成本较高。

近年来,锂离子电池的研发重点是发展安全、高效、价格低廉的正极材料来取代Li_xCoO_2体系。20世纪90年代末,Padhi等人合成了一种磷酸铁锂(LiFeCoPO₄)的正极材料,首次从材料上降低了锂离子电池的价格,使得锂离子电池在大规模储能领域的应用成为可能。

对于锂离子电池的负极材料,目前使用较多的是石墨。石墨电极的容量大、电压高,但其快速充电时由枝晶引发的短路带来了很大的安全隐患。目前正在开发金属及其氧化物等高比能的石墨替代物。

中国的锂离子电池行业起步晚、发展快,占据了一些低端市场,与日本、韩国等相比还有较大的差距。而长寿命、低成本的磷酸铁锂电池在国内的研究和生产发展很快,是目前较有前景的电动车储能技术之一。若能较好地解决系统的安全问题,磷酸铁锂电池也将是电力系统储能的重要候选技术之一。南方电网公司在深圳建设的4 MW储能示范电站就是采用的磷酸铁锂电池。

3)其他电池

随着技术的不断发展,近年来钠硫电池和液流钒电池的研究取得了突破性进展。这两种电池具有高能量效率、无放电现象、使用寿命长等优良特性,在国外一些微电网研究系统中得到运用。但是,由于其价格原因,它们在微电网中的大规模运用还有待时日。

三、分布式发电系统的运行及其对电网的影响

(一)分布式发电系统的运行

分布式发电系统一般由分布式电源、储能设备、分布式供电网络及控制中心和附近的用电负荷构成,如果与公共电网联网运行就还包括并网接口。

1. 分布式发电系统的并网接口

分布式发电系统与电网或负载相互连接的接口一般有三种:同步发电机、异步发电机、电力电子变流器。目前发展较快的分布式电源包括风电、光伏发电、微型燃气轮机、燃料电

池，它们都是通过变频器接口与电网或负载相互连接的。其中，燃料电池、光伏发电和储能系统供出的电都是直流电，需要经过电压源逆变器与电网连接。而微型燃气轮机发出的是高频交流电，风电机组发出的是变化的低频交流电，需要经过 AC/DC/AC 变频器才能并网。不管中间经过什么样的环流过程，最终分布式发电系统发出的电能都要变换成与电网电压同频率、同幅值、同相位的交流电后实现并网。

为了减少并网装置在并网工作时产生的冲击，根据电力系统准同期并网的条件，并网逆变器在实现并网工作时应同时满足以下三个条件：

（1）并网逆变器的输出电压接近市电电压，一般压差应在 10% 以内。

（2）并网逆变器的输出频率接近市电频率，一般频差不超过 0.3 Hz。

（3）并网逆变器的输出电压和市电电压同相，通常此相位差不宜超过 20°。

在并网逆变器系统中，要求逆变器输出电压与电网电压同步；同时输出电压又要跟踪基准正弦波（调制波），因此只要要求基准正弦波与输入电网电压同步，便可以使得并网逆变器系统的输出电压波形与电网电压同步。

分布式电站产生与电网电压同步的正弦波的原理框图如图 8-8 所示。其中，锁相环是一个闭环的相位控制系统，能够自动跟踪输入信号的频率和相位。锁相环的实现有硬件和软件锁相环两种方式，由于硬件锁相环存在电路复杂、会产生零点漂移、器件饱和、老化等问题，现在一般都用软件锁相环来实现锁相。

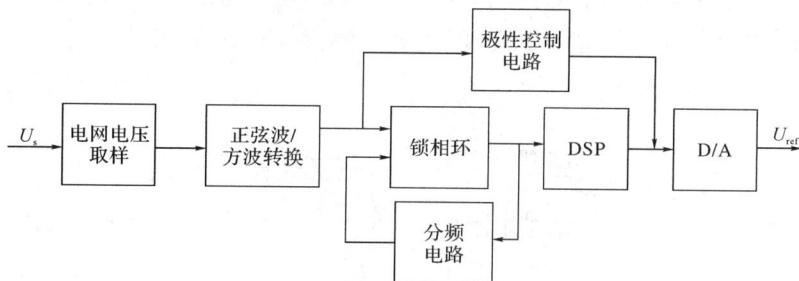

图 8-8　分布式电站产生与电网电压同步的正弦波的原理框图

在得到基准正弦波后，控制器改变波形生成按正弦规律变化的宽度不等的脉冲，驱动 IGBT 的开通和关断，将直流电压斩波成按正弦规律变化的宽度不等的波形，经过 LC 滤波器滤除高频部分，最终形成纯净的正弦波并入电网。并网逆变器的逆变原理如图 8-9 所示。

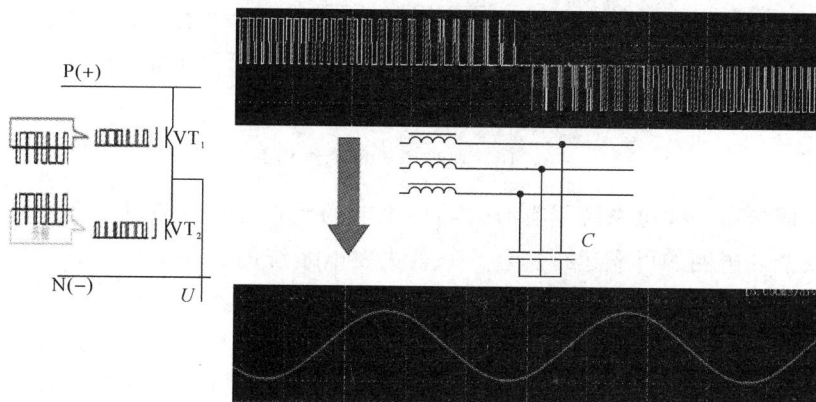

图 8-9　并网逆变器的逆变原理

2. 微电网

分布式发电系统的运行模式有两种：一种是独立运行，多用于大电网覆盖不到的边远地区、农牧区；另一种是联网运行，多用于电网中负荷快速增长的区域和某些重要的负荷区域，共同向负荷供电。联网运行将是分布式发电系统未来发展的主要方向。如果兼有两种运行模式，那就是微电网。

微电网简称微网，是由各种分布式电源/微电源、储能单元、负荷及监控、保护装置组成的集合；具有灵活的运行方式和可调度性，既能并网运行也可以脱网自主运行，并能在两种模式下切换，通过控制装置之间的协调配合可以同时向用户提供电能和热能，系统容量一般为数千瓦至数兆瓦，通常接在低压或中压配电网络中。

将分布式电源以微电网的形式接入到公共大电网运行，互为补充和支撑，是发挥其效能的最有效方式。用户所需能量由各种分布式电源，冷、热、电三联供系统和公共电网提供。微电网在满足用户供热和供冷需求的前提下，最终以电能作为统一的能源形式将各种分布式能源加以融合，满足特定的电能质量要求和供电可靠性要求。

图 8-10 为一个典型微电网的结构图。微电网中一般包含光伏电池、微型燃气轮机、燃料电池和蓄电池等多种电源，每种电源的控制和并网方式不尽相同。微电网中配备能量集中管理系统，连接并采集各微电源控制器数据，可统一解决微网的电压控制、潮流控制、保护控制等问题。微电网通过主隔离器实现与主电网的并网和脱网控制。

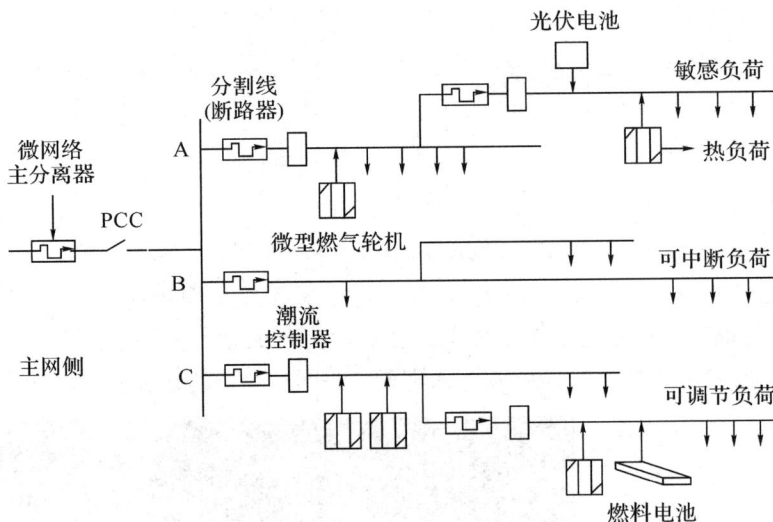

图 8-10　典型微电网的结构图

并网运行的分布式发电系统具有有效利用电能的优点，然而必须满足并网的技术要求以确保系统安全和电网的可靠运行。为了分布式发电系统的大规模应用，与此相关的一系列技术问题成为了关注的热点，孤岛效应就是其中的关键问题之一。

根据国际能源机构(IEA)提供的报告：孤岛效应是指当电网的部分线路因故障或维修停电时，停电线路由所连接的并网发电系统继续供电，并连同周围负载构成一个自给供电的孤岛的现象。

对孤岛效应的研究可以分为两种情况，即反孤岛效应和利用孤岛效应。反孤岛效应（简称反孤岛）是指禁止非计划孤岛效应的发生，由于这种供电状态是未知的，将造成一系列的不利影响，并且随着电网中分布式发电装置数量的增多，造成的危险性增大，传统的过/欠压、过/欠频保护已经不再满足安全供电的要求，因此按照规定，分布式发电装置必须采用反孤岛方案来禁止孤岛效应的发生。利用孤岛效应是指按预先配置的控制策略，有计划地利用孤岛效应，具体是指在因电网故障或维修而造成供电中断时，由分布式发电装置继续向周围负载供电，从而减小因停电带来的损失，提高供电质量和可靠性。因此，尽管明确了反孤岛效应的测试电路和测试方法，但同时也提出了孤岛效应的利用将作为未来研究的主要任务之一，这必须要求系统中的分布式发电装置能够将电压和频率维持在标准规定的范围内。

根据微电网自身的特点和分布式发电的特点，微电网的应用可以带来如下好处：

（1）微电网将原本分布的微电源相互协调起来，加强了本地电网的可靠性，降低馈线损耗，保持本地电压，通过利用余热提高了能源的利用效率，保证电压降的修正或者提供不间断电源。

（2）在微电网和主干网并联运行时，可以让微电网主要承担多余的负荷，而主网只需满足基本负荷就可以，提高电网的运行效率。

（3）微电网可以满足一片负荷聚集区的电力需求，这种聚集区可以是重要的办公区和厂区，或者是传统电力供电成本较高的远郊或居民区，相对传统电网，微电网的结构更加灵活。

（4）由于微电网的电源多为可再生能源，因此可以减小环境污染，有利于社会的可持续发展。

（二）分布式电源的接入对电力系统的影响

分布式电源的接入对电力系统的影响可总结为以下六个方面：

（1）对电能质量的影响。由于分布式发电多由用户控制，用户根据需要会频繁地启动和停运系统，这会使配电网的线路负荷潮流变化加大，使电压调整的难度更大，同时不同的分布式发电运行方式易发生电压闪变，产生不平衡电压，造成谐波污染等。

（2）对继电保护的影响。将导致继电器的保护区缩小，造成保护误动，可能使重合闸动作不成功。

（3）对配电网可靠性的影响。分布式发电的安装地点、容量和连接方式不当，或者与继电保护的配合不好会造成供电可靠性降低；但分布式发电也可以增加配电网的输电裕度，缓解电压暂降，提高系统的可靠性。

（4）对配电系统实时监视、控制和调度方面的影响。分布式发电的接入使信息采集、开关设备操作、能源调度等过程复杂化，需要依据分布式发电并网规程重新审定，并通过并网协议最终确定。

（5）孤岛运行问题。配电网并网断路器断开后，分布式发电的继电器不能迅速做出反应，仍然向部分馈线供电，会造成系统或人员安全方面的损害。当配电网重新合闸时，孤岛运行的分布式发电方式会由于异步重合造成发电设备损坏。因此分布式发电和配电网的运行控制策略需要重新调整。

（6）其他方面影响。大量分布式发电接入会在短路电流超标、铁磁谐振、变压器接地、配电网效益等方面产生一些影响。

★ 问题与思考

1. 发展分布式发电的意义是什么？
2. 列举四种分布式电源，简要说明其工作原理。
3. 储能系统在分布式发电中的作用是什么？分布式发电系统中的化学储能设备的关键参数是什么？
4. 分布式电源的并网逆变器在实现并网操作时，需要满足什么样的技术条件？
5. 简述微电网的构成及其特点。
6. 简述分布式电源对电力系统的影响。

任务二　了解智能电网

随着电网规模的不断扩大，超大规模电力系统的运行难度也不断加大，投入成本高、运行效率低等弊端也日益凸显。同时，电力市场化进程的不断推进和信息化技术的发展，使电力用户不仅对电能供应的质量和可靠性要求提升，对电力消费方式的要求也不断更新。因此，传统的电网管理和经营模式面临挑战，电网智能化成为一种趋势。

一、智能电网的概念

智能电网是以物理电网为基础（中国的智能电网是以特高压电网为骨干网架、各电压等级电网协调发展的坚强电网），将现代先进的传感测量技术、信息技术、计算机技术和控制技术与物理电网高度集成而形成的新型电网。

它以充分满足用户对电力的需求和优化资源配置、确保电力供应的安全性、可靠性和经济性、满足环保约束、保证电能质量、适应电力市场化发展等为目的，实现对用户可靠、经济、清洁、互动的电力供应和增值服务。那么智能电网的智慧体现在哪几个方面呢？

二、智能电网要解决的问题

（1）精确供能——供用电双方互动，电网透明化，提高能源需求侧的节能效率。

通过电子感应、探测、遥控等信息技术对需求进行实时跟踪，并进行智能化的分析、控制，实现精确供能。在人们需要的地方，根据需求能源的形式，自动计算实际需求的量度，针对性地进行能源供应。

例如，在有人的房间，根据室内的实际照度、使用者对色温的要求，进行适当的、有针对性的照明，既可以满足人的需求，又将能源浪费控制在最低的水平，从而也减少了二氧化碳的排放。

（2）需求侧管理——提高终端响应能力。

在目前电力体制的利益格局下，需求侧管理对于优化用电结构，平衡系统运行的贡献难以发挥，也难以奏效。而依靠信息智能控制技术，将需求侧管理融入到每一个电器产品设计上和系统的架构上，并使终端可以与电网及分布式能源进行响应和交流，通过技术进步从根本上解决需求侧管理问题。

供电公司可以轻松掌握用户的用电需求，了解一个区域内的用电规律，进而制定各个区域内经济节能的发电和输配电方案，有针对性地制定峰谷电价，"削峰填谷"，平滑电网负荷曲线，使电网在更经济的模式下运行。

对用户而言，可以使电力消费像其他商品一样进行选择性的消费，随时随地根据了解到的峰谷电价的差异，对智能化电器进行启停操作。

（3）电网自由接入——通过供需互动解决分布式能源及可再生能源和资源综合利用设施的电力并网。

自然界为我们带来了可再生能源，如太阳能发电、风电、小水电、生物质发电等，但是这些可再生能源又受到各种各样的入网限制。在互联网式的分布式能源系统构筑的智能电网中，用户可以通过调节供电秩序，启动或关闭燃气发电机组、小水电机组等灵活调节机组，控制需求侧用电和蓄电设备（包括电动汽车）等方式，多样化解决分布式可再生能源的自由接入，为提高新能源在能源消费中的比例提供技术支撑。

（4）自我管理，保障安全和可靠——通过全系统电源互助和需求响应保障供电安全。

可以参考互联网的办法保障电力安全，利用各系统的冗余，相互提供安全保障。将比邻的分布式能源系统冗余的发电容量转换为现有电力系统的备份容量，其蓄能设备包括UPS应急电源、电池蓄能电站和电动汽车蓄电池等，这样的解决方案比任何解决方案都更加可行。不仅是电能，热能、冷能也可以采取类似方法，通过相互联网进行互助式的互保。将电网、燃气管网、可再生能源和资源综合利用电站共同构成一个能源安全整体，在智能电网的调配下，保障电力供应安全。

（5）分散蓄能——为蓄电式交通工具和蓄电式农机的大规模使用提供优化控制平台。

大力发展蓄电式交通工具和蓄电式农机，减少对石油资源的依赖，将成为全世界的必然趋势。但是，大量发展蓄电式交通工具和蓄电式农机带来的问题是，这些设备在什么时候充电才能既不增加电网高峰负荷，又能利用多余的电能。此外，这些设备的蓄电能力也可以成为电网调节和安全的重要组成部分。所以，我们需要一个智慧而聪明的电网，充分利用彼此的优势，弥补彼此不足，实现资源的优化整合。

（6）创新平台——为智能化电器和信息家电建立一个全面创新的技术环境。

发展智能电网，电力线数字化通信将不可回避。如果我们将电力线作为局域信息交互平台，互联网、数字视频电话、数字电视都可以借助这一通道，实现几乎无成本地普及信息化。

优势不仅仅于此，人类正在从互联网走向物联网，而电力线最适合将各种电器设备连接在一起。一旦将各种电器相互连接，各种各样的家用电器也许因此将会完全改变，就如同我们今天的手机一样，成为无所不能的新工具。智能电网将为未来的一系列创新搭建一个全新的平台，无数的人们将会在此发挥无尽的才智，创造今天我们还无法想象的新的产品，并彻底改变我们的生活。

三、智能电网和传统电网的区别

智能电网与传统电网的比较如图 8-11 所示。它们的区别可以总结为六个方面：自治和自愈能力、防御能力、电网兼容性、高效运营和管理、优质和友好性、电力交易的方便性。

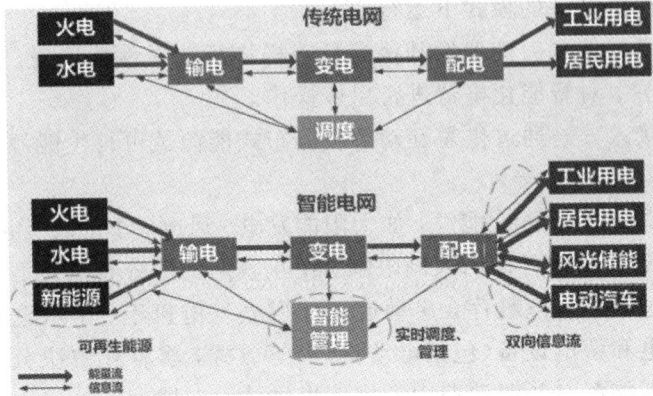

图 8-11 智能电网与传统电网的比较

1. 自治和自愈能力

自治和自愈能力是指电网维持自身稳定运行、评估薄弱环节和应对紧急状态的能力。目前电网的安全稳定计算和紧急预案制定仍以离线分析为主，其分析结果往往偏于保守，且无法在任何时刻都符合电网的实际运行情况。在智能电网中，电网将具备更强的自我管理和自我恢复能力，主要体现在以下几点：

（1）电网能够自动合理安排运行方式，协调国家、大区、省级、地县各级电网，根据潮流、负荷、气象条件等情况确定运行参数。

（2）电网具有在线安全稳定分析能力，能快速对自身状态进行评估，明确电网安全稳定的薄弱环节并自动提出解决方案。

（3）有快速的反应能力，力保电力系统三道防线。

（4）能针对实际情况修改或制订启动方案。

2. 防御能力

防御能力是指电网抵御外部破坏的能力。外部破坏包括自然力、人为、恐怖主义、战争等因素，因此，智能电网应从以下两个方面提高防御能力：

（1）抵御物理破坏的能力，要求当系统失去多台发电机、多台变压器或多条主要线路以后，电网仍能维持稳定运行并向关键负荷稳定地输送电力。

（2）维护信息安全的能力，要求当系统的控制中心、微机保护、数据库、信息和通信系统等设备受到信息战层面的攻击时，电网仍能保持正常运行。

3. 电网兼容性

电网兼容性是指电力系统能够开放性地兼容各种类型设备的能力。电网涉及的产业链较长，包括发电、燃料、环保、需求侧、装备制造等领域，因此，一个开放的、高兼容性的电网对于各产业的充分发育、增加就业岗位、促进节能减排具有重要意义。电网的兼容性应包括以下三个方面：

（1）兼容一次设备，包括特高压、传统能源、清洁能源、储能装置等。

（2）兼容二次设备，包括保护、测量、控制和通信装置、软件等。

（3）推动标准化，实现即插即用。

4. 高效运营和管理

高效运营和管理是指电网提高设备利用率、减少线损、降低运营成本的能力。目前，电网建设和运行存在以下几个问题：

（1）电网往往要被动地适应负荷，因此部分设备和输电通道的全年利用率不高。

（2）配电网线损较大，配电网的设备和运行需要优化。

（3）设备检修以定期检修为主，检修计划的安排不能完全与设备状态匹配。

在智能电网中，在合理规划电网的基础上，将会引入先进的信息管理系统和监控技术，并适时引入状态检修和需求侧管理，从而提升资产利用率，优化电网的投资，降低企业成本。

5. 优质和友好性

优质和友好性是指电网与需求侧、发电商、环境和谐相处的能力。在智能电网中，电网、发电商、需求侧将会形成互动的关系；需求侧和发电商将可以互相选择，而智能电网将为其提供完成交易的信息处理平台和物理载体。此外，环保因素在电力调度和消费中的影响将会上升。智能电网的优质和友好性主要包括以下几方面：

（1）针对电网、需求侧和发电商建立支持各方互动的可视化操作界面。

（2）吸纳需求侧和分布式电源主动参与电网的运行和交易。

（3）建立健全的信息发布体系，尽量避免消息不对称。

（4）提高电能质量。

（5）对用户的差异化需求提供个性化服务。

（6）采用合理机制，提高清洁能源的竞争力，促进节能减排。

6. 电力交易的方便性

电力交易的方便性要求电网能在任何交易机制下快速、及时、准确地处理电力交易合约。目前，电力交易体制和电力能源结构正在发生变革。在交易体制方面，一些国家和地区已在电力交易中引入竞争机制。我国也正在探索如何建立适合我国国情的电力交易制度。因此，智能电网既要适应现有的电力交易制度，也要为未来的发展留有裕度。其主要功能如下：

（1）支持电力市场，能够公正、快速、准确地处理各种交易合约。

（2）快捷简便的业务结算能力。

（3）建立需求侧响应机制和开放性平台，吸引需求侧和分布式电源参与电力交易。

（4）具有系统升级能力，以适应进一步改革的需要。

四、智能电网的结构组成

智能电网通过传感器把各种设备、资产连接到一起。形成一个客户服务总线，从而对信息进行整合分析，以此来降低成本，提高效率，提高整个电网的可靠性，使运行和管理达到最优化。

从广义上讲，智能电网包括可以优先使用清洁能源的智能调度系统、可以动态定价的智能计量系统以及通过调整发电，使用电设备功率优化、负荷平衡的智能技术系统。电能不仅从集中式发电厂流向输电网、配电网直至用户，同时电网中还遍布各种形式的新能源和清洁能源；高速、双向的通信系统实现了控制中心与电网设备之间的信息交互，高级的分析工具和决策体系保证了智能电网的安全、稳定和优化运行。从物理层次上看，智能电网的结构可以分为以下几个层次。

1."发输配用"层——清洁能源与智能设备

"发输配用"层，即一次设备环节的技术包括发电（风电、光伏、微型燃气轮机等分布式能源的接入技术），输电（超导、特高压、直流输电等），配网（微网、虚拟电厂、先进表计网络设施，需求侧响应等），用电（智能电器、用电自动控制、储能技术等）。

2.传感器测量保护控制层——智能控制

智能电网主要通过二次智能设备来实现智能控制，如先进的传感器技术、智能表计技术，不仅可以实现电量记录和存储功能，还内置通信功能，可接入双向通信系统，支持分时电价和双向计量功能，可对电量和电能质量进行监测和报警；智能相角测量单元和广域测量系统，可对电能质量状况和系统的稳定状况进行监测和报警。

3.信息通信网络层

建立一个完全集成的统一智能通信网络技术，并且通过网络直接连接所有设备。可以实现的功能包括：

（1）安全接入，提升信息网络覆盖范围，建设多渠道互动用户入口。

（2）海量存储，提升对设备状态、用户电能等信息存储能力。

（3）实时监测，对设备状态进行监测、分析和处理措施的预判，提升用电能效。

（4）提升清洁能源并网的协调控制能力。

通信网络层关键技术包括：变电站自动化、需求响应、配电自动化、监控和数据采集分析、能量管理系统、电力载波通信技术等。

4.高级调度中心层——智能调度

智能调度是智能电网的重要组成部分，与其他环节联系紧密。智能调度涉及的主要技术领域包括以下六个方面：

（1）电网运行数据的精确测量与通信领域，包括广域测量技术、调度专用数据网络相关技术。

（2）电网运行监视全景化与可视化技术领域，指能够从时间、空间、业务等多维度，实现调度生产全景监视、智能告警，电网运行数据、分析结果的全面整合、共享和多角度可视化展示的相关技术。

（3）在线安全稳定分析评估与辅助决策技术领域，包括利用在线仿真技术进行的稳态、动态、暂态多角度在线安全分析评估技术、辅助决策和多维多层协调的安全防御技术。

（4）调度决策技术领域，包括年度方式、月度检修、日前到日内实时计划编制与安全校核等技术，以及节能发电调度应用技术。

（5）运行控制自动化技术领域，包括自动发电控制（AGC）、自动电压控制（AVC）技术，高频切机、过载联切等技术及其相互统一协调优化技术，以及在此基础上的电网频率、电压、潮流等的自动调整和控制技术。

（6）网厂协调技术领域，包括实现常规电源和新能源的标准化并网、优化调度和灵活快速调控技术。

五、智能电网的核心技术

1. 网络拓扑技术

灵活、可靠的电网结构是智能电网建设的基础。我国的能源供给和需求地区在空间分布上不平衡，必须通过大规模、远距离的输电线路完成电能输送。采用特高压输电是当前世界上广泛使用的电能输送方式。特高压线路如何布局、电网如何规划、电网之间如何进行衔接、系统之间如何协调发展等问题需要进一步研究解决。

2. 通信系统集成技术

基于开放体系并高度集成的通信系统，实现对系统中每一个成员的实时控制和信息交换，使得系统的每一部分都可双向通信。采取固定的双向通信网络，能把采集的数据信息实时地从智能电表传到数据中心，是所有高级应用功能的技术基础。

3. 电力电子技术

智能电网在发电、输电、变电、配电等环节广泛应用先进的电力电子技术。电力系统普遍采用的电子设备装置包括 DSP 全数字控制技术、全控型大功率电力电子器件及高性能的大功率变流器等。目前，基于使用开关装置的多种控制器很常见，但都为独立控制。未来电网将使用新的系统控制逻辑，使它们协同运行，以便实现多重电力电子装置的集成控制，实现电网最大的可用传输。

4. 智能仪表

智能仪表应具有双向通信功能，支持远程设置、接通或断开、双向计量、定时或随机计量读取。同时，也可作为通向用户室内网络的网关，起到用户端口的作用，提供给用户实时电价和用电信息，并实现对用户室内用电装置的负荷控制，达到需求侧管理目的，全面了解和掌握用户用电情况。

5. 分布式电源运行和并网

分布式电源的种类很多，包括小水电、风力发电、光伏电源、微型燃气轮机、燃料电池和储能装置。近年来，风能和太阳能电厂发展很快，接入电网的电量逐年增长，由于风能和太阳能波动性和间歇性较大，在很大程度上影响了电网的稳定供电，所以对电网的动态模型及计算速度要求很高。

6. 智能调度技术

智能调度技术是对传统调度控制中心的各项功能进行升级和扩展，通过建立一个同步信息网络保护系统，协调电力系统稳定控制、保护控制、解列控制、紧急控制和恢复控制等综合防御体系。智能调度的关键技术包括：系统快速仿真与模拟技术、调度决策可视化技术、预防控制技术、智能预警技术、优化调度技术、智能预警技术、应急指挥系统、配电自动化技术。

★ 问题与思考

1. 发展智能电网的意义是什么？
2. 智能电网的主要技术组成和功能是什么？
3. 智能电网的核心技术有哪些？请列举几项加以阐述。

单 元 测 试

一、填空题

1. 分布式发电是指在所在场地或附近建设安装、运行方式以_____为主、多余电量上网，并且在配电网系统_____为特征的发电设施或有电力输出的能量综合梯级利用多联供设施。

2. _____可调节分布式系统与大电网的能量交换，将难以准确预测和控制的分布式电源整合为能够按计划输出电能的系统，使其成为可以调度的发电单元。

3. _____储能具有能量密度高、响应时间快、维护成本低、灵活方便等优点，成为目前大规模储能技术的发展方向。

4. 智能电网是以物理电网为基础，将现代先进的_____、_____、_____和_____与物理电网高度集成而形成的新型电网。

5. 智能仪表应具有_____功能，支持远程设置、接通或断开、_____、定时或随机计量读取。

二、选择题

1. 分布式发电与集中式发电相结合可以充分发挥两种发电方式的优势，但不能提高电力系统运行的（　　）。

A. 灵活性　　　　　　　　　　B. 可靠性
C. 安全性　　　　　　　　　　D. 稳定性

2. 以下不属于微电网控制功能的是（　　）。

A. 有功功率和无功功率控制（$P-Q$ 控制）　　B. 电压调节
C. 电流调节　　　　　　　　　D. 频率调差控制

3. 柔性交流输电技术是在传统交流输电的基础上，将（　　）相结合。

A. 电力电子技术与现代控制技术　　B. 输电技术与现代控制技术
C. 电力电子技术与输电技术　　　　D. 输电技术与控制潮流

4. （　　）是实现变电站运行实时信息数字化的主要设备之一。

A. 传输系统　　　　　　　　　B. 电子式互感器
C. 电子式传感器　　　　　　　D. 智能交互终端

三、判断题

1. 孤岛效应对供配电网的运行不利，在任何情况下都应尽量避免产生孤岛效应。

（　　）

2. 智能电网可以接入小型风力发电和屋顶光伏发电等装置，并推动电动车的大规模应用，从而提高清洁能源消费比重，减少城市污染。（　　）

3. 大规模储能技术的优点使其可以在发电、输电、送电、用电等环节得到广泛应用。

（　　）

4. 智能控制和状态可观测是高压设备智能化的基本要求。（　　）

5. 智能电能表可以实现有功功率和无功功率双向计量，支持分布式电源的接入。

（　　）

四、简答题

1. 新能源发电有哪些类型，其主要特点是什么？

2. 新能源发电自动控制系统应具备哪些功能？

3. 微电网的控制功能主要包括哪些？

附　录

附表 1　用电设备组的需要系数、二项式系数及功率因数

用电设备组名称	需要系数 K_d	二项式系数		最大容量设备台数 $x^{①}$	$\cos\varphi$	$\tan\varphi$
		b	c			
小批生产的金属冷加工机床电动机	0.16～0.2	0.14	0.4	5	0.5	1.72
大批生产的金属冷加工机床电动机	0.18～0.25	0.14	0.5	5	0.5	1.73
小批生产的金属热加工机床电动机	0.25～0.3	0.24	0.4	5	0.6	1.33
大批生产的金属热加工机床电动机	0.3～0.35	0.26	0.5	5	0.65	1.17
通风机、水泵、空压机及电动发电机电动机	0.7～0.8	0.65	0.25	5	0.8	0.75
非连锁的连续运输机械及铸造车间制砂机械	0.5～0.6	0.4	0.4	5	0.75	0.88
连锁的连续运输机械及铸造车间制砂机械	0.65～0.7	0.6	0.2	5	0.75	0.88
锅炉房和机加、机修、装配等类车间的吊车（ε＝25％）	0.1～0.15	0.06	0.2	3	0.5	1.73
铸造车间的吊车（ε＝25％）	0.15～0.25	0.09	0.3	3	0.5	1.73
自动连续装料的电阻炉设备	0.75～0.8	0.7	0.3	2	0.95	0.33
实验室用的小型电热设备（如电阻炉、干燥箱等）	0.7	0.7	0	—	1.0	0
工频感应电炉（未带无功补偿装置）	0.8	—	—		0.35	2.68
高频感应电炉（未带无功补偿装置）	0.8	—	—		0.6	1.33
电弧熔炉	0.9	—	—		0.87	0.57
点焊机、缝焊机	0.35	—	—		0.6	1.33
对焊机、铆钉加热器	0.35	—	—		0.7	1.02
自动弧焊变压器	0.5	—	—		0.4	2.29
单头手动弧焊变压器	0.35	—	—		0.35	2.68

续表

用电设备组名称	需要系数 K_d	二项式系数		最大容量设备台数 $x^{①}$	$\cos\varphi$	$\tan\varphi$
		b	c			
多头手动弧焊变压器	0.4	—	—	—	0.35	2.68
单头弧焊电动发电机组	0.35	—	—	—	0.6	1.33
多头弧焊电动发电机组	0.7	—	—	—	0.75	0.88
生产厂房及办公室、阅览室、实验室照明②	0.8~1	—	—	—	1.0	0
变配电所、仓库照明②	0.5~0.7	—	—	—	1.0	0
宿舍（生活区）照明	0.6~0.8	—	—	—	1.0	0

注：① 如果用电设备组的设备总台数 $n<2x$，则最大设备台数取 $x=n/2$，并且按"四舍五入"规则取整数。

② 这里的 $\cos\varphi$ 和 $\tan\varphi$ 均为白炽照明的数据。若为荧光灯照明，则 $\cos\varphi=0.9$，$\tan\varphi=0.48$；若为高压汞灯、钠灯，则 $\cos\varphi=0.5$，$\tan\varphi=1.73$。

附表 2　并联电容器的无功补偿率

补偿前功率因数	补偿后的功率因数			
	0.85	0.90	0.95	1.00
0.60	0.714	0.849	1.005	1.333
0.62	0.646	0.781	0.937	1.265
0.64	0.581	0.716	0.872	1.201
0.66	0.519	0.654	0.810	1.138
0.68	0.459	0.594	0.750	1.078
0.70	0.400	0.536	0.692	1.020
0.72	0.344	0.480	0.635	0.964
0.74	0.289	0.425	0.580	0.909
0.76	0.235	0.371	0.526	0.855
0.78	0.183	0.318	0.474	0.802
0.8	0.130	0.266	0.421	0.750
0.82	0.078	0.214	0.369	0.698
0.84	0.026	0.162	0.317	0.646
0.86	—	0.109	0.265	0.593
0.88	—	0.055	0.211	0.540
0.9	—	0.000	0.156	0.484

附表3　裸铜、铝及钢芯铝绞线的允许载流量(环境温度为25℃)

铜绞线(TJ型)			铝绞线(LJ型)			钢芯铝绞线(LGJ型)	
导线截面/mm²	载流量/A		导线截面/mm²	载流量/A		导线截面/mm²	屋外载流量/A
	屋外	屋内		屋外	屋内		
4	50	25	10	75	55	35	170
6	70	35	16	105	80	50	220
10	95	60	25	135	110	70	275
16	130	100	35	170	135	95	335
25	180	140	50	215	170	120	380
35	220	175	70	265	215	150	445
50	270	220	95	325	260	185	515
70	340	280	120	375	310	240	610
95	415	340	150	440	370	300	700
120	485	405	185	500	425	400	800
150	570	480	240	610	—	LGJQ—300	690
185	645	550	300	680	—	LGJQ—400	825
240	770	650	400	830	—	LGJQ—500	945
300	890	—	500	980	—	LGJQ—600	1050
400	1085	—	625	1140	—	LGJJ—300	705
						LGJJ—400	850

注：① 导体的正常工作温度按70℃计。

② 本表载流量按室外假设考虑，无日照海拔高度1000 m及以下。

参 考 文 献

[1] 张静. 工厂供配电技术[M]. 4 版. 北京：化学工业出版社，2013.

[2] 张莹. 工厂供配电技术[M]. 4 版. 北京：电子工业出版社，2015.

[3] 刘介才. 工厂供电[M]. 5 版. 北京：机械工业出版社，2009.

[4] 艾芊，郑志宇. 分布式发电与智能电网 [M]. 上海：上海交通大学出版社，2013.

[5] 唐志平. 工厂供配电[M]. 3 版. 北京：电子工业出版社，2013.

[6] 李琼慧,等. 适用于电网的先进大容量储能技术发展路线图 [J]. 储能科学与技术，2017，6(1)：141 - 146.

[7] 杨德州，郑昕，等. 大型分布式电源模型化研究及其并网特性分析[J]. 电力系统保护与控制，2011，39(8)：39 - 45.

[8] 傅知兰. 电力系统电气设备选择 [M]. 中国电力出版社，2004.

[9] 曾令琴. 供配电技术[M]. 2 版. 北京：人民邮电出版社，2014.

[10] 中国国家发展和改革委员会新能源研究所，能源基金会. 重塑能源：中国面向2050 年能源消费和生产革命路线图研究[R]. 2016.

[11] 李玮. 继电保护基础及故障诊断[M]. 北京：中国电力工业出版社，2018.

[12] 王成山，李鹏. 分布式发电、微网与智能配电网的发展与挑战[J]. 电力系统自动化，2010，34(2)：10 - 14.

[13] 李高建. 工厂供配电技术 [M]. 北京：高等教育出版社，2017.

[14] 李润生. 供配电技术 [M]. 北京：清华大学出版社，2017.